普通高等教育“十一五”国家级规划教材

“十二五”江苏省高等学校重点教材

（编号：2015－1－119）

食品加工原理

（第二版）

翟玮玮　主　编
刘　杰　副主编

图书在版编目（CIP）数据

食品加工原理/翟玮玮主编．—2版．—北京：中国轻工业出版社，2024.5

普通高等教育“十一五”国家级规划教材

“十二五”江苏省高等学校重点教材

ISBN 978－7－5184－1771－1

Ⅰ．①食…　Ⅱ．①翟…　Ⅲ．①食品加工—高等学校—教材　Ⅳ．①TS205

中国版本图书馆CIP数据核字（2018）第006661号

责任编辑：张　靓　　责任终审：张乃柬　　整体设计：锋尚设计
策划编辑：张　靓　　责任校对：晋　洁　　责任监印：张　可

出版发行：中国轻工业出版社（北京鲁谷东街5号，邮编：100040）
印　　刷：三河市国英印务有限公司
经　　销：各地新华书店
版　　次：2024年5月第2版第6次印刷
开　　本：787×1092　1/16　　印张：16.75
字　　数：350千字
书　　号：ISBN 978－7－5184－1771－1　　定价：39.00元
邮购电话：010-85119873
发行电话：010-85119832　　010-85119912
网　　址：http：//www.chlip.com.cn
Email：club@chlip.com.cn

240762J1C206ZBQ

本书编写人员

主　　编　翟玮玮

副 主 编　刘　杰

参　　编　郝涤非　陈志杰　李新建

　　　　　贾韶千　姜英杰　孙芝杨

　　　　　汲臣明

第二版前言 | Preface

我国拥有十三亿人口，现已成为世界性的食品生产、消费和出口大国。食品工业关系国计民生，是我国国民经济的重要支柱产业，对推动国民经济持续、稳定、健康发展具有重要意义。

近年来，国家重视食品工业发展。《中国食物与营养发展纲要（2014—2020 年）》的发布，对食品加工业发展提出具体目标，强调要发展“方便营养加工食品”，并加快传统食品的工业化改造，推进农产品综合开发与利用。2016 年中共中央、国务院印发《“健康中国 2030”规划纲要》中明确提出，要加强食品安全监管。2017 年国务院办公厅印发《国民营养计划（2017—2030 年）》中也强调要发展食物营养健康产业。传统食品工业的转型升级，食品安全标准体系的不断完善，以及国人对食品质量和营养要求的相应提升，都对食品行业相关从业人员提出了更高的要求。

应用型高校承担着培养生产和管理第一线需要的技术技能型人才的重任，食品专业的学生作为未来新型食品工业的生产者及技术人员的重要组成部分，必须能够与产业竞争、产业结构的调整相适应，夯实专业基础，提升专业技能，提高综合素质。“互联网+”时代的到来，信息技术的广泛普及，对人们的学习、工作、生活和思维方式带来前所未有的影响和冲击，如何顺应这种变革和冲击，按照学习者的新要求，使信息技术为食品专业高职高专学生的学习服务，改革创新教材内容与形式，促进以“适应学生学习习惯”为核心内容的教材改革势在必行。

由翟玮玮教授主编的《食品加工原理》，作为食品类专业的专业基础课教材，自第一版出版以来受到全国多所高等院校的选用，反响良好。为适应食品工业升级转型，顺应学习者在网络信息时代学习方式变革的要求，教材编写团队以江苏省品牌专业（食品加工技术）建设为契机，依托国家级教学资源库（食品生产技术）及国家级精品资源共享课程（食品生产技术、食品生物化学）等教学资源，与行业、企业紧密结合，围绕食品加工的主要加工方法及新技术，重新组建了编写团队，充分利用信息化技术，重新修订《食品加工原理》教材，在对原有内容进行增删的基础上，还补充了食品工业中不断发展和应用的新方法、新技术，并形成了立体化、数字化的辅助教学资源，从而适应信息化时代食品类专业建设和课程改革的需要，全面提高学生的综合素质。

本教材可作为高等院校食品类、生物类、农产品加工类等相关专业的教学用书，也可作为食品行业、企业的科研、生产及培训的参考用书。

本教材由翟玮玮教授主编，刘杰任副主编，郝涤非、陈志杰、李新建、贾韶千、姜英杰、孙芝杨、汲臣明等共同参与编写。全书由翟玮玮统稿。

本教材的编写有幸得到淮安快鹿牛奶有限公司孔令伟、江苏奥斯忒食品有限公司翟士斌等企业专家的热情指导，以及兄弟院校、科研院所和中国轻工业出版社的大力支持，在此一并表示衷心感谢。

限于编者的水平，书中不足和疏漏之处难免，敬请同行和专家批评指正，以便进一步修改、补充和完善。

目录 | Contents

CHAPTER 1

第一章 绪论

第一节 基本概念

【学习目标】

1. 掌握食物、食品、食品加工、食品工业等基本概念。
2. 熟悉食物原料的特点。
3. 理解食品加工的主要方式。

【基础知识】

一、食 物

食物是指可供食用的物质，是人体生长发育、更新细胞、修补组织、调节机能必不可少的营养物质，也是产生热量、保持体温、进行体力活动的能量来源，主要来自于动物、植物、微生物等，是人类生存和发展的重要物质基础。

食品加工原料的来源广泛、品种众多，有植物性原料，如谷物、玉米、豆类、薯类、水果、蔬菜等；有动物性原料，如家禽、畜产、水产以及蛋类和乳类等；有微生物来源，如菇类、菌类、藻类、单细胞蛋白等；还有化学合成原料，如食品添加剂等。食品原料的特点决定了食品不同的加工工艺和设备选型，这些特点主要表现在如下方面。

（一）有生命活动

食品原料大多是活体，如蔬菜、水果、坚果等植物性原料在采收或离开植物母体之后仍具有生命活动；动物屠宰后，健康动物的血液和肌肉通常是无菌的，肉类的腐败实际上是由外界感染的微生物在其表面繁殖所致。

（二）季节性和地区性

许多食品原料的生长、采收等都严格受季节的影响，不适时的原料一般品质差，会影响质量和销售价格。原料的生长受到自然环境的制约，不同种类的原料要求有不同的生长环境。同一种原料，由于生态环境的不同，其生长期、收获期、原料品质等也有一定差异。

（三）复杂性

原料的种类很多，种类和品种不同，其构造、形状、大小、化学组成等各异。此外，食物化学成分多，除营养成分外，还有其他几十种到上千种的化合物；食品成分既有相对分子质量成千上万的大分子，也有几十到几百的小分子，既有有机物，又有无机物；食物体系复杂，有胶体、固体、液体、气体（如碳酸饮料的CO_2）等。

（四）易腐性

食物因含有大量的营养物质，同时又富含水分，因此极易腐败变质，尤其受到机械损伤后的果蔬更易腐烂。在食品加工中，肉类、大多数水果和部分蔬菜属于极易腐败原料，贮藏期为1天到2周；柑橘、苹果和大多数块根类蔬菜属于中等腐败原料，贮藏期为2周到2月；谷物、豆类、种子和无生命的原料如糖、淀粉和盐等由于含水量较低，属于不易腐败原料，贮藏期可达到两个月以上。

早期人类饮食的方式主要是生食。在长期的进化中，除其中一些食物如水果、蔬菜等可供直接食用外，对于粮食、肉类等食物，人类学会了烧、烤、煮等处理后才食用。到了现代，人类更加懂得并有目的地对食物进行相应的处理，这些处理包括将食物挑拣、清洗或进行加热、脱水、调味、配制等加工，经过这些处理后就得到相应的产品或称为成品，这种产品既可以满足消费者的饮食需求，又可以使食物便于贮藏而不易腐败变质。食物经过不同的配制和各种加工处理，从而形成了形态、风味、营养价值各不相同，花色品种各异的加工产品，这些经过加工制作的食物统称为食品。

二、食　品

按照《中华人民共和国食品安全法》用语含义，食品是指“各种供人食用或者饮用的成品和原料以及按照传统既是食品又是中药材的物品，但是不包括以治疗为目的的物品”。该定义明确了食品和药品的区别。食品往往是指经过处理或加工制成的作为商品可供流通用的食物，包括成品和半成品。食品作为商品的最主要特征是每种食品都有其严格的理化和卫生标准，它不仅包括可食用的内容物，还包括为了流通和消费而采用的各种包装方式和内容（形体）以及销售服务。食品应具有的基本特征如下所述。

（1）食品固有的形态、色泽及合适的包装和标签；

（2）能反映该食品特征的风味，包括香味和滋味；

（3）合适的营养构成；

（4）符合食品安全要求，不存在生物性、化学性和物理性危害；

（5）有一定的耐贮藏、运输性能（有一定的货架期或保鲜期）；

（6）方便使用。

如图1-1所示，以猕猴桃为原料，经干制后可制成猕猴桃片，经预处理、榨汁、过滤、均质、杀菌和罐装等处理后可制得猕猴桃汁。

图1-1　以猕猴桃为原料加工制作的猕猴桃片和猕猴桃汁

三、 食品加工

改变食品原料或半成品的形状、大小、性质或纯度，使之符合食品的各种操作称之为食品加工。作为制造业的一个分支，食品加工从动物、蔬菜、水果或海产品等原料开始，利用劳动力、机器、能量及科学知识，把它们转变成成品或可食用的产品。食品加工能够满足消费者对食品的多样化需求，延长食品的保存期，提高原料的附加值。随着科技的发展，现代食品加工是指对可食资源的技术处理，以保持和提高其可食性和利用价值，开发适合人类需求的各种食品和工业产物的全过程。

大多数食品加工操作通过减少或消除微生物活性而延长产品的货架期，确保安全性要求，同时，大多数食品加工操作会影响产品的物理和感官特性。食品加工的主要方式有：

（1）增加热能和提高温度，如巴氏杀菌、商业灭菌等处理；

（2）减少热能或降低温度，如冷藏、冻藏等处理；

（3）除去水分或降低水分，如干燥、浓缩等处理；

（4）利用包装来维持通过加工操作建立的理想的产品特性，如气调包装和无菌包装技术的应用。

四、 食品工业

食品加工以商业化或批量甚至于大规模生产食品，就形成了相应的食品加工产业。食品工业是主要以农业、渔业、畜牧业、林业或化学工业的产品或半成品为原料，制造、提取、加工成食品或半成品，具有连续而有组织的经济活动工业体系。食品工业不仅能为社会提供日常生活最急需的物品，也是改善提高国民体质的重要基础，充足的食品供给才能带来社会的稳定。食品工业具有投资少、建设周期短、收效快的特点。食品工业是我国国民经济的支柱产业，也是世界各国的主要工业。当前，我国食品工业总产值在工业部门中所占的比重位居第一，食品工业已成为国计民生的基础工业。

预计到2020年，全国食品工业总产值将超过20万亿元。在取得一系列成绩的同时，我们也应该清醒地认识到，我国食品加工业总产值在整个食品工业总产值中仅占10%左右，而发达国家食品加工业在食品工业总产值中要占到30%，这说明我国的食品加工业还有相当巨大的发展潜力。

第二节　食品的功能与质量

【学习目标】

1. 掌握食品的功能。
2. 熟悉食品质量的构成。

【基础知识】

一、 食品的功能

民以食为天，在物质丰富和生活水平不断提高的今天，人类的饮食不仅仅是为了吃饱，还要吃得健康。

食品对人类所发挥的作用可称为食品的功能。最初人们食用食物的目的是解除饥饿。当吃得饱后，便又开始重视色、香、味等食品的附加价值；而一旦吃得过好后，造成营养过剩，于是又再希望由食品上得到保持身体健康的物质。因而，由此观念发展出食品的功能如下所述。

（一）营养功能

食品是人类为满足人体营养需求的最重要的营养源，为人体活动提供化学能和生长所需的化学成分，从而维持人类的生存，这就是食品的营养功能，也是食品最基本的功能。

食品中的营养成分主要有蛋白质、碳水化合物、脂肪、维生素、矿物质、膳食纤维。此外，水和空气也是人体新陈代谢过程中必不可少的物质。一般在营养学中水被列为营养素，但食品加工中不将其视为营养素。

食品的价值通常是指食品中的营养素种类及其质和量的关系。食品中含有一定量的人体所需的营养素，含有较多营养素且质量较高的食品，则其营养价值较高。食品的最终营养价值不仅取决于营养素的全面和均衡，而且还体现在食品原料的获得、加工、贮藏和生产过程中的稳定性和保持率等方面，以及营养成分的生物利用率方面。

（二）感官功能

消费者对食品的需求不仅仅满足于吃饱，还要求在饮食的过程中同时满足视觉、触觉、味觉、听觉等感官方面的需求。赋予食物色、香、味、触觉的感官功能，主要包括外观、质地、风味等项目。不仅仅是出于对消费者享受的需求，而且也有助于促进食品的消化吸收。诱人的食品可以引起消费者的食欲和促进人体消化液的分泌，食品的第二功能直接影响消费者的购买意愿。

在当今现代化生活中，许多传统食品的加工生产，其原始目的已不再是为了提高保藏期，而是为了提供给消费者某些特殊风味，满足消费者的感官需求成为其首要目的。

例如烟熏食品，过去一直用于保藏，现在已成为一种生产特殊风味制品的加工方法，在一些北欧地区，消费者品尝烟熏鱼只是作为消费鲜鱼的情况下换一种口味的尝试；在英国，熏鱼加工只是为了满足喜欢冒险的消费者的口味爱好，而不是为了保藏。

常见提高食品感官功能的方式包括：加工产品时常添加各种色素，可促进食欲；添加香料，以提供香味；而一些常用调味料如食盐、糖、味精，以及各种发酵酱料，主要提供味道；食用如薯片、休闲点心等干燥食品时，入口酥脆的口感，提供触觉。

（三）保健功能

食品保健功能是指调节生理机能的特性。长期以来的医学研究证明，饮食与健康有着密切的关系，某些消费者由于摄入的能量过多或营养不当，而引起肥胖、高血脂、高血压、冠心病、糖尿病等；另一方面，由于缺乏营养素如维生素或矿物质，使得身体健康下降引起疾病。

随着科技的发展和研究水平的提高，除了已经发现的食物成分中的大量营养素外，还有少量或微量的化学物质如黄酮类、多酚、皂苷类化合物、肽类、低聚糖、多价不饱和脂肪酸、益生菌类等，这些成分一般不属于营养素的范畴，但对人体具有调节机体功能的作用，被称为功能因子。这些成分对于糖尿病、心血管病、肿瘤、癌症、肥胖患者等有调节机体、增加免疫功能和促进康复的作用，或有阻止慢性疾病发生的作用，这就是食品的保健功能。

食品的保健功能是多方面的，除对疾病有预防作用外，还有益智、美容、抗衰老、改善睡眠等多方面的保健作用。一些食品的新保健功能正在不断被发现和开发，一些新的功能因子的组成和结构被阐明，其药理作用被明确和证实。这就是食品的第三功能，是食品功能的新发展。

《保健食品注册与备案管理办法》自2016年7月1日正式施行，严格定义：保健食品是指声称具有特定保健功能或者以补充维生素、矿物质为目的的食品，即适宜于特定人群食用，具有调节机体功能，不以治疗疾病为目的，并且对人体不产生任何急性、亚急性或者慢性危害的食品。我国规定的保健食品功能范围包括增加免疫力、抗氧化、增加骨密度、改善营养性贫血等共计27项。

（四）文化功能

食品是社会生活一个重要组成部分，各民族、地区都有饮食上的特点与文化特色。食品除了提供营养上、生理上的功能外，也具有一定的文化功能，包括传递情感、传承礼德、陶冶情操等教育作用，以及审美乐趣、食俗乐趣等。表1－1所示为以茶叶为例，说明了食品的各类功能。

表1－1　　茶叶成分的功能性分类

功能	成　分
营养功能 （营养性）	维生素：维生素C、维生素E、β－胡萝卜素等 矿物质：钾、磷、微量必需元素等

续表

功能	成　分
感官功能（嗜好性）	滋味：茶氨酸、游离氨基酸（鲜味）、儿茶素类（涩味）、咖啡因（苦味） 香味： 颜色：黄酮醇类、茶黄素、叶绿素等
保健功能（生理调节）	多元酚类（儿茶素类、儿茶素类氧化物、黄酮醇类）、咖啡因、异质多醣、抗氧化维生素类（维生素 C、维生素 E、β－胡萝卜素）、γ－胺基丁酸、皂素、微量必需元素（锌、锰、氟、硒）等
文化功能（文化特色）	中国的龙井茶，台湾省的乌龙茶及包种茶，印度、斯里兰卡的红茶，代表每一个国家或地区的文化特色

二、食品的质量

人们在选择食品时会考虑各种因素，这些因素可以统称为“质量”。质量曾被定义为产品的优劣程度，也可以说，质量是一些有意义的、使食品更易于接受的产品特征的组合。食品质量的好坏程度，是构成食品特征及可接受性的要素，主要包括食品的感官质量、营养质量、安全质量和保藏期等方面。

（一）感官质量

食品的感官特征，历来都是食品的重要质量指标，随着人民生活水平、消费水平的提高，对食品的色、香、味、外观、组织状态、口感等感官因素提出了更高的要求。人的感官所能体验到的食品质量因素又可分为三大类，即外观、质构和风味。人们一般按外观、质构、风味的顺序来认识一种食品的感官质量特性。

1. 外观因素

外观因素包括大小、形状、完整性、损伤程度、光泽、透明度、色泽和稠度等。例如市售苹果汁既可以是混浊型的，也可以是澄清型的，它们的外观不同，常被认为是有差异的两种产品。

食品的大小和形状均易于测量，例如圆形果蔬可以根据其所能通过的孔径大小进行分级。图 1－2 所示为典型的果蔬分级装置。

食品的色泽不仅是成熟和败坏的标志，也可以用来判断食品的处理程度是否达到要求，例如可根据薯片油炸后的色泽来判断油炸终点。对于液体或固体食品，我们可以与标准比色板进行比较来确定它的颜色。如果食品是一种透明液体（如果酒、啤酒或葡萄汁），或者如果可以从食品中提取有色物质，那么就可以用各种类型的比色计或分光光度计进行色泽的测定。

食品的稠度可以看作为一个与质构因素有关的质量属性，但在很多场合，我们都能直观观察到食物的稠度，因此它也是一个食品外观因素。食品稠度常用黏度来表示，高黏度的产品稠度大，低黏度的产品稠度小。

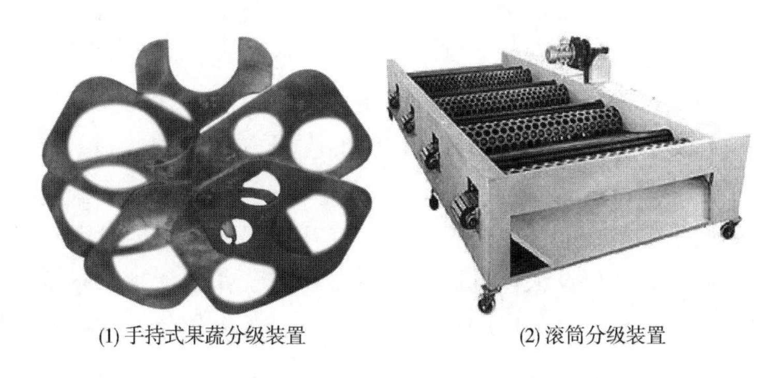

(1) 手持式果蔬分级装置　　(2) 滚筒分级装置

图 1－2　果蔬分级装置

2. 质构因素

质构因素包括手感、口感所体验到的坚硬度、柔软度、多汁度、咀嚼性以及砂砾度等。食品的质量通常是决定人们对某一产品喜爱程度的重要因素，例如，我们希望口香糖非常耐嚼，饼干或薯条又酥又脆，牛排咬起来要松软易断。

对食品质构的测定可以归结为测定食品体系对外力的阻力。为了测量一些质构属性，人们设计了许多专门的检测仪器，例如，嫩度计利用压缩和剪切作用来测定豌豆的嫩度。

食品的质构如同形状和色泽一样，并不是一成不变的，其中水分变化起着主要作用，另外也与存放时间有关。新鲜果蔬变软是细胞壁破裂和水分流失的结果，称之为松弛现象。果蔬干燥处理后，会变得坚韧、富有咀嚼性，这对于制备杏干、葡萄干都是非常理想的。某些食品成分在加工过程中也会发生质构变化。如油脂是乳化剂，也是润滑剂，因此焙烤食品需加入油脂使产品嫩化。淀粉和许多胶类物质为增稠剂，可提高产品黏度。液态蛋白质也是增稠剂，但随着溶液温度的升高，蛋白质会发生凝结，形成坚硬结构。糖对质构的影响取决于它在体系中的浓度，糖度较低时可增加饮料的品质和口感，浓度较高时可提高黏度和咀嚼性，浓度更高时可产生结晶、增加体系脆性。食品生产商还经常使用食品添加剂来改善食品的质构。

3. 风味因素

风味因素既包括舌头所能尝到的口味，如甜味、咸味、酸味和苦味，也包括鼻子所能闻到的香味。尽管口味和香味常常混用，但前者一般指“风味”，而后者则专指“气味”。风味和气味通常都是非常主观的，难以精确测量，而且也很难让一组人达成共识。任何一种食品的风味不但取决于咸、酸、苦、甜的组合，而且还取决于能产生食品特征香气的化合物。

尽管我们可以采用各种方法来测定食品风味，例如用折光仪测定糖对溶液折射率的影响来计算糖的浓度；用碱滴定法或用电位测定法确定酸的浓度；还可以用气相色谱法测定特殊的风味物质组成，但对食品感官因素的综合评价还必需考虑到消费者的可接受性，仍然没有哪种检测方法能代替人工品尝。

食品感官质量的评价方法也是不断改进和发展的。原始的感官评定是利用人自身的感觉器官对食品进行评价和判别，许多情况下，这种评价由某方面的专家进行，并往往采用少数服从多数的简单方法来确定最后的评价，缺乏科学性，可信度不高。现代的感官评定，由于概率统计原理及感官的生理学与心理学的引入，以及电子计算机技术的发展应用，避免了感官评价中存在的缺陷，提高了可信度，使感官检验有了更完善的理论基础及科学依据，在食品工业生产中得到了广泛的应用。

（二）营养质量

食品的基本属性是提供给人类以生长发育、修补组织和进行生命活动的热能和营养素。随着科学的发展，为了保证人体的健康，对食物的营养平衡越来越重视。食品的营养价值主要反映在营养素成分和相应的含量上，可以通过化学分析或仪器分析来检测定量，通常要求被标注在食品的包装上。

为指导和规范食品营养标签的标示，引导消费者合理选择食品，促进膳食营养平衡，保护消费者知情权和身体健康，卫生部组织制定了《食品营养标签管理规范》。食品营养标签是向消费者提供食品营养成分信息和特性的说明，包括营养成分表、营养声称和营养成分功能声称。营养成分表是标有食品营养成分名称和含量的表格，表格中可以标示的营养成分包括能量、营养素、水分和膳食纤维等。《食品营养标签管理规范》规定，食品企业标示食品营养成分、营养声称、营养成分功能声称时，应首先标示能量和蛋白质、脂肪、碳水化合物、钠 4 种核心营养素及其含量。食品营养标签上还可以标示饱和脂肪（酸）、胆固醇、糖、膳食纤维、维生素和矿物质等。如图 1－3 所示某品牌巧克力的营养标签，营养标签中营养成分标示应当以每 100g（mL）和/或每份食品中的含量数值标示，并同时标示所含营养成分占营养素参考值（NRV）的百分比。营养声称是指对食物营养特性的描述和说明，包括含量声称和比较声称；营养成分功能声称是指某营养成分可以维持人体正常生长、发育和正常生理功能等作用的声称，同时规定了营养成分功能声称应当符合的条件。各营养成分的定义、测定方法、标示方法和顺序、数值的允许误差等应当符合《食品营养成分标示准则》的规定。

每1包装（平均43克）含有

能量 989kJ 12%

脂肪 14.9g 25%

%营养素参考值

营养成分表

项目	每100克(g)	NRV%
能量	2301千焦(kJ)	27%
蛋白质	6.7克(g)	11%
脂肪	34.7克(g)	58%
-饱和脂肪	21.8克(g)	109%
碳水化合物	55.7克(g)	19%
钠	83毫克(mg)	4%

图 1－3　某品牌巧克力的营养标签

营养质量常常通过测定某种特殊营养成分的含量来进行评价。在很多情况下，这并不十分充分，还必须采用动物饲养实验或相当的生物试验方法。例如在评价蛋白质资源的营养质量时，蛋白质含量、氨基酸组成、消化性能以及氨基酸吸收之间的相互作用均会影响生理价值的测定。

我们不仅要了解食品中含有哪些营养成分，更要重视从食品原料的获得、加工、贮藏和制备全过程中保存营养成分，关键是掌握在不同条件下有关营养成分稳定性的知识。如表1－2所示，维生素A对于酸、空气、光和热是高度敏感的（极不稳定）；另一方面，维生素C在酸中是稳定的，而对于碱、空气、光和热是不稳定的。

表1－2　营养成分的稳定性

营养成分	中性 pH =7	酸性 pH <7	碱性 pH >7	空气或氧	光	热	加热损失量 /%
维生素							
维生素A	稳定	不稳定	稳定	不稳定	不稳定	不稳定	0～40
维生素B_1	不稳定	稳定	不稳定	不稳定	稳定	不稳定	0～80
维生素B_2	稳定	稳定	不稳定	稳定	不稳定	不稳定	0～75
维生素B_6	稳定	稳定	稳定	稳定	不稳定	不稳定	0～40
维生素C	不稳定	稳定	不稳定	不稳定	不稳定	不稳定	0～100
维生素D	稳定		不稳定	不稳定	不稳定	不稳定	0～40
维生素E	稳定	稳定	稳定	不稳定	不稳定	不稳定	0～55
维生素K	稳定	不稳定	不稳定	稳定	不稳定	稳定	0～5
维生素PP	稳定	稳定	稳定	稳定	稳定	稳定	0～75
泛酸	稳定	不稳定	不稳定	稳定	稳定	不稳定	0～50
必需氨基酸							
异亮氨酸	稳定	稳定	稳定	稳定	稳定	稳定	0～10
亮氨酸	稳定	稳定	稳定	稳定	稳定	稳定	0～10
赖氨酸	稳定	稳定	稳定	稳定	稳定	不稳定	0～40
甲硫氨酸	稳定	稳定	稳定	稳定	稳定	稳定	0～10
苯丙氨酸	稳定	稳定	稳定	稳定	稳定	稳定	0～5
苏氨酸	稳定	不稳定	不稳定	稳定	稳定	不稳定	0～20
色氨酸	稳定	不稳定	稳定	稳定	不稳定	稳定	0～15
缬氨酸	稳定	稳定	稳定	稳定	稳定	稳定	0～10
必需脂肪酸	稳定	稳定	不稳定	不稳定	不稳定	稳定	0～10
无机盐	稳定	稳定	稳定	稳定	稳定	稳定	0～3

（三）安全质量

食品的安全质量是指食品必须是无毒、无害、无副作用的，应当防止食品污染和有害因素对人体健康的危害以及造成的危险性，不会因食用食品而导致食源性疾病的发生，人体中毒或产生任何危害作用。在食品加工中，食品安全除与我国常用名词“食品卫生”为同义词外，还应包括因食用而引起任何危险的其他方面，如食品（果冻）体积太大引起婴儿咽噎危险、食品包装中的玩具而使儿童误食等。

导致食品不安全的因素有微生物、化学、物理等方面，可以通过食品卫生学意义的指标来反映。微生物指标有细菌总数、致病菌、霉菌等；化学污染指标有重金属如铅、砷、汞等，农药残留和药物残留如抗生素类和激素类药物等；物理性因素包括食品在生产加工过程中吸附、吸收外来的放射性核素，或混入食品的杂质超标，或食品外形引起的食用危险等安全问题。此外，还有其他不安全因素，如疯牛病、禽流感、H1N1型流感、假冒伪劣食品、食品添加剂的不合理使用以及对转基因食品的疑虑等。

（四）保藏期

食品营养丰富，因此也导致了其极易腐败变质。为了保证持续供应和地区交流以最重要的食品品质和安全性，食品必须具有一定的保藏性，在一定的时间内食品应该保持原有的品质或加工时的品质或质量。食品的品质降低到不能被消费者接受的程度所需要的时间被定义为食品货架寿命或货架期，货架寿命就是商品仍可销售的时间，又被称为保藏期或保存期。

目前，食品零售包装上已被广泛地加上某种类型的日期系统，因此消费者可对他们购买产品的货架寿命或新鲜程度有一些了解。现已有类型的编码日期，包括生产日期（“包装日期”）、产品被陈列的日期（“陈列日期”）、产品可以销售的日期（“在……前销售”）、有最好质量的最后日期（“最佳使用日期”）及产品不能再食用的日期（“在……前使用”或“终止日期”）等。

一种食品的货架寿命取决于加工方法、包装和贮藏条件等许多因素，如牛乳在低温下比室温贮藏的货架寿命要长；罐装和高温杀菌牛乳可在室温下贮藏，并且比消毒牛乳在低温贮藏的货架寿命更长。食品货架寿命的长短可依据需要而定，应有利于食品贮藏、运输、销售和消费。

食品货架寿命是生产商和销售商必须考虑的指标以及消费者选择食品的依据之一，这是商业化食品所必备和要求的。食品的包装上都要标明相应的生产日期和保藏期。

由食品质量要素来评定食品质量主要是以相应的食品质量标准为依据。对应于食品质量评判和控制，相应有国际、国家和企业等不同层次的质量标准，许多出口食品必须要符合国际食品质量标准。

第三节　食品的变质及其控制

【学习目标】

1. 掌握引起食品变质的原因。
2. 熟悉食品变质的控制措施。
3. 了解课程的主要研究内容。

【基础知识】

一、食品的变质

食品含有丰富的营养成分，在常温下贮存时，极易发生色、香、味的劣变和营养价值降低的现象，如果长时间放置，还会发生腐败，直至完全不能食用，这种变化称作食品的变质。

所有的食品在贮藏期间都会经历不同程度的变质。食品变质主要包括食品外观、质构、风味等感官特征，营养价值、安全性和审美感觉的下降等。食品感官质量的变化容易被人们发现，但食品的营养质量、卫生质量和耐藏性能的变化却不总能被感官觉察，需借助于物理和/或化学的方法测定，进而加以判断。在食品加工中引起食品变质的原因主要有下列三个方面。

（一）微生物的作用

微生物大量存在于空气、水和土壤中，加工用具和容器中，存在于工作人员的身上，附着在食品原料上，可以说无处不有，无孔不入。在食品的加工、贮藏和运输过程中，一些有害微生物在食品表面或内部繁殖，引起食物的腐败变质或产生质量危害，是导致食品变质的主要原因。

微生物的种类成千上万，细菌、酵母和霉菌是引起食品腐败的主要微生物，尤以细菌引起的变质最为显著。这些微生物能产生不同的酶类物质，因此可分解和利用食品的营养成分。例如有些微生物可分泌各种碳水化合物酶使糖类发酵，并使淀粉和纤维素水解；一些微生物能分泌出脂肪酶使脂肪水解而产生酸败；产生蛋白酶的微生物能消化蛋白质并产生类似氨的臭味。有些微生物会产酸而使食品变酸，有些会产生气体使食品起泡，有些会形成色素和使食品褪色，有少数还会产生毒素而导致消费者中毒。食品在自然条件下受到污染时，各种类型的微生物同时存在，从而导致各种变化可能同时发生，包括产酸、产气、变臭和变色。

常见的易对食品造成污染的细菌有假单胞菌、微球菌、葡萄球菌、芽孢杆菌与芽孢梭菌、肠杆菌、弧菌及黄杆菌、嗜盐杆菌、乳杆菌等。霉菌对食品的污染多见于南方多雨地区，目前已知的霉菌毒素有200种左右，与食品质量安全关系较为密切的有黄曲霉毒素、赭曲霉毒素、杂色曲霉素等。霉菌及毒素对食品污染后可引起人体中毒，或降低食品的食用价值。据不完全统计，全世界每年平均有2%的化合物由于霉变不能食用而造成巨大的经济损失。

但并不是所有的微生物都会致病或导致食品腐败，实际上某些类型的微生物的生长是人们所期望的，被用来生产和保藏食品，例如，柠檬酸、氨基酸等的发酵，酒类、酱菜、酱油等调味料的生产，干酪、乳酸饮料等的生产都是利用有益微生物及其代谢产物来为人类服务。

（二）酶的作用

同微生物含有能使食品发酵、酸败和腐败的酶一样，食物原料的生命体中也存在很多的酶系，其活力在收获和屠宰后仍然存在。例如，苹果、梨、杏、香蕉、葡萄、樱桃、草莓等水果和一些蔬菜中的多酚氧化酶，诱发酶促褐变，对加工中产品色泽的影响很大。又如动物死后，动物体内氧化酶产生大量酸性产物，使肌肉发生显著的僵直现象；自溶也是酶活动下出现的组织或细胞解体的一种现象。

食品原料中还可能含有脂肪酶、蛋白酶、氧化还原酶等，这些酶的活动能引起食物或食品的变质。除非已由热、化学品、辐射和其他手段对食物或食品中的酶加以钝化，否则就会继续催化化学反应。

酶的活性受温度、pH、水分活度等因素的影响。如果条件控制得当，酶的作用通常不会导致食品腐败。经过加热杀菌的加工食品，酶的活性被钝化，可以不考虑由酶作用引起的变质。但是如果条件控制不当，酶促反应过度进行，就会引起食品的变质甚至腐败。比如果蔬的后熟作用和肉类的成熟作用就是如此，当上述作用控制到最佳点时，食品的外观、风味和口感等感官特性都会有明显的改善，但超过最佳点后，就极易在微生物的参与下发生腐败。

（三）物理化学作用

食品在温度、水分、氧气、光及时间的作用下发生的物理变化和化学变化，也是造成食品变质的因素。

1. 温度

温度是影响食品质量变化最重要的环境因素。温度因提供物质能量，可使分子或原子运动加快，反应时增加碰撞几率而使反应速度提高。温度与反应速率常数呈指数关系，反应速率随温度的变化可用温度系数 Q_{10}表示。

$$Q_{10} = \frac{K_{\theta+10}}{K_{\theta}} \qquad (1-1)$$

式中　K_{θ}——温度 θ 时的反应速度；

$K_{\theta+10}$——温度为（$\theta+10$）时的反应速度；

因此，温度系数 Q_{10}表示温度每升高 10℃时反应速度所增加的倍数。换言之，温度系数表示温度每下降 10℃反应速度所减缓的倍数。酶促反应和非酶促反应的温度系数不同。

温度除对微生物产生作用外，如果不加控制也会导致食品变质。过度受热会使蛋白质变性、乳状液破坏、因脱水使食品变干以及破坏维生素，挥发性风味物质受热易丧失。未加控制的低温环境也会使食品变质，如水果和蔬菜冻结，它们会变色，改变质构，外皮破裂，易为微生物侵袭。冻结也会导致液体食品变质，如冻结导致牛乳脂肪球膜破裂，造成奶油上浮。

2. 水分

水分不仅影响食品的营养成分、风味物质和外观形态的变化，而且影响微生物的生长发育和各种化学反应，过度的吸水或脱水还会导致食品发生实质性的改变。化学变化和微生物生长都需要水分，过量的水分含量会加速这些变质。食品在失水和复水时也会发生外观和质构的变化。

环境的相对湿度稍有变化而产生的表面水分变化会导致成团、结块、斑驳、结晶和发黏等表面缺陷。食品表面的极微量的冷凝水可成为细菌繁殖和霉菌生长的重要水源，这种冷凝并不一定来自外界。在防潮包装中，水果或蔬菜通过呼吸作用或蒸发放出水分，这些水分被包装截留，供给有破坏作用的微生物生长；没有呼吸作用的食品在防潮包装中也会散发出水分，从而改变包装内部的相对湿度，特别是贮藏湿度降低时，这些水分又重新凝结在食品表面。

3. 氧气

空气中20%的氧气具有很强的反应性，对许多食品产生实际的变质作用。如在空气和光的条件下，由氧化反应引起变质，发生油脂的氧化酸败、色素氧化变色、维生素（特别是维生素A和维生素C）氧化变质等。除了因化学氧化作用对营养物质、食品色泽、风味和其他食品组分产生破坏作用外，氧还是霉菌生长所必需的。所有的霉菌都是需氧的，这也是为什么发现霉菌在食品和其他物质的表面或裂缝中生长的原因。

4. 光

光的存在能破坏某些维生素，特别是维生素B_2、维生素A、维生素C，而且能破坏许多食品的色泽。光还能导致脂肪氧化和蛋白质变化，如瓶装牛乳暴露在阳光下会产生“日光味”。

组成自然光或人造光的所有波长的光并不被食品组分等量地吸收或者具有相同的破坏性。在自然光或荧光下，香肠和肉色素的表面变色情况是不同的。敏感性食品采用不透明的包装，或者将化合物包入透明薄膜中以除去特定波长的光。

5. 时间

微生物的生长、酶类的活动、食品组分的非酶反应、挥发性风味物质的丧失以及湿度、水分、氧和光的作用都是随时间而进展的。几乎所有的物理化学变化都是随时间的增长而严重，即食品质量随时间而下降。这说明食品加工可延长食品的货架寿命，但不能无限延长，最终任何食品的质量都会下降。

当然也有些食品，如干酪、香肠、葡萄酒和其他发酵食品加工后贮放一段时间，即陈化后可使风味更好、品质提高。但陈化过的食品在贮藏中同样会有质量下降现象。

6. 非酶反应

虽然食品变质的化学反应大部分是由于酶的催化作用，但也有一部分是与酶无直接关系的化学反应。例如，食品中有蛋白质和糖类化合物存在时，在受热时更易发生美拉德反应引起褐变；再如油脂的酸败、番茄红素的氧化，甚至罐头内壁的氧化腐蚀和穿孔，都是与酶无关的化学反应。

除了上述原因之外，还有很多其他因素也会导致食品的变质。例如昆虫、寄生虫和老鼠等的破坏力也较强；重物的挤压以及机械损伤，轻的会引起食品呼吸强度加强，腐败速度加快，重者使食品变形或破裂，导致汁液流失和外观不良，给微生物侵入、污染食品创造时机，加速食品变质。

引起食品变质的因素通常不是孤立作用的。组成食品的高度敏感的有机及无机物质和它们之间的平衡、食品的组织结构及分散体系都会受到环境中的几乎每一个变量的影响。例如，细菌、虫和光都能同时起作用，使食品在产地或仓库内变质；热、水分和空气都同时影响细菌的生长和活力以及食品中酶的活力。在任一时间都会发生多种形式的变质，视食品和环境条件而定。有效的加工保藏方法必须消除所有这些已知的影响食品质量的因素，或使它们减小到最低程度。如就肉罐头而言，肉装在金属罐内不仅是为了防虫、防鼠，而且可以避光，因为光会使肉变色和可能破坏其价值；罐头还可以保护肉不致脱水；封罐前抽真空或充氮以除去氧，然后密封罐并加热以杀死微生物和破坏肉中的酶；加工后的罐头及时冷却并放在阴凉室内贮存，以避免嗜热型微生物的生长。因此，加工保藏方法必须考虑与食品变质有关的所有主要因素，这些因素需要逐个认真考虑。

二、 食品变质的控制措施

食品质量在贮藏过程中的变化是难以避免的，但其变化的速度受到多种环境因素的影响，并遵循一定的变化规律。人们通过控制各种环境因素和利用其变化规律就可以达到保持食品质量的目的。

如果想短时间保存食品，应尽量保持食品的鲜活状态，原料一经采收或屠宰后即进入变质过程，食品品质会随贮藏时间的延长而变差。例如成熟期采收的冬瓜在通常环境条件下放置数十天仍可保持鲜态，煮熟的瓜片失去了果蔬的耐贮性、抗病性，通常在夏天一夜就变馊了；家畜、家禽和鱼类在屠宰后，组织死亡，但细胞中的生化反应仍在继续，存在于这些产品中的微生物是活着的，会导致这些动物性原料容易发生腐败变质。原料在采收或屠宰后通过清洗、冷却等处理可在短时间内延缓变质，时间从几个小时或者几天，但由于微生物和天然食品酶类不会被破坏或者没有全部失活，很快就会起作用了。

对于食品的长期保藏来说，有必要采取进一步的预防措施，主要是使微生物和酶失活或受到抑制，以及降低或消除引起食品腐败的物理化学反应。控制食品变质的方法越来越多，最重要的手段是温度、干燥、酸、糖、盐、烟熏、空气、化学物质、辐射和包装等。

食品加工就是要针对引起食品变质的原因，采取合理可靠的技术和方法来控制腐败变质，以保证食品的质量和达到相应的保藏期。对于由化学变化引起的食品变质如氧化、褐变，则可以根据化学反应的影响因素来选择化学保藏剂。对于生物类食品或活体食物类，加工与保藏主要有四大类途径。

1. 维持食品最低生命活动

新鲜果蔬是有生命活动的有机体，当保持其生命活动时，果蔬本身则具有抗拒外界危害的能力，因而必须创造一种恰当的贮藏条件，使果蔬采后尽可能降低其物质消耗的水平，如降低呼吸作用，将其正常衰老的进程抑制到最缓慢的程度，以维持最低的生命活动，减慢变质的进程。湿度是影响果蔬贮藏质量最重要的因素，同时控制贮藏期间果蔬贮藏环境中适当的氧和二氧化碳等气体成分的组成，是提高贮藏质量的有力措施。

2. 抑制微生物和酶的活动

利用某些物理、化学因素抑制食品中微生物和酶的活动，这是一种暂时性的保藏方法，如降低温度（冷藏和冷冻）、脱水降低水分活度、利用渗透压、添加防腐剂、抗氧化剂等手段属这类保藏方法。这样的保藏期比较有限，易受到贮藏条件的影响。解除这些因素的作用后，微生物和酶即会恢复活动，导致食品腐败变质。

3. 利用发酵原理

发酵保藏又称生物化学保存，是利用某些有益微生物的活动产生和积累的代谢产物如酸、酒精和抗生素等来抑制其他有害微生物的活动，从而达到延长食品保藏期的目的。食品发酵必须控制微生物的类型和环境条件，同时由于本身有微生物存在，其相应的保藏期不长，且对贮藏条件的控制有比较高的要求。

4. 无菌原理

即杀灭食品中的致病菌、腐败菌以及其他微生物或使微生物的数量减少到能使食品长期保存所允许的最低限度。例如，罐头的加热杀菌处理。此外，还有原子能射线辐射杀菌、过滤除菌和利用压力、电磁等杀菌手段，其中一些方法由于没有热效应，又被称为冷杀菌。通常这样的杀菌条件充足的话，食品将会有很长的货架寿命。

三、 本课程的主要研究内容

食品加工原理是食品类专业的一门专业技术基础课、必修课，它是一门运用生物学、微生物学、化学、营养学、食品工程等方面的基础知识，研究各种食品原料在食品生产和贮运过程中涉及的基本技术问题。

虽然许多基本的单元操作几乎没有什么变化，但是新的知识已经涌现出来，这些新的发展对食品加工领域的影响与日俱增。本教材在借鉴国内外优秀教材的基础上，较系统地阐述了食品加工与制造过程涉及的主要工艺原理和技术进展，并且引入了食品加工中采用的新方法、新技术。内容包括绪论、食品脱水、食品的低温处理、食品的热处理、食品非热加工、食品的化学处理技术、食品生物处理技术、食品包装技术等方法，并增加了综合实训内容。通过上述内容的学习，使学生掌握食品加工的原理，学会分析生产过程存在的技术问题，并提出解决问题的方法。

思考题

1. 试述食物原料的特点。
2. 食品质量包括哪些因素？
3. 导致食品变质的原因有哪些？
4. 试述食品加工与保藏主要途径。
5. 名词解释：食物、食品、食品工业、食品变质、货架期。

CHAPTER 2

第二章 干燥与浓缩技术

干燥是利用热量使湿物料中水分等湿分被汽化去除，从而获得固体产品的操作。干燥操作几乎涉及到国民经济的所有部门，广泛应用于生产和生活中。在食品工程中，干燥更是最具有重要意义的单元操作之一。食品干燥是指在自然或人工控制条件下使食品中水分蒸发的过程，将食品中的水分降低到足以防止其腐败变质的水平，达到长期贮藏。

食品干燥主要应用于果蔬、粮谷类及肉禽等物料的脱水干制；粉（颗粒）状食品生产，如咖啡、奶粉、淀粉、调味粉、速溶茶等；干燥也应用于改善某些产品的加工品质，如大豆、花生米经适当干燥脱水，有利于脱壳（去外衣），便于后加工，提高制品品质。

浓缩是从溶液中除去部分溶剂（通常是水）的操作过程，食品经浓缩后其质量和体积大大减少，使罐装、运输、库藏以及加工过程中浆料的输送等各项费用都大为减少，因此具有直接的经济效益。利用浓缩还可提高液态食品的黏度，某些浓缩食品本身就是理想的食物配料，例如浓缩果汁加上糖可被做成果冻。浓缩使食品中的糖和盐等可溶性物质浓度增大，形成较高的渗透压，当渗透压高到足以使微生物细胞脱水或足以防止水分向微生物细胞的正常扩散时，就能抑制微生物的生长，起到防腐和保藏的作用。食品工业浓缩的物料大多数为水溶液，在以后的讨论中，如不另加说明，浓缩就指水溶液的浓缩。表2－1所示为食品工业中应用的一些浓缩技术。

表2－1　　浓缩技术在食品工业中的应用

技术	分离动力	分离原理	产物
蒸发	热	挥发度的不同	液体和蒸汽
闪蒸	压力减小	挥发度的不同	液体和蒸汽
蒸馏	热	挥发度的不同	液体和蒸汽
反渗透	压力梯度、选择性渗透膜	物质在膜中溶解度差和扩散速率差	两种液态产品
超滤	压力梯度、选择性渗透膜	对膜不同的透过性	两种液态产品
透析	选择性渗透膜、溶媒	透过膜的扩散速率不同	两种液态产品

续表

技术	分离动力	分离原理	产物
电渗析	离子膜、电场	离子膜对特殊离子的选择性	两种液态产品
冷冻浓缩	制冷剂	纯水的选择性结晶	液态浓缩物和纯冰

第一节　食品干燥

【学习目标】

1. 掌握干燥曲线与干燥速率。
2. 熟悉干燥的方法。
3. 理解干燥在食品加工中的应用。

【基础知识】

一、干燥原理

（一）干燥的目的

1. 延长食品货架期

通过干燥降低食品中的水分活度，使引起食品腐败变质的微生物难以生长繁殖，使促进食品发生不良化学反应的酶类钝化失效，从而延长食品的货架期，达到安全保藏的目的。

2. 便于贮运

干燥去除水分，使食品物料减轻质量和缩小体积，可以节省包装、运输和仓储费用。

3. 加工工艺的需要

干燥有时是食品加工工艺必要的操作步骤。如烘烤面包、饼干及茶叶干燥不仅在制造过程中除去水分，而且还具有形成产品特有的色、香、味和形状的作用。

（二）湿空气

在食品干燥生产中，从湿物料中除去水分通常采用热空气为干燥介质。供给干燥的热空气都是干空气（即绝干空气）与水蒸气的混合物，常称为湿空气。研究干燥过程有必要了解湿空气的各种物理性质以及它们之间的相互关系。

湿空气对水蒸气的吸收能力（吸湿能力）是由湿空气的状态特性决定的，湿空气的特性参数有压力、绝对湿度、相对湿度、湿含量、密度、比热容、温度和热焓等。

1. 湿度

空气中的水分含量用湿度来表示，有两种表示方法，即绝对湿度和相对湿度。

（1）绝对湿度　绝对湿度是指单位质量绝干空气中所含水蒸气的质量，表示为：

$$H=\frac{\text{湿空气中水蒸气的质量}}{\text{湿空气中绝干空气的质量}}=\frac{M_v n_v}{M_g n_g}=\frac{18n_v}{29n_g} \tag{2-1}$$

式中　H——空气的绝对湿度，kg/kg 绝干空气；

M_g——绝干空气中的摩尔质量，kg/kmol；

M_v——水蒸气的摩尔质量，kg/kmol；

n_g——绝干空气的物质的量，kmol；

n_v——水蒸气的物质的量，kmol。

常压下湿空气可视为理想气体混合物，由分压定律可知，理想气体混合物中各组成的摩尔比等于分压比，式 2-1 可表示为：

$$H=\frac{18p_w}{29(p-p_w)}=0.662\frac{p_w}{p-p_w} \tag{2-2}$$

式中　p_w——湿空气中水蒸气的分压，Pa；

p——湿空气的总压，Pa。

由式 2-2 可知，湿空气的湿度与总压及其中的水蒸气分压有关。当总压一定时，则湿度仅由水蒸气的分压所决定。

（2）相对湿度　在一定的总压下，湿空气中水蒸气分压与同温度下纯水的饱和蒸汽压之比，称为相对湿度，计算公式如下所示。

$$\varphi=\frac{p_w}{p_s} \tag{2-3}$$

式中　φ——空气相对湿度；

p_w——湿空气中水蒸气分压，Pa；

p_s——同温度下纯水的饱和蒸汽压，Pa。

相对湿度可以用来衡量湿空气的不饱和程度。$\varphi=1$，表示空气已达饱和状态，不能再接纳任何水分；φ 值越小，表示该空气离饱和程度越远，可接纳的水分越多，干燥能力也越大。可见空气的绝对湿度 H 仅表示其中水蒸气的含量，而相对湿度 φ 才能反映出空气吸收水分的能力。水的饱和蒸汽分压 p_s 可根据空气的温度在饱和水蒸气表中查到，水蒸气分压可根据湿度计或露点仪测得的露点温度查得。

干燥时，食品的水分能下降的程度由空气的含水量所决定。空气相对湿度越低，食品干燥速率越快。食品的水分始终要和周围空气的湿度处于平衡状态。当物料表面水蒸气分压大于空气水蒸气分压时，物料表面水分蒸发，内部水分密度高于表面，水分不断向表面迁移，如此往复，使物料干燥。反之，当空气的水蒸气分压高于物料表面的水蒸气分压时，则物料吸湿。当空气的湿度达到平衡湿度，物料既不脱水也不吸湿。

2. 温度

湿空气的温度可用干球温度和湿球温度表示。用普通温度计测得的湿空气实际温度即为干球温度 θ。在普通温度计的感温部分包以湿纱布，湿纱布的一部分浸入水中，使它保持湿润状态就构成了湿球温度计，将湿球温度计置于一定温度和湿度的湿空气流中，达到平衡或稳定时的温度称为该空气的湿球温度 θ_w。湿球温度计所指示的平衡温度 θ_w，实际上是湿纱布中水分的温度，该温度由湿空气干球温度 θ 及湿度 H 所决定。当湿空气的干球温度 θ 一定时，若其湿度 H 越高，则湿球温度 θ_w 也越高；当湿空气达饱和时，则湿球温度和干球温度相等。不饱和空气的湿球温度低于其干球温度。

（三）物料含水量

根据热力学原理，食品内部的水蒸气压总是要与外界空气中的水蒸气压保持平衡状态，如果不平衡，食品就会通过水分子的蒸发或吸收达到新的平衡状态。当食品内部的水蒸气压与外界空气的水蒸气压在一定温、湿度条件下达成平衡时，食品的含水量恒定，这一数值即为食品的含水量或食品的平衡水分，一般用百分数来表示。食品的含水量通常用干基和湿基两种方法来表示，通常所指的物料水分含量多指湿基水分含量（也称为湿度），干基水分含量常用于干燥过程物料衡算。

湿基水分含量是以湿物料为基准，指湿物料中水分占总质量的百分比，计算公式如下。

$$\omega = \frac{m}{m_0} \times 100\% \qquad (2-4)$$

式中　ω——湿基湿含量，%；

m——水的质量，kg；

m_0——湿物料的总质量（水和干物质质量之和），kg。

干基水分含量是以不变的干物质为基准，指湿物料中水分与干物质质量的百分比，计算公式如下。

$$\omega' = \frac{m}{m_c} \times 100\% \qquad (2-5)$$

式中　ω'——干基湿含量，%；

m——水的质量，kg；

m_c——湿物料中干物质的质量，kg。

（四）水分活度

物料的含水量只是表示了物料中含水的多少，它不足以说明水的功能水平，特别是水的生物化学可利用性和在物料变质机制中水的作用大小。安全含水量的标准不能任意从一个产品推广到另一产品，因为一定的含水量对某种产品是安全的，对另一产品则未必安全。例如，含水量为20%的土豆淀粉或者含水量为14%的小麦淀粉都是稳定的，然而含水量12%的乳粉却很快就会变质。能本质地反映物料中水的活性的概念是水分活度 A_W。活度是重要的物理化学概念。水分活度 A_W 是物料中水分的热力学能量状态高低的标志。

水分活度（A_W）是指溶液的水蒸气分压 p 和同温度下溶剂（常以纯水）的饱和蒸汽压 p_0 之比：

$$A_w = \frac{p}{p_0} \times 100\% \qquad (2-6)$$

水分活度是0～1的数值。纯水的 A_W 等于1。食品中的水总有一部分是以结合水的形式存在的，而结合水的蒸汽压远比纯水的蒸汽压低得多，因此，食品的 A_W 总是小于

1。食品中结合水的含量越高，A_W越低。温度不变，A_W增大表示物料中水分的汽化能力增大，水分透过细胞膜的渗透能力增大，水分在物料内部扩散速率增大。

图2-1表示了典型食品物料水分吸附等温线。水从湿物料中去除的难易程度与水分活度有关，各种食品的含水量与其对应的A_W呈非线性关系。在一定温度条件下用来反映食品的含水量与其水分活度的平衡曲线称为吸附等温线。

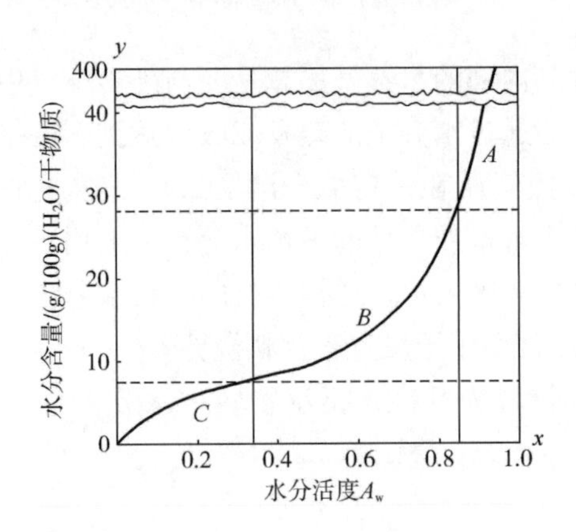

图2-1　典型食品物料水分吸附等温线

（五）水分活度与食品稳定性

各种食品在一定条件下都有其一定的水分活度，食品中微生物的活动和各种生物化学反应也都需要在一定的水分活度范围内才能进行。因此，降低水分活度，可以提高食品的稳定性，减少腐败变质并预测食品的耐藏性。

1. 水分活度与微生物的关系

微生物是引起食品变质的主要原因，不同的微生物在食品中繁殖，都有它最适的A_W范围，其中以细菌最为敏感，其次是酵母和霉菌。在一般情况下，A_W小于0.90时，细菌不能生长；A_W低于0.87时大多数酵母菌受到抑制；A_W小于0.8时大多数霉菌不能生长，但有一些嗜高渗酵母菌株在A_W低至0.65时仍能生长。

表2-2所示为适合各类微生物生长所要求的水分活度范围。当水分活度高于微生物生长所需的最低水分活度时，微生物的生长会导致食品腐败变质。根据表中提供的数据，对不同食品选择适宜的贮存条件，以防止或降低微生物对食品品质的不良影响。

表2-2　　部分食品中水分活度与微生物生长的关系

A_W范围	在此范围内的最低A_W所能抑制的微生物	在此A_W范围内的食品
0.95~1.0	假单胞菌、大肠杆菌、变形杆菌、芽孢杆菌、志贺氏菌属、克雷伯氏菌属、产气荚膜梭状芽孢杆菌、一些酵母等	极易腐败变质（新鲜）食品、新鲜果蔬、肉、鱼及牛乳、熟香肠、面包、含约40%（质量分数）蔗糖或7%氯化钠的食品等

续表

A_W范围	在此范围内的最低A_W所能抑制的微生物	在此A_W范围内的食品
0.91～0.95	沙门氏杆菌属、溶副血弧菌、沙雷氏菌属、乳酸杆菌属、肉毒梭状芽孢杆菌、足球菌、一些霉菌、酵母（红酵母、毕赤氏酵母）	一些干酪（英国切达、瑞士、法国明斯达、意大利菠萝伏洛）、腌制肉（火腿）、一些水果汁浓缩物，含有55%（质量分数）蔗糖或12%氯化钠的食品
0.87～0.91	许多酵母（假丝酵母、球拟酵母、汉逊酵母）、小球菌	发酵香肠、松蛋糕、干的干酪、人造奶油、含65%（质量分数）蔗糖或15%氯化钠的食品
0.80～0.87	大多数霉菌（产生毒素的青霉菌）、金黄色葡萄球菌、大多数酵母菌属（拜耳酵母）、德巴利氏酵母菌	大多数浓缩水果汁、甜炼乳、巧克力糖浆、水果糖浆、面粉、米、家庭自制火腿、含15%～17%水分的豆类食品、水果蛋糕、家庭自制火腿、微晶糖膏、重油蛋糕
0.75～0.8	大多数嗜盐细菌、产真菌毒素的曲霉	果酱、加柑橘皮丝的果冻、杏仁酥糖、糖渍水果、一些棉花糖
0.65～0.75	嗜旱霉菌、二孢酵母	含有约10%水分的燕麦片、颗粒牛轧糖、砂性软糖、棉花糖、果冻、糖蜜、粗蔗糖、一些干果、坚果
0.60～0.65	耐渗透压酵母（鲁酵母）、少数霉菌（刺孢曲霉、二孢红曲霉）	太妃糖与焦糖、蜂蜜、含15%～20%水分的果干
0.5	微生物不增殖	含约12%水分的酱、含约10%水分的调味料
0.4	微生物不增殖	含约5%水分的全蛋粉
0.3	微生物不增殖	含3%～5%水分的曲奇饼干、脆饼干、面包硬皮等
0.2	微生物不增殖	含2%～3%水分的全脂乳粉、含约5%水分的脱水蔬菜、玉米片、家庭自制的曲奇饼干、脆饼干

需要指出的是，表2－2所示的最低水分活度值不是绝对的，因为食品的pH、温度、微生物的营养状况以及水中特定溶质的性质，对水分活度也会有影响。如金黄色葡萄球菌生长的最低A_W，在乳粉中是0.861，在酒精中则是0.973。

目前干燥采用的温度不是很高，即使是高温干燥，因脱水时间短，微生物只是随着干燥过程中水分活度的降低而进入休眠状态。一旦环境条件改变，食品物料吸湿，微生物也会重新恢复活动。仅靠干燥过程并不能将微生物全部杀死，因此干燥食品并非无菌，遇到温暖潮湿气候，也会腐败变质。因此食品干燥过程不能代替食品必要的灭菌处理，仍需加强卫生控制，减少微生物污染，降低其对食品的腐败变质作用。应该在干制工艺中采取相应的措施如蒸煮、烫漂等，以保证干制品安全卫生。某些食品物料若污染有病原菌，或有导致人体致病的寄生虫（如猪肉旋毛虫）存在时，则应在干燥前设法将其杀死。

2. 水分活度对酶的影响

当水分活度小于0.85时，导致食品原料腐败的大部分酶会失去活性，如多酚氧化酶、过氧化物酶、维生素C氧化酶、淀粉酶等。然而，即使在0.1～0.3这样的低水分活度下，脂肪氧化酶仍能保持较强活力。只有当水分含量降至1%以下时才能完全抑制酶的活性，而通常的干燥很难达到这样低的水分含量。例如30℃下贮藏的大麦粉和卵磷脂的混合物，在低水分活度下基本不发生酶解反应，在贮藏48d以后，当水分活度A_W上升到0.7时，该食品的脂酶解反应速率迅速提高。此外，酶反应速率还与酶能否与食品相互接触有关，当酶与食品相互接触时，反应速率较快；当酶与食品相互隔离时，反应速率较慢。如A_W等于0.15时，脂肪氧化酶就能分解油脂，而固态脂肪在此水分活度时仅有极小的变化。

食品干燥过程不能替代酶的钝化或失活处理，为了防止干制品中酶的作用，食品在干燥前需要进行酶的钝化或灭酶处理。

3. 水分活度对食品质构的影响

水分活度对干燥和半干燥食品的质构有较大的影响。当水分活度从0.2～0.3增加到0.65时，大多数半干或干燥食品的硬度及黏性增加。水分活度为0.4～0.5时，肉干的硬度及耐咀嚼性最大。另外，饼干、爆米花等各种脆性食品，必须在较低的A_W下才能保持其酥脆。为了避免绵白糖、乳粉以及速溶咖啡结块或变硬发黏，都需要使产品保持相当低的水分活度。控制水分活度在0.35～0.5可保持干燥食品的理想状态。而对含水较多的食品，如蛋糕、面包、果冻布丁等，它们的水分活度大于周围空气的相对湿度，保存时需要防止水分蒸发。

（六）物料中水分的分类

将物料吸湿或解湿等温线图中的横坐标值当作空气的相对湿度φ，纵坐标为相对应的物料平衡含水量，则物料中的各种水分关系如图2-2所示。

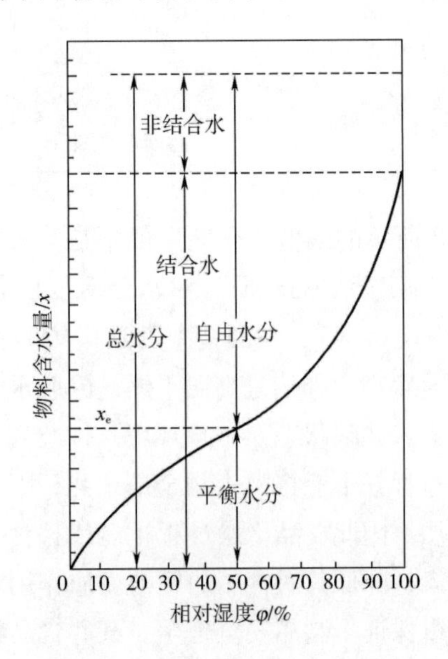

图2-2 物料中各种水分的含义

1. 按物料与水分的结合方式分类

按与物料的结合方式，物料中所含的水分分为化学结合水、物理化学结合水和机械结合水。

（1）化学结合水　包括与物料的离子结合和结晶型分子结合的水。化学结合水结合最牢，不能用一般干燥方法除去。例如，若脱掉结晶水，晶体必遭破坏。

（2）物理化学结合水　包括吸附水分、渗透水分和结构水分。吸附水分是物料内外表面靠分子间力吸附结合的水分，是物理化学结合水中结合最强的。渗透水分是物料组织壁内外溶质浓度差形成的渗透压作用而结合的水。结构水分是胶体形成时结合在物料网状结构内的水。

（3）机械结合水　包括毛细管水分、空隙水分和润湿水分。毛细管水分存在于物料中的纤维或成团颗粒间。润湿水分是与物料机械混合的水分，易用加热和机械方法脱除。

2. 按水分去除的难易程度分类

按物料中水分去除的难易程度，物料中的水分分为结合水分和非结合水分。

（1）结合水分　主要是指物化结合的水分和机械结合的毛细管水分，这种水分难以去除。结合水分产生的蒸汽压低于相同温度纯水的蒸汽压，故结合水分的 A_W 小于 1。

（2）非结合水分　包括物料表面的润湿水分及空隙水分，这种水分易于去除。非结合水分产生的蒸汽压和同温度纯水产生的蒸汽压相近，亦即其 A_W 近似等于 1。

3. 按水分能否用干燥方法除去分类

物料中的水分按在一定条件下是否能用干燥方法除去而分为自由水分和平衡水分。

（1）自由水分　物料与一定温度和湿度的湿空气流充分接触，物料中的水分能被干燥除去的部分，称为自由水分。

（2）平衡水分　自由水分被干燥除去后，尽管物料仍与这种温湿度的空气流接触，但物料中的水分已不再失去而维持一定的含水量，这部分水分就称作物料在此空气状态下的平衡水分。平衡水分代表物料在一定空气状态下干燥的极限。平衡水分的多少即平衡含水量值与空气的温湿度相联系，也因物料种类而异。

（七）湿热传递过程

食品的干燥过程实际上是食品从外界吸收足够的热量，使其所含水分不断向环境中转移，从而导致其含水量不断降低的过程。该过程是热量和质量传递同时存在的过程，伴随着传热（物料对热量的吸收）和传质（水分在物料中的迁移），因而也称作湿热传递过程。

1. 给湿过程

当干燥环境介质空气处于不饱和状态，食品物料表面水分蒸气压大于干燥介质的蒸汽压时，物料表面受热蒸发水分，而物料表面又被内部向外扩散的水分湿润，此时水分从物料表面向干燥介质中蒸发的过程称为给湿过程，也称为物料表面水分蒸发过程。

2. 导湿过程

给湿过程的进行，导致了待干食品内部与表面之间的水分差异，表面湿含量比物料内部的湿含量低，即存在水分梯度。在这种作用下，内部水分将以液体或蒸汽形式向表层迁移，这就是所谓的导湿过程或水分的扩散过程。水分扩散一般是从高水分处向低水分处扩散，即是从内部不断向表面方向移动。

导湿过程食品表面受热高于中心部位，因而在物料内部会建立一定的温度差，即温度梯度。因此，水分既会在水分梯度的作用下迁移，也会在温度梯度的作用下扩散。温度梯度将促使水分（无论是液态还是气态）从高温向低温处转移，这种现象称为导湿温性。

3. 热湿传导现象

在干燥过程中，湿物料表面同时存在着温度梯度和湿度梯度，在大多数干燥方法中，物体传热的方向由表至里，因此温度梯度和湿度梯度的方向相反，而且温度梯度起着阻碍水分由内部向表层扩散的作用。但是在对流干燥的降率干燥阶段，往往会出现导湿温性占主导地位的情形。此时食品表面的水分就会向它的内部迁移，由于其表面蒸发作用仍进行，导致其表面迅速干燥，温度上升。只有当食品内部因水分蒸发而建立起足够的压力时，才能改变水分传递的方法，使水分重新扩散到表面蒸发。结果不仅延长了干燥时间，而且会导致食品表面硬化。

随着干燥过程的进行，物料的水分梯度逐渐减少，温度梯度逐渐增大，水分从内部向表面的总流量逐渐减少，而物料表面的水分蒸发速度则取决于干燥介质的参数变化。若表面水分的蒸发速度不大于内部水分的扩散速度，则干燥过程就维持恒速干燥阶段；反之，若水分的蒸发速度大于水分的扩散速度，干燥则进入减速干燥阶段。在减速干燥阶段，会出现导湿温性大于导湿性，迫使水分从外层向内部转移，而表面的水分仍在进行蒸发，导致产品表面硬化、龟裂。

（八）影响湿热传递的主要因素

干燥过程的影响因素主要取决于干燥条件（由干燥设备类型和操作状况决定）和干燥物料的性质。

1. 干燥条件的影响

（1）空气温度　传热介质的温度对干燥速度和干制品的质量有明显的影响。如果传热介质温度低，物料表面水分蒸发速度就慢，干燥时间就长，造成干制品质量下降。如果传热介质的温度高，食品表面水分蒸发速度快，若食品内部水分扩散速度小于表面蒸发速度，则水分蒸发就会从表面向内层深处转移。为了提高产品质量，保证物料表面水分蒸发的顺利进行，并避免在食品内部形成阻碍水分向外扩散的温度梯度，就必须控制干燥介质的温度，既不能过高，也不能过低，应尽可能使水分蒸发速度等于水分扩散速度。

（2）空气相对湿度　空气的相对湿度也是影响湿热传递的因素。脱水干燥时，空气相对湿度低，食品干燥速率快。近于饱和的湿空气进一步吸收水分的能力远比干燥空气差。干燥时，食品的水分下降的程度是由空气湿度所决定的。

（3）空气流速　空气流速加快，食品干燥速率加速。加快空气流速，能及时将聚集在食品表面附近的饱和湿空气带走，以免阻止食品内水分进一步蒸发；同时还因为与食品表面接触的空气量增加，而显著加速食品中水分的蒸发。在生产过程中，由于物料脱水干燥过程有恒速与降速阶段，为了避免食品干燥过程中形成温度梯度，影响干燥质量，空气流速与空气温度在干燥过程中要互相调节控制。

（4）大气压力或真空度　在其他条件不变的情况下，大气压力降低，沸点下降，水的沸腾蒸发加快。在真空室内加热干燥，就可以在较低的温度条件下进行，使产品的溶解性提高，较好地保存营养价值，延长产品的储藏期。对于热敏性食品物料的干燥，低温加热与缩短干燥时间对制品的品质极为重要。

2. 食品物料的影响因素

（1）物料的干燥温度　物料的温度对干燥也有影响。水分从物料表面蒸发，会使表面温度下降，这是水分由液态转化成蒸汽时吸收相变热所引起的。物料的进一步干燥需要提供热量，如用热空气加热，干燥空气温度不论多高，只要有水分蒸发，物料温度不会高于介质温度。若物料水分含量下降，蒸发速率减慢，物料的温度将随之上升，最终接近干燥介质温度。对于热敏性食品物料，通常在物料尚未达到高温时就应取出，以保证产品质量。

（2）物料的表面积　物料的表面积对干燥速度有一定的影响。由于传热介质与食品的换热量及食品水分的蒸发量均与食品的表面积成正比。为了加速湿热交换，提高干燥速率，通常把被干燥物料分割成薄片、小块或粉碎后再进行干燥。这不仅可以增加食品与传热介质的接触面积，而且缩短了热与质的传递距离，为物料内水分外逸提供了更多的途径，从而加速了水分的扩散与蒸发，缩短了干燥时间。可见，食品的表面积越大，干燥的速度就越快，干燥效率越高。

（3）物料的组成与结构　食品成分、结构、食品溶质的类型和浓度、食品中水分的存在状态等都会影响物料在干燥过程中的湿热传递，影响干燥速率和产品质量。食品成分在物料中的位置对干燥速率有一定的影响。从分子组成角度上来看，真正具有均一组成成分结构的食品物料并不多。许多纤维性食物都具有方向性，因此在干燥肉制品时，肥瘦组成不同的部位将有不同的干燥速度，特别是水分的迁移需通过脂肪层时，对速率影响更大。故当肉类干燥时，将肉层与热源相对平行，避免水分透过脂肪层，就可获得较快的干燥速率。溶质的存在，特别是高糖分食品物料或低相对分子质量溶质的存在，会提高溶液的沸点，影响水分的汽化。因此溶质浓度愈高，维持水分的能力愈强，相同条件下干燥速率下降。与食品物料结合力较低的游离水分最易去除，以物理化学结合力吸附在食品物料固形物中的水分相对较难去除，最难去除的是由化学键形成水化物的水分。

二、干燥曲线与干燥速率

物料的干燥速率即水分汽化速率 N_A 可用单位时间、单位面积（气固接触界面）被汽化的水量表示，通常用下式表示：

$$N_A = \frac{G_c dX}{-A d\tau} \tag{2-7}$$

式中　G_c ——试样中绝对干燥物料的质量，kg；

A ——试样暴露于气流中的表面积，m^2；

X ——物料的自由含水量，$X = X_t - X^*$，kg 水/kg 干料。

（一）干燥曲线

干燥曲线是说明食品含水量随干燥时间而变化的关系曲线，如图 2－3 所示，从图中曲线1可以看出，在干燥开始后的很短时间内，食品的含水量几乎不变，这个阶段持续的时间取决于食品的厚度。随后，食品的含水量直线下降。在某个含水量（第一临界含水量）以下时，食品含水量的下降速度减慢，最后达到其平衡含水量，干燥过程即停止。

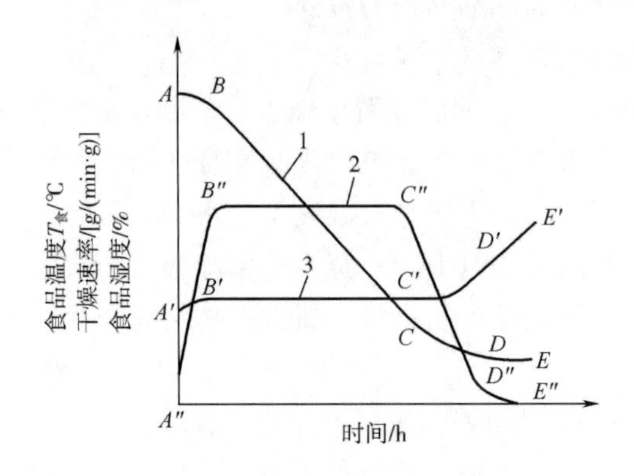

图2-3 食品干燥过程曲线

1—干燥曲线 2—干燥速率曲线 3—食品温度曲线

（二）干燥速率曲线

物料的干燥速率是指单位时间内、单位干燥面积上汽化水分的质量。干燥速率曲线是表示干燥过程中任何时间的干燥速率与该时间的食品绝对水分之间关系的曲线。典型的干燥速率曲线如图2-3中曲线2所示。该曲线表明，在食品含水量仅有较小变化时，干燥速度即由零增加到最大值，并在随后的干燥过程中保持不变，这个阶段称作恒速干燥期。当食品含水量降低到第一临界点时，干燥速度开始下降，进入所谓的降速干燥期。由于在降速干燥期内干燥速度的变化与食品的结构、大小、水分与食品的结合形式及水分迁移的机理等因素有关，因此，不同的食品具有不同的干燥速率曲线。

（三）食品温度曲线

温度曲线是表示干燥过程中食品温度与其含水量之间关系的曲线。由图2-3中曲线3可以看出，在干燥的起始阶段，食品的表面温度很快达到湿球温度。在整个恒率干燥期内，食品的表面均保持该温度不变，此时食品吸收的全部热量都消耗于水分的蒸发。在降速干燥阶段，由于水分扩散的速度低于水分蒸发速度，食品吸收的热量不仅用于水分蒸发，而且使食品的温度升高。当食品含水量达到平衡含水量时，食品的温度等于加热空气的温度（干球温度）。

总之，干燥过程中食品内部水分扩散大于食品表面水分蒸发或外部水分扩散，则恒速阶段可以延长；若内部水分扩散速率小于表面水分扩散，就不存在恒速干燥阶段。

三、食品干制工艺条件的选择

干制品的质量在很大程度上取决于所用的干制工艺条件，因此，如何选择干制工艺条件是食品干燥的最重要问题之一。食品干制工艺条件因干燥方法而异，空气干燥主要取决于空气温度、相对湿度、空气流速和食品的温度等，真空干燥主要取决于干燥温度、真空度等，冷冻干燥则主要取决于冷冻温度、真空度、蒸发温度等。不论使用何种干燥方法，其工艺条件的选择都应尽可能满足这样的要求：即干燥时间最短、能量消耗最少、工艺条件的控制最简便以及干制品质量最好。但是，在实际的操作中，最佳工艺条件几乎是达不到的。为此，我们可以根据实际情况选择相对合理的工艺条件。

选择干制工艺条件时，应遵循下述原则。

（1）所选择的工艺条件尽可能使食品表面水分蒸发速度与其内部水分扩散速度相等，同时避免在食品内部形成较大的温度梯度，以免降低干燥速度和出现表面硬化现象，特别是在干燥导热性较差和体积较大的食品时，尤其需要注意。此时可以适当降低空气温度和流速，提高空气的相对湿度，这样就能控制食品表面的水分蒸发速度，降低食品内部的温度梯度，提高食品表面的导湿性。

（2）在恒速干燥阶段，由于食品所吸收的热量全部用于水分的蒸发，表面水分蒸发速度与内部水分扩散的速度相当，因此，可以采用适当高些的空气温度，以加快干燥过程。一般情况下，生鲜食品在干燥初期均可以采用较高的空气温度。而含淀粉或胶质较多的食品如果采用较高的空气温度干燥时，其表层极易形成不透水干膜，阻碍水分的蒸发，因此只能使用较低的空气温度。

（3）在干燥后期，应根据干制品预期的含水量对空气的相对湿度加以调整。如果干制品预期的含水量低于与空气温度和相对湿度所对应的平衡含水量时，就必须设法降低空气的相对湿度，否则，将达不到预期的干制要求。

（4）在降速干燥阶段，由于食品表面水分蒸发速度大于内部水分扩散速度，因此表面温度将逐渐升高，并达到空气的干球温度。此时，应降低空气温度和流速，以控制食品表面水分蒸发的速度和避免食品表面过热。对于热敏性食品尤其应予以重视。

四、影响干燥速率的因素

由于外在环境及食品本身特性的不同，而有不同的干燥速度，将各种影响因素，分别叙述如下。

（一）外在环境因素

干燥温度：干燥温度愈高，则干燥速率愈快，但仍须考虑表面蒸发与内部扩散的平衡。

食品与热媒接触表面积：食品与热媒接触的表面积愈大，则干燥速率愈快。

环境相对湿度：环境相对湿度降低，表示环境愈干燥，可使潮湿食品内部的水分快速移除，进而增加干燥速率。

热风速度：增加热风速度，可迅速去除食品表面的饱和蒸汽压，增加食品的干燥速率。

大气压与真空度：于高真空度下加热，则可于低温下除去水分。压力越低（真空度越高），沸点越低。

蒸发与温度：当水分由表面蒸发时，会带走蒸发潜热，而降低食品表面温度，随后须再次升温才能进行干燥。

（二）食品特性因素

食品组成分：食品组成分不同，其干燥速度亦有差异。食品中结合水含量愈高，愈不容易干燥。食品组成的方向与热风同一方向则易被干燥。

组织细胞结构：当植物组织呈现活细胞状态时，细胞膜和细胞壁维持相当量的水分，而具一定细胞结构，此时呈现坚硬状态，因有膨压存在的关系，使其水分不易被干燥。但当植物组织经加热或杀菁使细胞死亡后，细胞结构变成可通透性，水分容易被除去，如此可增加干燥速度。

食品中溶质浓度：溶质浓度愈高，则蒸发速度愈慢，愈不易干燥脱水。

五、 干燥的方法

食品干燥可分为自然干燥法和人工干燥法两大类。自然干燥有晒干与风干。食品干燥更多的是采用人工干燥。人工干燥方法依热交换方式和水分除去方式的不同进行分类，按干燥的连续性可分为间歇式和连续式；按操作压力不同可分为常压干燥和真空干燥；按工作原理又可分为对流干燥、接触干燥、冷冻干燥、辐射干燥和能量场干燥，其中对流干燥在食品工业中应用最多。

（一）对流干燥

对流干燥又称空气对流干燥，是最常见的食品干燥方法。这类干燥在常压下进行，有间歇式（分批）和连续式；利用空气作为干燥介质，空气既是热源，也是湿气的载体，热量以对流的方式传递给湿物料，使食品原料中的水分汽化，而达到干燥的目的。

对流干燥进行的必要条件是物料表面的水蒸气压必须大于干燥介质（热空气）中的水蒸气分压。两者的压差愈大，干燥进行得愈快，所以干燥介质应及时将汽化的水汽带走，以便保持一定的传质推动力。若压差为零，则无水汽传递，干燥操作也就停止。对流干燥适用于各种食品物料的干燥，湿物料可以是固体、膏状物料及液体，而且成本较低。

1. 厢式干燥

厢式干燥器又叫作柜式干燥器，是一种外壁绝热、外形像箱子的干燥器，也称盘式干燥器、烘房，是最古老的干燥器之一。

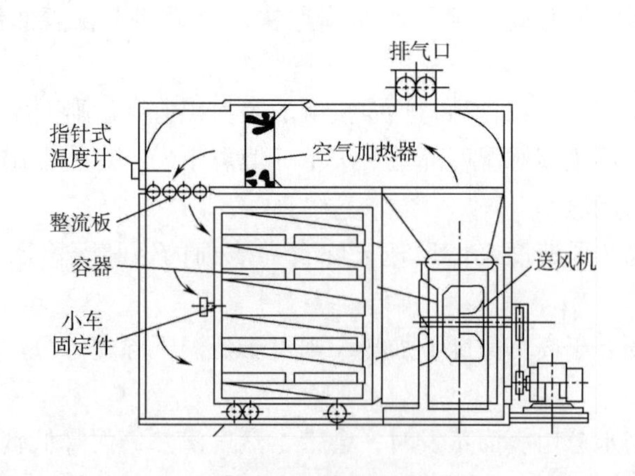

图 2－4　厢式干燥器

如图 2－4 所示，厢式干燥器大多为间歇操作，一般用盘架盛放物料，优点是制造和维修方便，使用灵活性大；物料容易装卸，损失小，盘易清洗；设备结构简单，投资少；厢式干燥器几乎能够干燥所有的物料。因此，对于需要经常更换产品、价高的成品和小批量物料，厢式干燥器的优点十分显著。

但厢式干燥器也有它的不足之处，主要是：物料得不到分散，干燥时间长，干燥不均匀；若物料量大，所需的设备容积也大；这种干燥器每次操作都要装卸物料，劳动强度大；需要定时将物料装卸或翻动时，粉尘飞扬，环境污染严重，劳动卫生条件差，一般只限于每批产量在几千克到几十千克的情况下使用；热效率低，一般在40%左右，每干燥1kg水分需消耗加热蒸汽2.5kg以上。此外，产品质量不够稳定也是其一大缺点。因此，随着干燥技术的发展，将逐渐被新型干燥器所取代。

2. 隧道式干燥

隧道式干燥器是将厢式干燥器的箱体扩展为长方形通道，其他结构基本不变。其长度可达10～15m，可容纳5～15辆装满料盘的小车，这样就增大了物料的处理量，生产成本降低，可连续或半连续操作。

待干燥物料被装入带网眼的料盘，有序地摆放在小车的搁架上，然后进入干燥室沿通道向前运动，并一次通过通道。被干燥物料的加料和卸料在干燥室两端进行。物料在小车上处于静止状态，载有物料的小车充满整个隧道。当推入一辆有湿物料的小车时，彼此紧跟的小车都向出口端移动。高温低湿空气进入的一端称为热端，低温高湿空气离开的一端称为冷端；湿物料进入的一端称为湿端，而干制品离开的一端为干端。

按照气流运动与物流的方向，可将隧道式干燥器分为顺流式、逆流式、混流式干燥。

（1）顺流式干燥　顺流式隧道干燥装置如图2－5所示。顺流干燥的物流与气流方向一致，其热端就是湿端，而冷端为干端。物料从高温低湿一端进入，其表面水分迅速蒸发，空气温度也急剧降低，愈往前进，温度愈低、湿度愈高，水分蒸发逐渐减慢。在干端，低温高湿的空气与即将干燥的物料相遇，水分蒸发极其缓慢，甚至可能不能蒸发或者反而会从空气中吸湿，使干燥食品的平衡水分增加，导致干制品的最终含水量难以降低到预定值。因此，吸湿性较强的食品不宜选用顺流式干燥方法。该法适用于含水量较高的水果、蔬菜等的干燥。

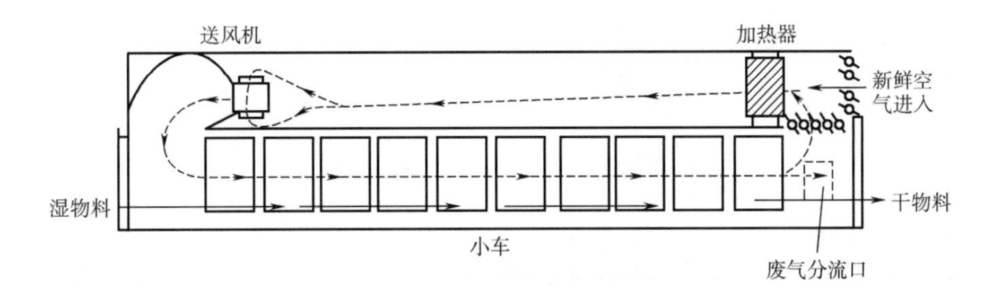

图2－5　顺流式隧道干燥示意图

（2）逆流式干燥　逆流式隧道干燥装置如图2－6所示。逆流干燥的物流与气流方向恰好相反，它的湿端为冷端，而干端则为热端。潮湿的食品首先遇到的是低温高湿的空气，水分蒸发速度比较缓慢，食品不易出现表面硬化和收缩现象，而中心又能保持湿润状态。在食品移向热端的过程中，由于所接触的空气温度逐渐升高而相对湿度逐渐降低，因此水分蒸发强度也不断增加。当食品接近热端时，尽管处于低湿高温的空气中，由于其中大量的水分已蒸发，其水分蒸发速率仍比较缓慢。此时热空气温度下降不大，而干物料的温度则将上升到和高温空气相近的程度。因此干端的进口温度不宜过高，一般不超过80℃为宜，否则物料停留时间过长，物料容易焦化。

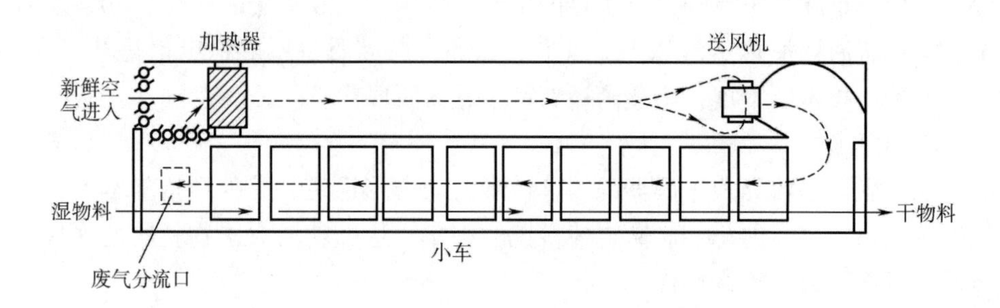

图2－6　逆流式隧道干燥示意图

另外，逆流干燥时湿物料装载量不宜过多，因为在逆流干燥初期干燥强度小，甚至会出现增湿现象。如果湿物料装载量过多，就会使物料长时间接触饱和的低温高湿气体，有可能会引起食品的腐败变质。

（3）混流式干燥　混流式隧道干燥装置如图2－7所示。混流干燥吸取了顺流式湿端水分蒸发速率高和逆流式后期干燥能力强的两个优点，组成了湿端顺流和干端逆流的两段组合方式。干燥机内设两个加热器和两个鼓风机，分别设在隧道的两端，热风由两端吹向中间，通过物料将湿热空气从隧道中部集中排出一部分，另一部分回流利用。混流式干燥整个过程均匀一致，传热传质速率稳定，生产效率高，产品质量好。

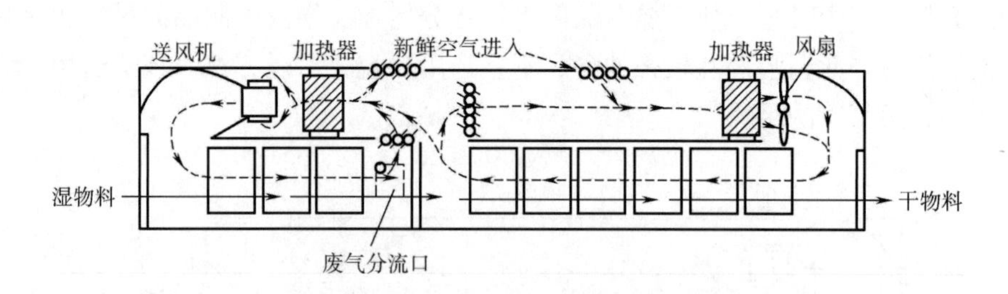

图2－7　混流式隧道干燥示意图

3. 带式干燥

带式干燥装置中除载料系统由输送带取代装有料盘的小车外，其余部分基本上和隧道式干燥设备相同。它是将待干燥物料放在输送带上进行干燥。输送带可以用一根环带，也可以用几根上下放置的环带。输送带可以是帆布带、橡胶带、钢带和钢丝网带等，其中网带可以使干燥介质以穿流方式穿过，干燥效果最好。带式干燥可分为单带式、双带式和多带式。

单带式干燥器装置如图2－8所示，干燥时热风从带子的上方穿过物料层和网孔，达到穿流接触的目的。由于带子不可能很长，所以单带式干燥只适用于干燥时间短的物料。

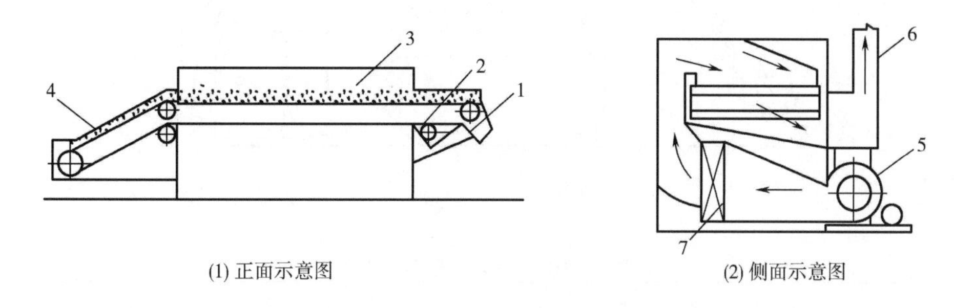

图2－8　单带式干燥示意图

1—排料口　2—网带水洗装置　3—输送带　4—加料口　5—送风机　6—排气管　7—加热器

双带式干燥装置如图2－9所示，两条输送带串联组成，因而半干物料从第一输送带末端向着其下方的另一输送带上卸落时，物料经过了翻转、混合、重新堆积的过程，使物料的干燥程度更加均匀。并且经过第一段干燥后，物料中大部分水分已被除去，物料体积收缩，重新堆成较厚的层，既不影响干燥过程，又可减小设备尺寸和占地面积。

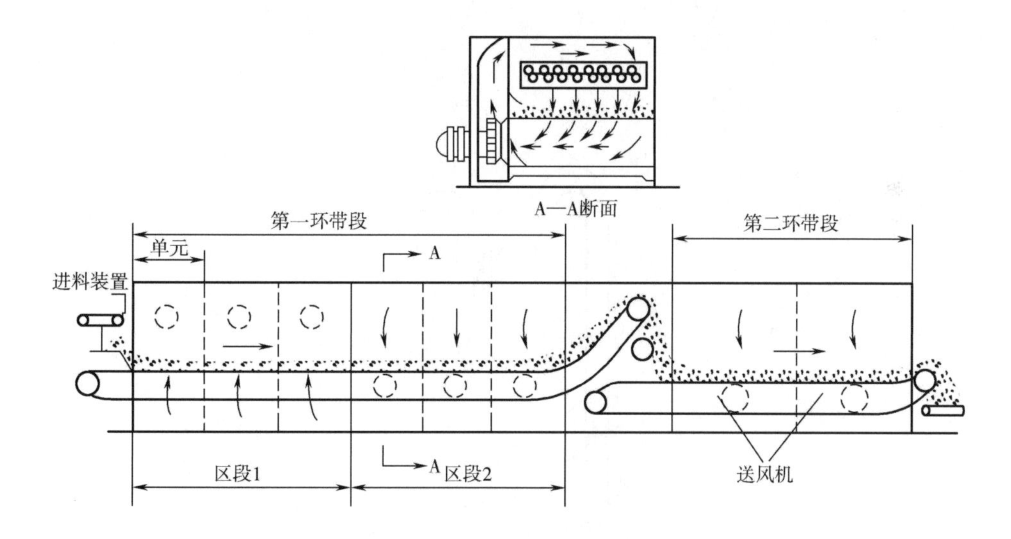

图2－9　双带式干燥示意图

多带式干燥器装置如图2－10所示，空气经预热后从下部进入，由下向上依次流过各层物料。相邻的两根环带的运动方向相反。湿物料从最上层的带子上方加入，随着带子移动，并依次落入下一根环带，最后从下部卸出干燥的物料。这种干燥器不仅使物料多次翻转维持了通气性，还增加了堆积厚度，增大了比表面积，提高了降速阶段的干燥速率。

带式干燥的特点是有较大的物料表面暴露于干燥介质中，物料内部水分移出的路径较短，并且物料与空气有紧密的接触，所以干燥速率很高。但是被干燥的湿物料必须预

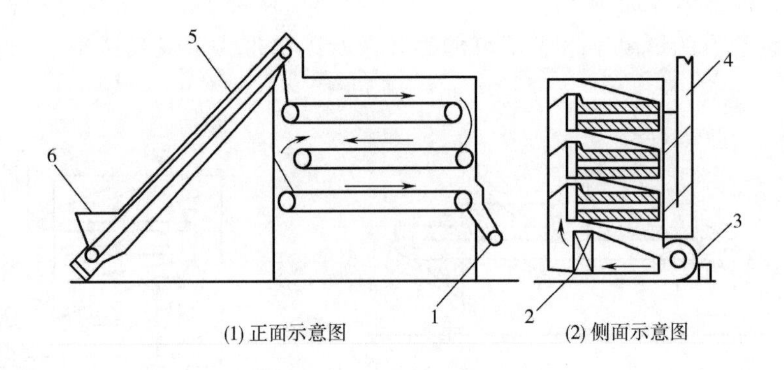

图 2－10　多带式干燥示意图

1—卸料装置　2—热空气加热器　3—送风机　4—排气管　5—输送机　6—加料口

处理成分散的状态，以便减小阻力，使空气能顺利穿过带子上的物料层。

4. 气流干燥

气流干燥是将粉末状或颗粒状食品悬浮在热空气流中进行干燥的方法。它是把湿物料送入热气流中，物料一边呈悬浮状态与气流并流输送，一边进行干燥。气流干燥适用于在潮湿状态下仍能在气体中自由流动的颗粒食品或粉末食品，如面粉、淀粉、谷物、葡萄糖、食盐、鱼粉、鱼汁浓缩物、马铃薯丁、肉丁或其他切成细块的食品。如图 2－11 所示为气流干燥装置示意图。

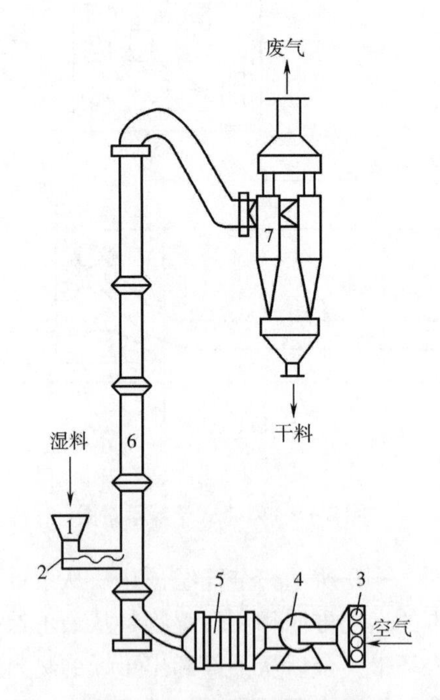

图 2－11　气流干燥示意图

1—料斗　2—螺旋加料器　3—空气过滤器

4—送风机　5—加热器　6—干燥管　7—旋风分离器

气流干燥时，物料呈悬浮状态在气流中高度分散，每个颗粒都被热空气所包围，因而能使物料最大限度地与热空气接触，热效率高，所需干燥器的体积可以大大减小，占地面积小。大多数物料的气流干燥只需 0.5 ~2s，最长不超过 5s，所以即使是热敏性或低熔点物料也不会因过热或分解而影响品质，可应用于各种粉状物料，粒径最大可达 100mm，湿含量可达 10% ~40%。

气流干燥的缺点是气流速率高，对物料有一定磨损，故对晶体形状有一定要求的产品不宜采用；气流速度大，全系统的阻力大，因而动力消耗大。普通气流干燥器的一个突出缺点是干燥管较长。

5. 流化床干燥

流化床干燥是近几年发展起来的一类新型干燥器，又称沸腾床干燥，如图 2 -12 所示。在多孔板上加入待干燥的食品颗粒物料，热空气由多孔板的底部送入使其均匀分散，并与物料接触。当气体速度较低时，固体颗粒间的相对位置不发生变化，气体在颗粒层的空隙中通过，干燥原理与厢式干燥器完全类似，此时的颗粒层通常称为固定床。当气流速度继续增加后，颗粒开始松动，并在一定区间变换位置，床层略有膨胀，但颗粒仍不能自由运动，床层处于初始或临界流化状态。当流速再增高时，颗粒即悬浮在上升的气流之中做随机运动。颗粒与流体之间的摩擦力恰与其净重力相平衡，此时形成的床层称为流化床。由固定床转为流化床时的气流速度称为临界流化速度。流速愈大，流化床层愈高；当颗粒床层膨胀到一定高度时，固定床层空隙率增大而使流速下降，颗粒又重新落下而不致被气流带走。若气体速度进一步增高，大于颗粒的自由沉降速度，颗粒就会从干燥器顶部吹出，此时的流速称为带出速度，所以流化床中的适宜气体速度应在临界流化速度与带出速度之间。流化床适宜处理粉粒状食品物料，当粒径为 30μm ~6mm，静止物料层高度为 0.05 ~0.15m 时，适宜的操作气速可取颗粒自由沉降速度的 0.4 ~0.8 倍。若粒径太小，气体局部通过多孔分布板，床层中容易形成沟流现象；粒度太大又需要较高的流化速度，动力消耗和物料磨损都很大。

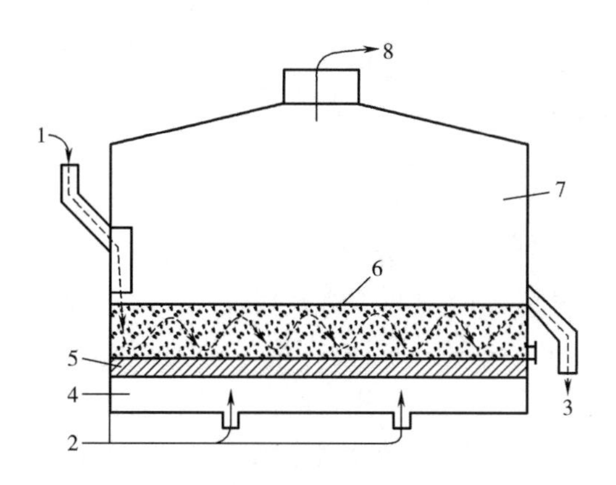

图 2 -12　流化床干燥示意图

1—湿颗粒进口　2—热空气进口　3—干颗粒进口　4—强制通风室
5—多孔板　6—流化床　7—绝热风罩　8—湿空气出口

流化床干燥的主要特点是：物料颗粒与热空气在湍流喷射状态下进行充分的混合和

分散，类似气流干燥，气固相间的传热传质系数及相应的表面积均较大，热效率高。由于气固相间激烈的混合和分散以及两者间快速地给热，使物料床温度均匀，易控制，颗粒大小均匀。物料在床层内的停留时间可任意调节，故对难干燥或要求产品含水量低的原料比较适用。设备设计简单，造价较低，维修方便。由于干燥过程风速过高，容易形成风速道，致使大部分热空气未经充分与物料接触而经风道排出，造成热量浪费；高速气流也容易将细颗粒物料带走，因此在设计上要加以注意。流化床干燥用于干态颗粒食品物料干燥，不适于易粘结或结块的物料。

6. 喷雾干燥

将溶液、乳浊液、悬浊液或浆料在热风中喷雾成细小的液滴，悬浮在热空气中，水分被瞬间蒸发而成为粉末状或颗粒状的产品，称为喷雾干燥。喷雾干燥以它独有的突出优点在食品工业生产中得到了广泛的应用，尤以液态食品脱水制成粉状产品的过程最为常用，如奶粉、乳清粉、蛋白粉、果汁粉、速溶咖啡、速溶茶，各种香辛料、液体调味料、汤料等食品的生产。根据干燥产品的要求，可以将不同的原料液制成粉状、颗粒状、空心球或团粒状等。喷雾干燥是目前干燥技术中较为先进的方法之一。

（1）喷雾干燥特点　喷雾干燥的优点：蒸发面积大，干燥时间短。料液被雾化后，液体的比表面积非常大。例如 1L 的料液可雾化成直径为 50μm 的液滴 146 亿个，总表面积可达 5400m^2。以这样大的表面积与高温热空气接触，瞬时就可蒸发 95% ~98% 的水分，因此完成干燥所需的时间很短，一般只需 5 ~40s。物料温度较低，虽然采用较高温度的干燥介质，但液滴有大量水分存在时，物料表面温度一般不会超过热空气的湿球温度（对奶粉干燥为50 ~60℃），因此非常适合热敏性物料的干燥，能保持制品的营养、色泽和香味，制品纯度高且具有良好的分散性和溶解性。生产能力大，产品质量高。每 1h 喷雾量可达几百 t，是干燥器处理量较大者之一。过程简单、操作方便，适宜于连续化生产。喷雾干燥通常适用于湿含量 40% ~60% 的溶液，特殊物料即使含水量高达 90% 也可不经浓缩，同样一次干燥成粉状制品。大部分制品干燥后不需要粉碎和筛选，简化了生产工艺过程。对于制品的粒度、密度及含水量等质量指标，可通过改变操作条件进行调整，且控制管理都很方便。干燥后的制品连续排料，结合冷却器和气力输送可形成连续生产，有利于实现大规模自动化生产。

喷雾干燥的缺点：单位产品的耗热量大，设备的热效率低。在进风温度不高时，一般热效率为 30% ~40%，每蒸发 1kg 水分需 2 ~3kg 蒸汽；介质消耗量大，当干燥介质入口温度低于 150℃时，干燥器的溶剂传热系数较低。对于细粉产品的生产，微粉的分离装置要求较高，以避免产品损失和污染环境，附属装置比较复杂。由于设备体积庞大，基建费用大，对生产卫生要求高，设备的清扫工作需要量大。

（2）食品喷雾干燥工艺流程　喷雾干燥装置所处理的料液虽然差别很大，但其工艺流程却基本相同。图 2 – 13 所示为典型的喷雾干燥装置工艺流程。干燥过程所需的新鲜空气，经过滤后由鼓风机送至空气加热器中加热到所要求的温度，再进入热风分布器；料液由储槽进入喷雾塔；经喷嘴喷洒成细小的雾粒与热空气接触进行干燥；在液滴到达器壁前，料液已干燥成粉末沿壁落入塔底干料储器中；废气经旋风分离器、袋滤器二级捕集细粉后放空。

喷雾干燥过程分为四个阶段：料液雾化为雾滴，雾滴与热风接触，雾滴水分蒸发，干燥产品与空气分离。

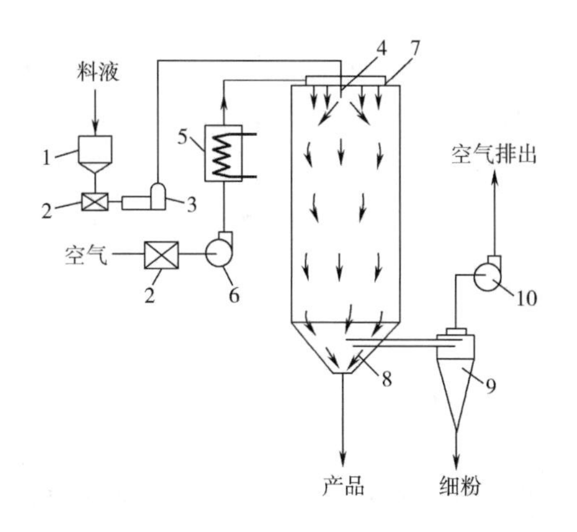

图 2-13　喷雾干燥工艺设备流程图

1—料液槽　2—过滤器　3—泵　4—雾化器　5—空气加热器
6—风机　7—空气分布器　8—干燥室　9—旋风分离器　10—排风机

①料液雾化：料液雾化的目的是将料液分散为细微的雾滴，雾滴的平均直径一般为 20～60μm，因此具有很大的表面积。常用的有气流式、压力式和离心式雾化器。在食品干燥中主要采用压力式喷雾和离心式喷雾。雾滴的大小和均匀程度对于产品质量和技术经济指标影响很大，特别是对热敏性物料的干燥尤为重要。如果喷出的雾滴大小很不均匀，就会出现大颗粒还未达到干燥要求，小颗粒却已干燥过度而变质。

②雾滴与干燥介质接触干燥：雾滴和干燥介质的接触方式对干燥室内的湿度分布，液滴、颗粒的运动轨迹，物料在干燥介质中的停留时间，以及产品性质有很大影响。在喷雾干燥室内，雾滴与干燥介质接触的方式有并流式、逆流式、混流式三种。在干燥器内，液滴与热风呈同方向流动为并流式喷雾干燥器。由于热风进入干燥室内立即与喷雾液滴接触，室内温度急剧下降，不会使干燥物料受热过度，因此适宜于热敏性物料的干燥，目前奶粉、蛋粉、果汁粉的生产，绝大多数都采用并流操作。图 2-14 所示为喷雾干燥器中常见的物料与空气的流动情况。在干燥器内，液滴与热风呈反方向流动为逆流式喷雾干燥器。混流式喷雾干燥器是在干燥器内，液滴与热风呈混合交错流动。

③雾滴水分蒸发：在喷雾干燥室内，雾滴水分蒸发干燥时，物料的干燥与在常规干燥设备中所经历的历程完全相同，也经历着恒速干燥和降速干燥两个阶段。雾滴与干燥介质接触时，热量由干燥介质经过雾滴四周的界面层（即饱和蒸汽膜）传递给雾滴，使雾滴中水分汽化，通过界面层进入空气中，因而这是热量传递和质量传递同时发生的过程。只要雾滴内部的水分扩散到表面的量足以补充表面的水分损失，蒸发就以恒速进行，这时雾滴表面温度相当于干燥介质的湿球温度，这就是恒速干燥阶段。当雾滴内部水分向表面的扩散不足以保持表面的湿润状态时，雾滴表面逐渐形成干壳，干壳随着时间的增加而增厚，水分从液滴内部通过干壳向外扩散的速度也随之降低，即蒸发速度逐

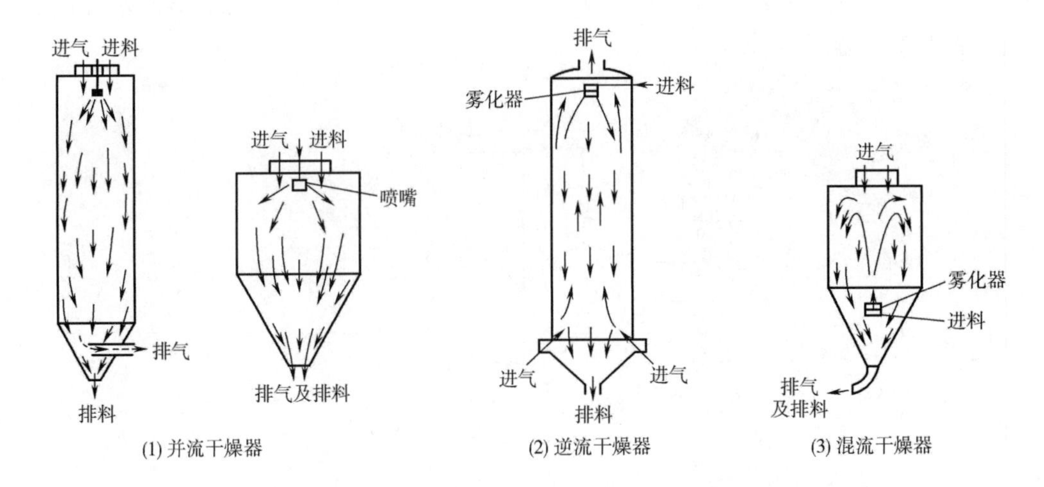

图2－14 喷雾干燥气流与物料的流动情况

渐降低，这时物料表面温度高于干燥介质的湿球温度，这就是降速干燥阶段。

④干燥产品的收集及与空气的分离：喷雾干燥产品的收集有两种方式：一种是干燥的粉末或颗粒产品落到干燥室的锥体壁上并滑行到锥底，通过星形卸料阀之类的排料装置排出，少量细粉随空气进入旋风或脉冲袋式气固分离设备收集下来；另一种是全部干燥成品随气流一起进入气固分离设备分离收集下来。

（二）传导干燥

传导干燥与对流干燥的根本区别在于前者是加热金属壁面，通过导热方式将热量传递给与之接触的食品并使之干燥，而后者则是通过对流方式将热量传递给食品并使之干燥。传导干燥适用于液状、胶状、膏状和糊状食品物料的干燥（如脱脂乳、乳清、番茄汁、肉浆、马铃薯泥、婴儿食品、酵母等）。传导干燥按其操作压力可分为常压接触干燥和真空接触干燥。

1. 滚筒干燥

滚筒干燥是将料液分布在转动的、蒸汽加热的滚筒上形成薄膜，与热滚筒表面接触，料液的水分被蒸发，然后被刮刀刮下，露出的滚筒表面再次与湿物料接触并形成薄膜进行干燥，经粉碎为产品的干燥设备。经过滚筒转动一周的干燥物料，其干物质可从3%～30%（质量分数）增加到90%～98%，干燥时间仅需2s到几分钟。滚筒干燥设备结构简单，每蒸发1kg水需1.2～1.5kg蒸汽，比喷雾干燥热消耗低，占地面积小，维修、清洗、操作方便，适用于生产规模较小、对溶解度和品质要求不严格的产品制作。如图2－15所示为滚筒干燥物料的进料方式。

常压滚筒干燥器的结构简单，干燥速率快，热效率可高达70%～80%，筒内温度和间壁的传热速率能保持相对稳定，使料膜能处于稳定传热状态下干燥，产品的质量可获得保证，但会引起制品色泽及风味的变化，因而适于干燥热敏性食品。不过真空滚筒干燥法成本很高，只有在干燥极热敏性的食品时才会使用。

滚筒干燥法的使用范围比较窄，但对于不易受热影响的物料，滚筒干燥却是一种费用低的干燥方法，目前主要用于干燥土豆泥片、苹果沙司、各种淀粉、果汁粉等。

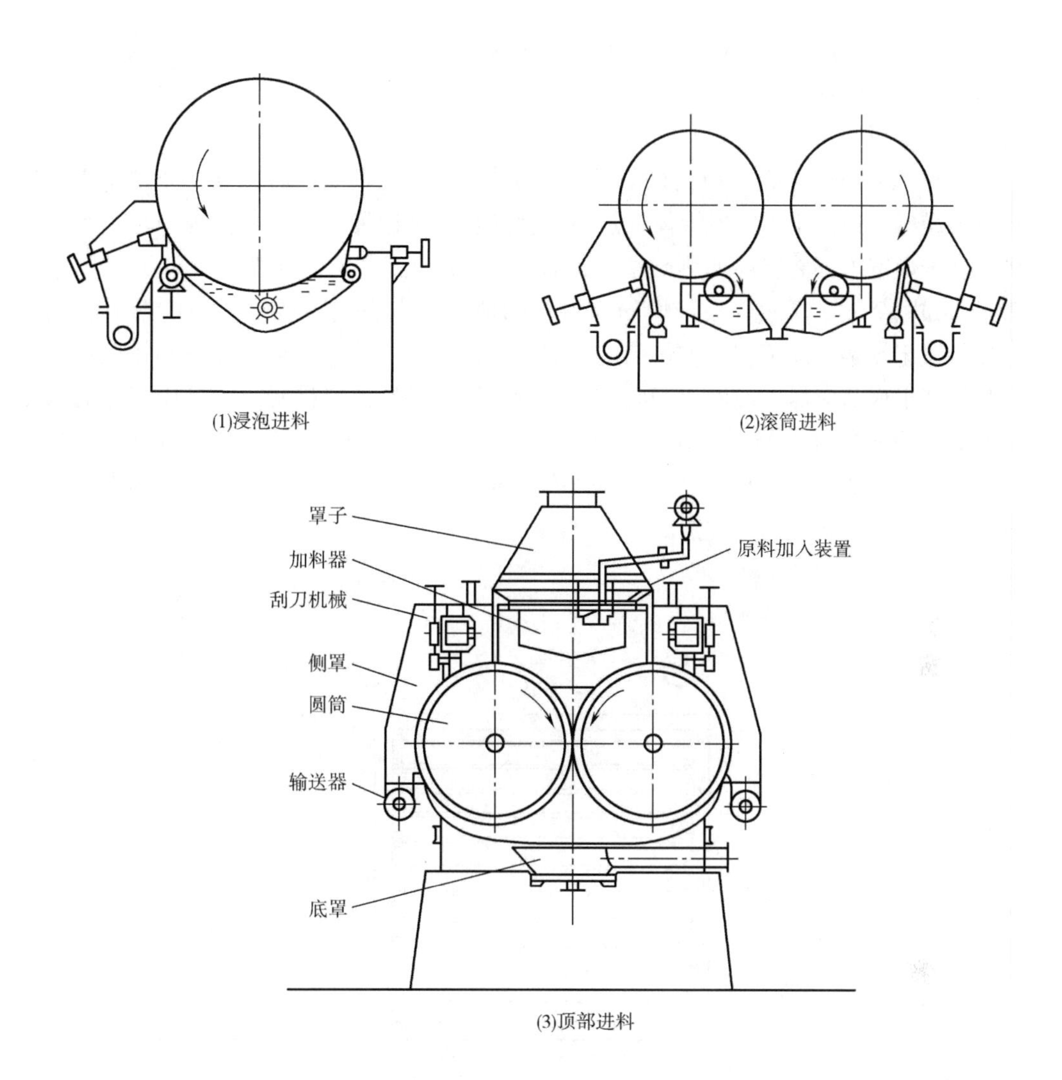

图 2-15 滚筒干燥不同的物料进料方式

滚筒干燥按照滚筒数量分为单滚筒、双滚筒（或对滚筒）、多滚筒；按操作压力可分为常压式和真空式；按滚筒的布膜方式可分为浸液式、喷溅式、对滚筒间隙调节式、铺辊式、顶槽式及喷雾式等类型。

2. 真空干燥

在常压下的各种加热干燥方法，因物料受热程度大，其色、香、味和营养成分均受到一定损失。若在低压条件下对物料进行加热，则可以使物料在较低温度下干燥，有利于减少对热敏性成分的破坏和热物理化学反应的发生，这种方法称为真空干燥。

物料在真空干燥过程中的受热温度低，水分蒸发快，干燥时间短，物料容易形成多孔状组织，使产品的溶解性、复水性、色泽和口感较好；可将物料干燥到很低的水分；用较少的热能，得到较高的干燥速率，热量利用经济；适应性强，对不同性质、不同状态的物料，均能适应；但与热风干燥相比，设备投资和动力消耗较大，成本高，产量较低。

真空干燥主要用于热敏性强、要求产品速溶性好的食品，如果汁型固体饮料、脱水蔬菜和豆、肉、乳各类干制品、麦乳品、豆乳晶等加工。真空干燥的类型很多，一般分为间歇式真空干燥和连续式真空干燥。

（1）间歇式真空干燥　箱式真空干燥设备或真空干燥箱是一种在真空条件下操作的传导型干燥器，适用于固体或液体的热敏性食品物料。这种干燥器主体为一真空密封的干燥室，干燥室内部装有供加热剂通入的加热管、加热板、夹套或蛇管等，其间壁则形成盘架，如图2－16所示。被干燥的物料均匀地散放在由钢板或铝板制成的活动托盘中，托盘置于盘架上。蒸汽等加热剂进入加热元件后，热量经加热元件壁和托盘传给物料。盘架和干燥盘应尽可能做成表面平滑，以保证有良好的热接触。干燥中产生的水蒸气由连接管导入混合冷凝器。在这种干燥器中，初期干燥速度快，但当物料脱水收缩后，则与干燥盘的接触逐渐变差，传热速率也逐渐下降。需要严格控制加热面温度，以防与干燥盘接触的物料局部过热。

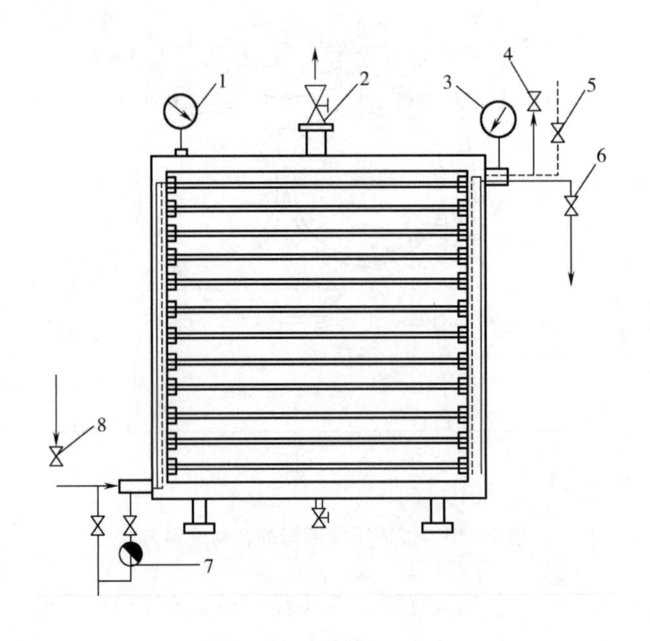

图2－16　真空干燥箱

1—真空表　2—抽气口　3—压力表　4—安全阀　5—加热蒸汽进阀
6—冷却水排出阀　7—疏水器　8—冷却水进阀

（2）连续式真空干燥　连续式真空干燥主要形式是真空条件下的带式干燥。带式真空干燥设备如图2－17所示，是由一连续的不锈钢带组成，钢带绕过呈多层式的加热滚筒和冷却滚筒，构成干燥器主体，置于密闭的真空室内。物料薄薄地平铺在带式加热板上随之运动。由于在真空条件下，物料在加热板上呈沸腾状发泡，故成品具有多孔性。全系统为密闭操作，卫生条件好，特别适合于热敏性和极易氧化的食品干燥，液态或浆状物料均可使用。食品工业中常用于干燥果汁、全脂乳、脱脂乳、炼乳、分离大豆蛋白、调味料、香料等。这种连续式真空干燥设备费用比同容量的间歇式真空干燥设备高得多。

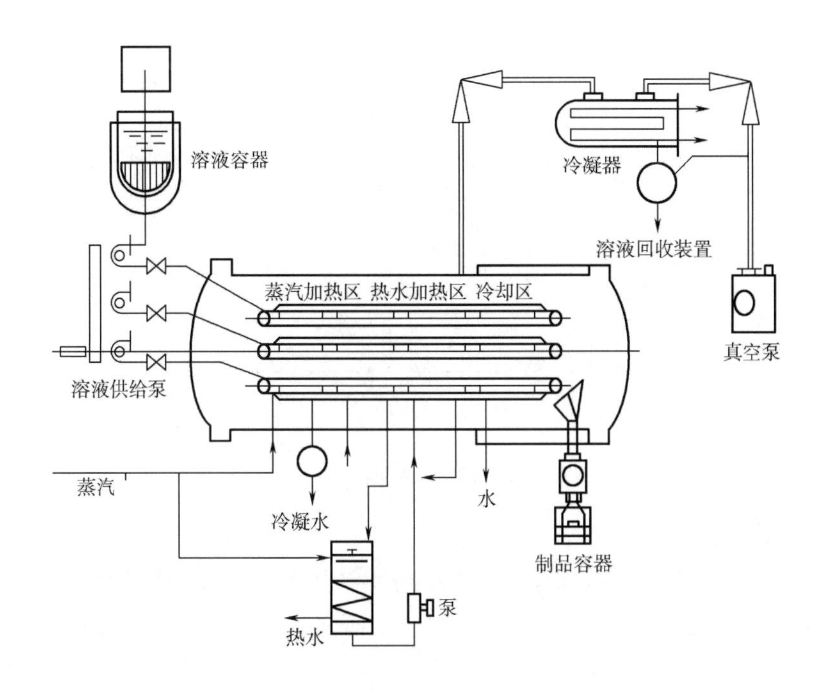

图2-17 带式真空干燥设备流程图

（三）冷冻干燥

冷冻干燥又称升华干燥，它是将湿物料先冻结，使水分变为固态冰，然后在较高的真空度下，将冰直接转化为蒸汽除去的干燥方法。冷冻干燥保留了真空干燥在低温和缺氧状态下干燥的优点，避免物料干燥时受到热损害和氧化损害，可保留新鲜食品的色、香、味及维生素等营养成分，故适用于热敏性及易氧化食品的干燥；避免水分在液态下汽化使物料发生收缩和变形，干燥后产品可不失原有的固体框架结构，复原性好，复水后易于恢复原有的性质和形状。热量利用经济，可用常温或温度稍高的流体作为加热剂，但设备初期投资费用大、生产费用高，为常规干燥方法的2~5倍。由于干燥制品品质优良，冷冻干燥仍广泛用于食品工业，特别是含生物活性成分的食品干燥。

1. 冷冻干燥的基本原理

水有三种相态，即固态、液态和气态，三种相态之间既可以相互转换又可以共存。图2-18所示为水的相平衡图，图中 *OA*、*OB*、*OC* 三条曲线分别表示冰和水、水和水蒸气、冰和水蒸气两相共存时水蒸气压与温度之间的关系，分别称为融化曲线、汽化曲线和升华曲线。*O* 点称为三相点，所对应的温度为0.01℃，水蒸气压力为610.5Pa，在这样的温度和水蒸气压下，水、冰和水蒸气三者可共存且相互平衡。

当冰周围的蒸气压大于610.5Pa时，冰只能先融化为水，然后再由水转化为水蒸气，而当冰周围的蒸汽压低于610.5Pa时，冰可直接升华为水蒸气。所以升华干燥一是要保持冰不融化，二是冰周围的水蒸气压必须低于610.5Pa。

2. 冷冻干燥过程

被干燥物料首先要进行预冻，然后在高真空状态下进行升华干燥。物料内水的温度

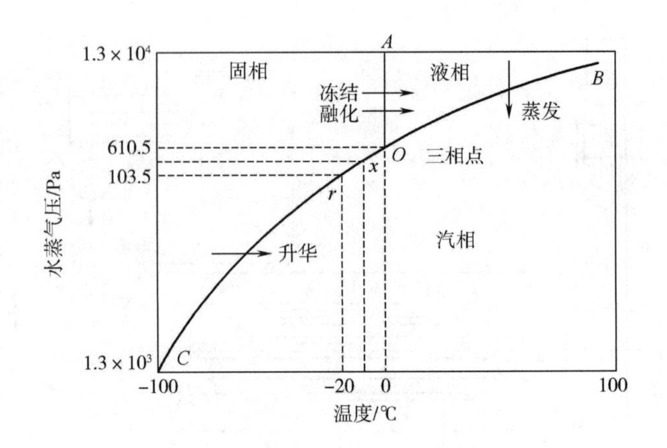

图2－18 水的相平衡图

必须保持在三相点以下。

（1）冻结　冻结方法有自冻法和预冻法两种。自冻法是利用迅速抽真空的方法，使物料水分瞬间大量蒸发，吸收大量汽化潜热，从而促使物料温度迅速降低，直至达到冻结点时物料水分自行冻结的方法。不过自冻法常出现食品变形或发泡现象，因此不适合于外观和形态要求较高的食品，一般仅用于粉末状干制品的冷冻。

预冻法是常采用的冻结方法，是用速冻机或冷库急冻间预先将物料冻结后，再将物料运往冻干机内真空干燥。这种方法预冻的物料，在冻干后能保持原有的形态，产品质量好，但是干燥时间较长，成本较自冻法高。

冻结过程对食品的升华干燥效果会产生一定的影响。当冻结过程较快时，食品内部形成的冰晶较小，冰晶升华后留下的空隙也较小，这将影响内部水蒸气的外逸，从而降低升华干燥的速度。但是，由于食品组织所受损伤较轻，所以干制品的质量更好。如果冻结过程较慢，则情况与上述相反。不过，冻结过程对食品升华干燥效果究竟有何影响，目前尚存争议。一方面，在许多情形下，决定升华干燥速度的因素是传热速度而非水分扩散速度，另一方面冻结速度对冻干制品的质量影响因食品种类而异。如鱼肉的升华干燥，冻结速度对制品质量的影响非常大，凉粉的升华干燥，冻结速度的影响就很小。

（2）干燥　食品冻结后即在干燥室内升华干燥，冰晶升华时要吸收潜热。因此，干燥室内有加热装置提供这部分热量，加热的方法有板式加热、红外线加热及微波加热等。

升华干燥是从物料表层的冰开始升华逐渐向内移动，冰晶升华后残留的空隙变成升华水蒸气的逸出通道。已干燥层和冻结部分的分界面称为升华界面。在果蔬的升华干燥过程中，升华界面一般以1～3mm/h的速度向内移动，直到物料中的冰晶全部升华。

在此干燥过程中，要注意三个主要条件：即干燥室绝对压力、热量供给和物料温度。在真空室内的绝对压力要保持低于物料内冰晶体的饱和水蒸气压，保证物料内的水蒸气向外扩散，因此冻结物料温度的最低极限不能低于冰晶体的饱和水蒸气相平衡的温度。如真空室内绝对压力为0.04kPa，物料内冰晶体的饱和水蒸气压和它平衡时相应的

温度为 -30℃，因此冻结物料的温度必然要高于 -30℃。

当冰晶体全部升华后，第一干燥阶段完成。但此时仍有 5% 以上没有冻结而被物料牢牢吸附着的水分，必须用比升华干燥较高的温度和更低的绝对压力，才能促使这些水分转移，使产品的含水量降至能在室温下贮存的水平。这一干燥阶段一般占总干燥时间的 1/3。

六、干燥对食品品质的影响

食品在干燥过程中因加热和脱水作用的影响，而发生一系列的变化，这些变化主要是食品物料内部组织结构的物理变化以及食品物料组成成分的化学变化。这些变化直接关系到干燥制品的质量和对贮藏条件的要求。

（一）食品干燥过程发生的物理变化

食品干燥过程中常出现的物理变化有干缩、表面硬化、热塑性和多孔性等。

1. 干缩

食品干燥时，因水分被除去而导致体积缩小，组织细胞的弹性部分或全部丧失的现象称作干缩，干缩的程度与食品的种类、干燥方法及条件等因素有关。一般情况下，含水量多、组织脆嫩者干缩程度大，而含水量少、纤维质食品的干缩程度较轻。与常规干燥制品相比，冷冻干燥制品几乎不发生干缩。

干缩有两种情形，即均匀干缩和非均匀干缩。有充分弹性的细胞组织在均匀而缓慢地失水时，就产生了均匀干缩，否则就会发生非均匀干缩。干缩之后细胞组织的弹性都会或多或少地丧失掉，非均匀干缩还容易使干燥制品变得奇形怪状，影响其外观。

2. 表面硬化

表面硬化是指干制品外表干燥而内部仍然软湿的现象。造成表面硬化的原因主要有两个方面：一是食品干燥时，其内部的溶质随水分不断向表面迁移和积累而在表面形成结晶硬化现象，如干制初期某些水果表面有含糖的黏质渗出物。这些物质会将干制品正在收缩的微孔和裂缝封闭，在微孔封闭和溶质堵塞的双重作用下，食品出现表面硬化。此时若降低食品表面温度使物料缓慢干燥，或适当“回软”再干燥，通常能减少表面硬化的发生。二是由于干燥初期，食品物料与加热空气气温差和湿度差过大致使食品表面温度急剧升高，水分蒸发过于强烈，内部水分向表面迁移的速度滞后于表面水分汽化速度，从而使表层形成一层干硬膜，造成物料表面硬化。后者与干燥条件有关，可通过降低干燥温度和提高相对湿度或减小风速来控制。

发生表面硬化之后，食品表层的透气性将变差，使干燥速度急剧下降，延长了干燥时间。另外，在表面水分蒸发后，温度也会大大升高，这将严重影响食品的外观质量。在某些食品中，尤其是某些含有高糖分和可溶性物质的食品，在干燥中最易出现表面硬化。

3. 热塑性的出现

不少食品具有热塑性，即温度升高时会软化甚至有流动性，而冷却时变硬，具有玻璃体的性质。糖分及果肉成分高的果蔬汁就属于这类食品。例如橙汁或糖浆在平锅或输送带上干燥时，水分虽已全部蒸发掉，残留固体物质却仍像保持水分那样呈热塑性黏质状态，黏结在带上难以取下，而冷却时它会硬化成结晶体或无定形玻璃状而脆化，此时就便于取下。为此，大多数输送带式干燥设备内常设有冷却区。

4. 物料内多孔性的形成

物料内部多孔的产生，是由于物料中的水分在干燥过程中被去除，原来被水分所占据的空间由空气填充而成为空穴，使干燥食品组织内部形成一定的空隙而具有多孔性。干燥食品孔隙的大小及均匀程度对其口感、复水性等有重要影响。

固体物料在减压干燥时，水分外逸迅速，内部能形成均匀的水分外逸通道和孔穴，具有较好的多孔状态；而常压干燥，由于水分的去除完全依赖于加热蒸发，易造成物料受热不均匀，形成表面硬化和不均匀的蒸发通道，使物料出现大量裂缝和孔洞，所以常压干燥对工艺条件及过程的要求非常严格。液体和浆状物料的干燥多利用搅拌产生泡沫以及使物料微粒化来控制其多孔的形成，泡沫的均匀程度、体积的膨胀程度以及微粒的大小决定了物料多孔性的优劣。

干燥前经预处理促使物料形成多孔性结构，有利于水分的扩散，提高物料的干燥率。不论采取何种干燥技术，多孔性食品能迅速复水和溶解，提高其食用的方便性，如方便面中的蔬菜包以及快餐食品等就有很好的复水性。多孔食品存在的问题是容易被氧化，储藏性能较差。

5. 溶质迁移现象

食品在干燥过程中，其内部除了水分会向表层迁移外，溶解在水中的溶质也会迁移。溶质的迁移有两种趋势：一种是由于食品干燥时表层收缩使内层受到压缩，导致组织中的溶液穿过孔穴、裂缝和毛细管向外流动；另一种是在表层与内层溶液浓度差的作用下出现的溶质由表层向内层迁移。上述两种方向相反的溶质迁移的结果是不同的，前者使食品内部的溶质分布不均匀，后者则使溶质分布均匀化。干制品内部溶质的分布是否均匀，最终取决于干燥的工艺条件，如干燥速度。

（二）食品干燥过程发生的化学变化

与新鲜食品相比，所有的食品在干燥过程中都会发生品质下降的变化，因此干燥工艺旨在最大限度地减少这些变化，并使加工效率最大化。食品干燥后最主要的变化是原有的香气和风味丧失严重，此外，食品的色泽和营养价值变化也很大。

1. 干燥对香气和风味的影响

食品在脱水干燥时不仅失去水分，也使食品中的挥发性成分受到损失，因此大部分干燥食品的味道不如新鲜原料的味道。挥发性物质受损失的程度取决于温度、食品的含水量、挥发性物质的含量及它们在水蒸气中的溶解度。如牛乳失去极微量的低级脂肪酸，特别是硫化甲基，虽然它的含量仅亿分之一，但其制品却已失去鲜乳风味。即使低温干燥也会导致化学变化，而出现食品变味的问题。

要完全防止干燥过程中风味物质损失是比较难的。解决的有效办法是从干燥设备中回收或冷凝外逸的蒸汽，再加回到干燥食品中；或干燥前在某些液态食品中添加树胶和其他包埋物质将风味物微胶囊化以防止或减少风味损失；或添加酶类或活化天然存在的酶，促使食品中的风味前体物质形成风味物质。

2. 干燥对色泽的影响

新鲜食品的色泽一般都比较鲜艳，干燥会改变食品反射、散射、吸收、传递可见光的能力，而使食品色泽发生变化。此外，食品中所含有的色素物质如类胡萝卜素、花青素、肌红素、叶绿素等也会在高温条件下发生变化，如变黄、变褐、变黑等，其中最常见的变色是褐变。干燥过程温度越高，处理时间越长，色素变化越显著。

促使干制品褐变的原因包括酶促褐变和非酶褐变。酶促褐变可通过钝化酶活性和减少氧气供给来防止，如氧化酶在 71 ~73. 5℃、过氧化酶在 90 ~100℃的温度下即可被破坏，所以对原料进行热烫处理、硫处理或盐水浸泡处理等可以抑制酶促褐变。而焦糖化反应和美拉德反应是食品干制过程中常见的非酶褐变。前者反应中糖分首先分解成各种羰基中间物，而后再聚合反应生成褐色聚合物；后者为氨基酸和还原糖的相互反应，常出现于水果脱水干燥过程中。脱水干燥时高温和残余水分中的反应物质浓度对美拉德反应有促进作用。美拉德褐变反应在水分下降到 20% ~25% 时最迅速，水分继续下降则它的反应速率逐渐减慢，当干燥品水分低于 1% 时，褐变反应可减慢到甚至于长期贮存也难以察觉的程度；水分在 30% 以上时褐变反应也随水分增加而减缓，低温贮藏也有利于减缓褐变反应速率。

另外，金属也能引起褐变。金属促进褐变作用由大到小的顺序依次为：铜、铅、铁、锡。单宁与铁作用产生黑色化合物，单宁与锡长时间加热生成玫瑰色化合物，单宁与碱作用易于变黑等。

3. 干燥对营养价值的影响

高温干燥引起蛋白质变性，使干制品复水性差，颜色变深。蛋白质在热的作用下，维持蛋白质空间结构稳定的氢键、二硫键等被破坏，改变了蛋白质分子的空间结构而导致变性。此外，由于脱水作用使组织中溶液的盐浓度增大，蛋白质因盐析作用而变性。氨基酸在干燥过程中会与脂肪自动氧化或参与美拉德反应而发生损失。

虽然干燥食品的水分活度较低，脂酶及脂氧化酶的活性受到抑制，但是由于缺乏水分的保护作用，因而极易发生脂质的自动氧化，干燥温度升高，脂肪氧化严重，导致干燥食品变质。脂质氧化不仅会影响干燥食品的色泽、风味，而且还会促进蛋白质的变性，使干燥食品的营养价值和食用价值降低甚至完全丧失，因此应采取适当措施予以防止。这些措施包括降低贮藏温度、采用适当的相对湿度、真空包装、使用脂溶性抗氧化剂等。

按照常规食品干燥条件，蛋白质、脂肪和碳水化合物的营养价值下降并不是干燥的主要问题，各种维生素的破坏和损失才是非常严重的问题，直接关系到干燥食品的营养价值。高温条件下，食品中的维生素均有不同程度的破坏。维生素 C 和维生素 B_1 对热十分敏感；未经酶钝化处理的蔬菜，在干燥时胡萝卜素的损耗量高达 80%，如果干燥方法选择适当，可下降至 5%。

（三）食品干燥过程中组织特性的变化

经干燥的食品在复水后，其口感、多汁性及凝胶形成能力等组织特性均与新鲜食品存在差异。这是由于食品中蛋白质因干燥变性及肌肉组织纤维的排列因脱水而发生变化，降低了蛋白质的持水力，增加了组织纤维的韧性，导致干燥食品复水性变差，复水后的口感较为老韧，缺乏汁液。

食品干燥过程中组织特性的变化主要取决于干燥方法。以不同干燥方法干燥的鳕鱼肉的组织切片为例，常压空气干燥的鳕鱼肉复水后组织呈黏着而紧密的结构，仅有较少的纤维空隙，且分布不均匀，其组织特性与鲜鱼肉的组织特性相差甚大，在复水时速度极慢且程度较小，故口感干硬如嚼橡胶，凝胶形成能力基本丧失。真空干燥法干燥的鱼肉复水后，纤维的聚集程度较常压干燥的鱼肉低，且纤维间的空隙较大，因此，其组织特性要优于前者。而采用真空冻干法干燥的鳕鱼肉在复水后，基本保持了冻结时所形成的组织结构，因此，冻干鳕鱼肉的复水速度快且程度高，口感较为柔软多汁，且有一定的凝胶形成能力。

七、干燥食品的包装与贮藏

（一）包装前干制品的处理

干制后的产品一般不马上进行包装，根据产品的特性与要求，往往需要经过一些处理才能进行包装。

1. 分级除杂

为了使产品合乎规定标准，贯彻优质优价原则，对干制后的产品要进行分级除杂。干制品常用振动筛等分级设备进行筛分分级，剔除块片和颗粒大小不合标准的产品，以提高产品质量档次，尤其是速溶产品，对颗粒大小有严格的要求。对无法筛分分级的产品还需进行人工挑选，剔除杂质和变色、残缺或不良成品，并经磁铁吸除金属杂质。

2. 均湿处理

无论是自然干燥还是人工干燥方法制得的干制品，其各自所含的水分并不是均匀一致的，而且在其内部也不是均匀分布，常需进行均湿处理。目的是使干制品内部水分均匀一致，使干制品变软，便于后续工序的处理，也称回软。回软是将干制品堆积在密闭室内或容器内进行短暂贮藏，以便使水分在干制品间扩散和重新分布，最后达到均匀一致的要求。一般水果干制品常需均湿处理，脱水蔬菜一般不需这种处理。

3. 防虫

干制品，尤其是果蔬干制品，常有虫卵混杂其间，特别是采用自然干制的产品。虫害可从原材料携入或在干燥过程中混入。一般来说，包装干制品用容器密封后，处在低水分干制品中的虫卵难以生长。但是包装破损、泄漏后，它的孔眼若有针眼大小，昆虫就能自由地出入，并在适宜条件下（如干制品回潮和温湿度适宜时）成长，侵袭干制品，有时还造成大量损失。为此，防止干制品遭受虫害是不容忽视的重要问题。果蔬干制品和包装材料在包装前都应经过灭虫处理。

烟熏是控制干制品中昆虫和虫卵常用的方法。常用的烟熏剂有甲基溴，一般用量为16～24g/m^3，视烟熏温度而定。在较高温度使用时其效用较大，可降低用量，一般需密闭烟熏24h以上。甲基溴对昆虫极毒，因而对人类也有毒，因此要严格控制无机溴在干制品中的残留量。二氧化硫也常用于果干的熏蒸，也需控制其残留量。氧化乙烯和氧化丙烯，即环氧化合物也是目前常用的烟熏剂，这些烟熏剂被禁止使用于高水分食品，因为在高水分条件下可能会产生有毒物质。

低温杀虫（-10℃以下）能有效推迟虫害的出现，在不损害制品品质原则下也可采用高温热处理数分钟，以控制那些隐藏在干制品中的昆虫和虫卵。根菜和果干等制品可在75～80℃温度中热处理10～15min后立即包装，以杀死残留的昆虫和虫卵。

4. 压块

食品干制后质量减少较多，而体积缩小程度小，造成干制品体积膨松，不利于包装运输，因此在包装前，需经压缩处理，称之为压块。干制品若在产品不受损伤的情况下压缩成块，大大缩小了体积，有效地节省包装材料、装运和储藏容积及搬运费用。另外产品紧密后还可降低包装袋内氧气含量，有利于防止氧化变质。几种食物的干制品压块工艺条件及其效果举例如表2－3所示。

表2－3　干制品压块工艺条件及其效果

干制品	形状	水分/%	温度/℃	最高压力/MPa	加压时间/s	密度/（kg/m^3）		体积缩减率/%
						压块前	压块后	
甜菜	丁状	4.6	65.6	8.19	0	400	1041	62
甘蓝	片	3.5	65.6	15.48	3	168	961	83
胡萝卜	丁状	4.5	65.6	27.49	3	300	1041	77
洋葱	薄片	4.0	54.4	4.75	0	131	801	76
马铃薯	丁状	14.0	65.6	5.46	3	368	801	54
甘薯	丁状	6.1	65.6	24.06	10	433	1041	58
苹果	块	1.8	64.4	8.19	0	320	1041	61
杏	半块	13.2	24.0	2.02	15	561	1201	53
桃	半块	10.7	24.0	2.02	30	577	1169	48

压块后干制品的最低密度为880～960kg/m^3。干制品复水后应能恢复原来的形状和大小，其中复水后能通过四目筛眼的碎屑应低于5%，否则复水后就会形成糊状，而且色、香、味也不能和未压缩的复水干制品一样。

蔬菜干制品一般可在水压机中用块模压块；蛋粉可用螺旋压榨机装填；流动性好的汤粉可用轧片机轧片。压块时应注意破碎和碎屑的形成，压块大小、形状、密度和内聚力、制品耐藏性、复水性和食用品质等问题。蔬菜干制品水分低，质脆易碎，压块前需经回软处理（如用蒸汽加热20～30s），以便压块并减少破碎率。

5. 速化复水处理

许多干制品一般都要经复水后才能食用，干制品复水后恢复原来新鲜状态的程度是衡量干制品品质的重要指标。为了加速低水分产品复水的速度，可采用速化复水处理，如压片法、辊压法、刺孔法等。

压片法是将水分低于5%的颗粒状果干经过相距为0.025mm的转辊（300r/min）轧制。如果需要较厚的制品，仅需增大轧辊间的间距。薄片只受到挤压，它们的细胞结构未遭破坏，故复水后能迅速恢复原来大小和形状。

另一种方法是将干制到水分为12%～30%的果块经速度不同和转向相反的转辊轧制后，再将部分细胞结构遭受破碎的半成品进一步干制到水分为2%～10%。块片中部分未破坏的细胞复水后迅速复原，而部分已被破坏的细胞则有变成软糊的趋势。

刺孔法是将水分为 16% ~30% 的半干苹果片先行刺孔再干制到最后水分为 5%，这不仅可加速复水的速度，还可加速干制的速度。复水速度以刺孔压片的制品最为迅速。

（二）干制品的包装

干制食品的处理和包装需在低温、干燥、清洁和通风良好的环境中进行，最好能进行空气调节并将相对湿度维持在 30% 以下；和工厂其他部门相距应尽可能远些，门、窗应装有窗纱，以防止室外灰尘和害虫侵入。

干制品的水分含量只有在与环境空气相对湿度平衡时才能稳定，干制品吸湿是引起变质的主要因素。为了维持干制品的干燥品质，需用隔绝材料或容器将其包装以防止外界空气、灰尘、虫、鼠和微生物的污染，也可阻隔光线的透过，减轻食品的变质。经过包装不仅可以延长干制品的保质期，还有利于贮存、销售，提高商品价值。

常用的包装材料和容器有：金属罐、木箱、纸箱、聚乙烯袋、复合薄膜袋等。一般内包装多用有防潮作用的材料：聚乙烯、聚丙烯、复合薄膜、防潮纸等；外包装多用起支撑保护及遮光作用的金属罐、木箱、纸箱等。

有些干制品如豆类对包装的要求并不很高，在空气干燥的地区更是如此，故可用一般的包装材料，但必须能防止生虫。有些干制品的包装，特别是冷冻干制品，常需充满惰性气体以改善它的耐藏性，充满惰性气体后包装内的含氧量一般为 1% ~2%。

粉末状、颗粒状和压缩的干制品常用真空包装，不过工业生产中的抽空实际上难以使罐内真空度达到足以延长储存期的要求。

许多干制品，特别是粉末状干制品包装时还常附装干燥剂、吸氧剂等。干燥剂一般包装在透湿的纸质包装容器内以免污染干制品，同时能吸收密封容器内的水蒸气，逐渐降低干制品中的水分。

为了确保干制水果粉，特别是含糖量高的无花果、枣和苹果粉的流动性，磨粉时常加入抗结块剂和低水分制品拌和在一起。干制品中最常用的抗结块剂为硬脂酸钙，用量为果粉量的 0.25% ~0.50%。

（三）干制品的贮藏

合理包装的干制品受环境因素的影响较小，未经特殊包装或密封包装的干制品在不良环境因素的条件下容易发生变质现象，良好的贮藏环境是保证干制品耐藏性的重要因素。影响干制品储藏效果的因素很多，如原料的选择与处理、干制品的含水量、包装、贮藏条件及贮藏技术等。

选择新鲜完好、充分成熟的原料，经清洗干净，能提高干制品的保藏效果。经过漂烫处理的比未经漂烫的能更好地保持其色、香、味，并可减轻在贮藏中的吸湿性。经过熏硫处理的制品也比未经熏硫的易于保色和避免微生物或害虫的侵染危害。

干制品的含水量对保藏效果影响很大。一般在不损害干制品质量的条件下，含水量越低，保藏效果越好。蔬菜干制品因多数为复水后食用，因此除个别产品外，多数产品应尽量降低其水分含量。当水分含量低于 6% 时，则可以大大减轻贮藏期的变色和维生素损失。反之，当含水量大于 8% 时，则大多数脱水蔬菜的保存期将因之而缩短。干制品的水分还将随它所接触的空气温度和相对湿度的变化而异，其中相对湿度为主要决定因素。干制品水分低于周围空气的温度及相对湿度相应的平衡水分时，它的水分将会增加。干制品水分超过10%时就会促使昆虫卵发育成长，侵害干制品。

贮藏温度为12.8℃和相对湿度为80%～85%时，果干极易长霉；相对湿度为50%～60%时就不易长霉。水分含量升高时，硫处理干制品中的SO_2含量就会降低，酶就会活化，如SO_2的含量降低到400～500mg/kg时，抗坏血酸含量就会迅速下降。

高温贮藏会加速高水分乳粉中蛋白质和乳糖间的反应，以致产品的颜色、香味和溶解度发生不良变化。温度每增加10℃，蔬菜干制品的褐变速度加速3～7倍。贮藏温度为0℃时，褐变就受到抑制，而且在该温度时所能保持的SO_2、抗坏血酸和胡萝卜素含量也比4～5℃时多。

光线也会促使果干变色并失去香味。有人曾发现，在透光贮藏过程中和空气接触的乳粉就会因脂肪氧化而风味加速恶化，而且它的食用价值下降的程度与物料从光线中所得的总能量有一定的关系。

干制品在包装前的回软处理、防虫处理、压块处理以及采用良好的包装材料和方法都可以大大提高干制品的保藏效果。

上述各种情况充分表明，干制品必须贮藏在光线较暗、干燥和低温的地方。贮藏温度越低，能保持干制品品质的保存期也越长，以0～2℃为最好，但不宜超过10～14℃。空气越干燥越好，它的相对湿度最好应在65%以下。干制品如用不透光包装材料包装时，光线不再成为重要因素，因而就没有必要贮存在较暗的地方。贮藏干制品的库房要求干燥、通风良好、清洁卫生。此外，干制品贮藏时防止虫鼠，也是保证干制品品质的重要措施。堆码时，应注意留有空隙和走道，以利于通风和管理操作。要根据干制品的特性，经常注意维持库内一定的温度、湿度，检查产品质量。

第二节　中间水分食品

【学习目标】

1. 掌握中间水分食品技术原理。
2. 熟悉中间水分食品加工方法。

【基础知识】

近年来，关于对水分含量对食品品质的影响这一问题的不断探索，引导了人们对传统食品保藏技术的思考，激发了人们对于通过降低水分活度来延长食品货架保存期这一方法的研究热情，进而利用这种生产方法产生了一种新颖的食品——中间水分食品。

中间水分食品的水分含量高于干燥食品的水分含量，并且食用时无需复水。而与其较高的水分含量的影响不同的是，中间水分食品可以在不需冷藏的情况下保持较长的货架稳定期。同样，罐装前的热杀菌也不是必要的，但有些产品需要进行巴氏杀菌。

一、中间水分食品

中间水分食品，是指含水量在20%～40%，A_W 在0.60～0.85，不需要冷藏的食品，也称为半干食品、中湿食品、半干半湿食品等，如半干的桃、杏、果汁糕点、果子酱、果冻、蛋糕等食品。

这种食品水分低于天然水果、蔬菜或肉类的含水量，但高于传统脱水食品的残留水分，如蜂蜜、果酱、果冻和某些果料蛋糕，以及部分干制品（枣干、无花果、李干、杏干、风干肉条、干肉饼、意大利式香肠等）。所以，这些食品的保藏能力部分来自于溶质的高浓度有关的高渗透压，而在某些食品中，其盐、酸和其他特有的溶质有助于提高保藏效果，即由于这些食品的水分中已溶入足够量的溶质，使 A_W 降低到低于微生物生长繁殖所需的最低 A_W，所以不会滋生微生物。

二、中间水分食品的技术原理

中间水分食品的技术原理就是水分活度（A_W）与食品性质及其稳定性的关系。A_W 对于微生物繁殖的影响是中间水分食品的最重要的问题。如前所述，大多数细菌在 A_W0.9以下就不会繁殖，当然要视具体的细菌而定。有些耐盐细菌 A_W 在低至0.75下仍能繁殖，而某些嗜渗透压酵母菌甚至更低，但是这些微生物往往不是食品败坏的重要起因。霉菌较大多数更耐干燥，常在 A_W 约为0.80的食品上繁殖良好，然而，甚至在低于0.70的 A_W 下，有些食品在室温下存放几个月，仍可能出现缓慢繁殖现象。在 A_W 值低于0.65时，霉菌繁殖完全被抑制，但是如此低的水分活度通常不适用于中湿食品的生产。这种 A_W 在许多食品中相当于低于20%的总含水量，此类食品会失去咀嚼性，且近乎一种十足干燥的产品。就大多数食品来说，半湿性组织的 A_W 值必须在0.70～0.85。这样的 A_W 水平低得足够抑制普通食品的细菌繁殖。当这样低的 A_W 还不足以长期抑制霉菌繁殖时，一种抗霉剂如山梨酸钾被添加进食品配方内来提高防腐作用。

通常在文献资料内所引用的抑制微生物的 A_W 值计算至小数点2或3位，然而这不应给人一种印象，即所列举作为某一特定微生物繁殖的 A_W 最小值是一个绝对值。它多少会受以下因素的影响，例如食品的pH、温度、微生物所需的营养状况以及水相中特定溶质的性质。虽然这些影响常常较小，但应谨慎地通过进行适当的细菌培养皿计数来确定新的中间水分食品配方。从公共卫生观点来说，细菌学试验也是必需做的。

三、中间水分食品的特征和加工技术

（一）中间水分食品具有的特征

对于微生物，尤其是对细菌的繁殖有干燥食品那样的抵抗力，在理想的状态下，能完全阻止由微生物导致的品质下降；具有良好的适口性而不需要补加水；采用普通食品常用的热处理和冷冻保藏方法有可能长期保存；营养成分易调整，食品包装材料经济等。

（二）中间水分食品常用的加工方法

添加丙二醇、山梨酸钾等防腐剂防止微生物增殖；添加多元醇、砂糖、食盐等湿润

剂降低食品的 A_W；采用物理或化学方法改善食品的质地与风味；采用能阻水的包装来防止因吸潮或水分散失而引起的食品质量变化。

四、中间水分食品的生产工艺

有许多不同的工艺可以用来生产中间水分食品，可以把它们分为4类。

（一）部分干燥

如果原料天然就含有丰富的保湿剂的话，通常采用部分干燥的工艺，如：干燥水果（葡萄干、杏、苹果和无花果）和槭树糖浆。这类产品的水分活度是0.6~0.8。

（二）渗透法干燥

将固体的原料完全浸润于低水分活度的保湿剂中。由于渗透压的差异，水分从食品中被挤压至溶液中。同时，保湿剂在食品中扩散开来，这一过程通常远慢于水分挤出的速度。盐和糖常常被采用。这是传统工艺中糖渍水果的做法。同样，新的肉类和蔬菜类的中间水分产品也可以通过采用盐、糖、甘油和其他保湿剂浸渍的方法来制成。

（三）干燥浸渍

干燥浸渍是将经过脱水的固体原料在含有保湿剂的具有目标水分活度的溶液中浸泡。虽然这一工艺比其他方法更加耗能，但该工艺可以生产出更优品质的产品。该工艺被广泛应用于美国陆军和美国国家航空航天局（NASA）采用的中间水分食品的生产中。

（四）混合法

将各种食物成分，包括湿润剂混合挤压在一起，通过挤压、加热、烘烤来达到某一要求的水分活度。这种工艺耗时耗能少，同时对于不同的客户要求有很高的适应性。

它可以应用于传统的中间水分食品如胶产品、果酱、甜点，也同样适用于新型食品如各种零食、宠物食品等。美国陆军纳提客（Natick）实验室和美国空军对采用该种技术生产的中间水分食品进行了多次实验，以测试其作为一种战地紧急食品（该种产品的准备时间通常非常有限）的使用前景。

在这些实验中，渗透法干燥（moist infusion）产品可以更简单和经济地生产，但其与混合技术一样存在着风味上的不足。干燥浸渍（dry infusion）技术虽然需要耗能大的低温冻结干燥过程以获得令人满意的口感，但其产品的品质也很优秀。大量的专利技术在这些研究中产生。在与美国空军的合作中，斯维福特公司（Swift & Company）生产出了很多微型的采用干燥灌输工艺的中间水分食品。这些产品在冻结干燥后进行灌输，最适宜的灌输工艺得益于添加成分的添加次序和方法：5%~10%的甘油，5%的凝胶，大约3%的山梨（糖）醇以及7%~12%的脂肪含量，可以达到最好的物质黏合效果。

总之，中间水分食品的加工是采用物理的、化学的方法将食品中的自由水含量降低，即具有较低的 A_W，以此来抑制微生物的生长繁殖和食品中的其他不良变化，并保持良好的口感和风味。这种食品即使不经过冷藏或加热处理，也是稳定安全的，且不必复水亦可食用，故中间水分食品在无冷藏和无冷冻条件下也能保存，从而节省了成本。

第三节　食品浓缩

浓缩是从溶液中除去部分溶剂（通常是水）的操作过程，也是溶质和溶剂均匀混合液的部分分离过程。按浓缩的原理，可分为平衡浓缩和非平衡浓缩两种方法。平衡浓缩是利用两相在分配上的某种差异而获得溶质浓缩液和溶剂的浓缩（分离）方法，如蒸发浓缩和冷冻浓缩。蒸发浓缩是利用溶液中的水受热汽化而达到浓缩（分离）的目的。冷冻浓缩是利用部分水分因放热而结冰，稀溶液与固态冰在凝固点以下的平衡关系，采用机械方法将浓缩液与冰晶分离的过程。非平衡浓缩是利用半透膜的选择透过性来达到分离溶质与溶剂（水）的过程。半透膜不仅可用于分离溶质和溶剂，也可用于分离各种不同分子大小的溶质，在膜分离技术领域中有广阔的应用。

一、浓缩的目的

浓缩在食品工业中的应用主要有以下目的。

除去食品中的大量水分，减少包装、贮藏和运输费用。浓缩的食品物料，有的直接是原液，如牛奶；有的是榨出汁或浸出液，如水果汁、蔬菜汁、甘蔗汁、咖啡浸提液、茶浸提液等。这些物料水分含量高，譬如100t固形物质量分数5%的番茄榨出汁浓缩至28%的番茄酱，质量将减至18t，不足原质量的1/5，体积缩小大致与此相同，这样就可大大降低包装、贮藏和运输费用。

提高制品浓度，增加制品的贮藏性。用浓缩方法提高制品的糖分或盐分可降低制品的水分活度，使制品达到微生物学上安全的程度，延长制品的有效贮藏期，如将含盐的肉类萃取液浓缩到不致产生细菌性的腐败。

浓缩经常用作干燥或更完全脱水的预处理过程。这种处理特别适用于原液含水量高的情况，用浓缩法排除这部分水分比用干燥法在能量上和时间上更节约，如制造奶粉时，牛奶先经预浓缩至固形物含量达45%～52%以后再进行干燥。蒸发浓缩用作某些结晶操作的预处理过程。

二、蒸发浓缩

蒸发是浓缩溶液的单元操作，是食品工业中应用最广泛的浓缩方法。食品工业浓缩的物料大多数为水溶液，在以后的讨论中，如不另加说明，蒸发就指水溶液的蒸发。蒸发浓缩就是将溶液加热至沸腾，使其中的一部分溶剂汽化并被排除，以提高溶液中溶质浓度的操作。由于固体溶质通常是不挥发的，所以蒸发也是不挥发性溶质和挥发性溶剂的分离过程。如图2－19所示为真空蒸发的基本流程。

（一）常压蒸发和真空蒸发

蒸发操作可以在常压、加压和减压条件下进行。常压蒸发是指冷凝器和蒸发器溶液

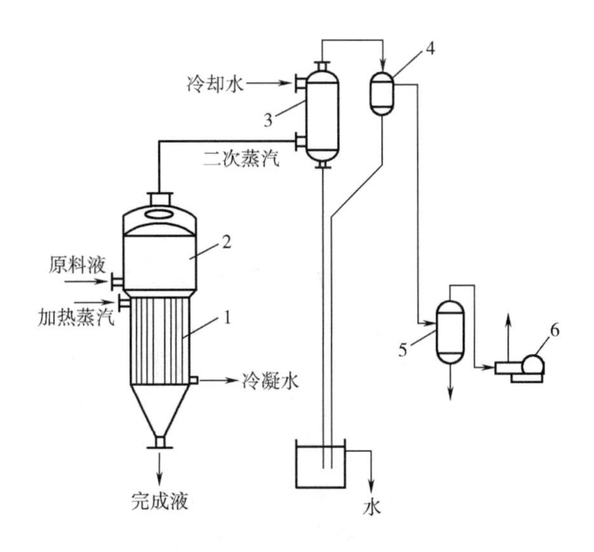

图 2－19　真空蒸发基本流程

1—加热室　2—分离室　3—混合冷凝器　4—分离器　5—缓冲罐　6—真空泵

侧的操作压力为大气压或稍高于大气压力，此时系统中的不凝性气体依靠本身的压力从冷凝器中排出。

减压下的蒸发常称为真空蒸发，食品工业广泛应用真空蒸发进行浓缩操作。因真空蒸发时冷凝器和蒸发器料液侧的操作压力低于大气压，必须依靠真空泵不断从系统中抽走不凝气来维持负压的工作环境。采用真空蒸发的基本目的是降低料液的沸点。与常压蒸发比较，它有以下优点：溶液沸点降低，可增大蒸发器的传热温差，所需的换热面积减小；溶液沸点低，可以应用温度较低的低压蒸汽和废热蒸汽作热源，有利于降低生产费用和投资；蒸发温度低，对浓缩热敏性食品物料有利；蒸发器操作温度低，系统的热损失小。当然，真空蒸发也有缺点：因蒸发温度低，料液黏度大，传热系数较小；因系统内负压，完成液排出需用泵，冷凝水也需用泵或高位产生压力排出，真空泵和输液泵都使能耗增加。

真空蒸发的操作压力取决于冷凝器中水的冷凝温度和真空泵的性能。冷凝器操作压力的极限是冷凝水的饱和蒸汽压，所以它取决于冷凝器的温度。真空泵的作用是抽走系统中的不凝性气体，真空泵的能力越大，就使得冷凝器内的操作压力越易维持于接近冷凝水的饱和蒸汽压。一般真空蒸发时，冷凝器的压力为 10～20kPa。

（二）闪蒸

闪急蒸发（flash evaporation）简称闪蒸，是一种特殊的减压蒸发。将热溶液的压力降到低于溶液温度下的饱和压力，则部分水将在压力降低的瞬间沸腾汽化，就是闪蒸。水在闪蒸汽化时带走的热量，等于溶液从原压下温度降到降压后饱和温度所放出的显热。

在闪蒸过程中，溶液被浓缩。闪蒸的具体实施方法有两种：一种是直接把溶液分散喷入低压大空间，使闪蒸瞬间完成；另一种是从一个与降压压差相当的液柱底部引入较高压热溶液，使降压汽化在溶液上升中逐步实现。这种措施都为了减少闪蒸后汽流的雾沫夹带。

闪蒸的最大优点是避免在换热面上生成垢层。闪蒸前料液加热但并没浓缩，因而生垢问题不突出。而在闪蒸中不需加热，是溶液自身放出显热提供蒸发能量，因而不会产生壁面生垢问题。

（三）单效蒸发和多效蒸发

蒸发操作的效（effect）是指蒸汽被利用的次数。如果蒸发生成的二次蒸汽不再被用作加热介质，而是直接送到冷凝器中冷凝，称为单效蒸发。

如果第一个蒸发器产生的二次蒸汽引入第二个蒸发器作为加热蒸汽，两个蒸发器串联工作，第二个蒸发器产生的二次蒸汽送到冷凝器排出，则称为双效蒸发，双效蒸发是多效蒸发中最简单的一种。

多效蒸发是将多个蒸发器串联起来的系统，后效的操作压力和沸点均较前效低，仅在压力最高的首效使用新鲜蒸汽作加热蒸汽，产生的二次蒸汽作为后效的加热蒸汽，亦即后效的加热室成为前效二次蒸汽的冷凝器，只有末效二次蒸汽才用冷却介质冷凝。可见多效蒸发明显减少加热蒸汽耗量，也明显减少冷却水耗量。

（四）热泵蒸发

为提高热能利用率，除采用多效蒸发外，还可通过一种通称热泵的装置，提高二次蒸汽的压力和温度，重新用作蒸发的加热蒸汽，称为热泵蒸发，或称为蒸汽再压缩蒸发。

热泵是以消耗一部分高质能（机械能、电能）或高温位热能为代价，通过热力循环，将热由低温物体转移到高温物体的能量利用装置。常用的热泵有蒸汽喷射热泵和机械压缩式热泵。

蒸汽喷射热泵使用的蒸汽喷射器类似于蒸汽喷射真空泵，只是在喷嘴附近低压吸入的是蒸发产生的二次蒸汽，与高温高压的驱动蒸汽混合后，在扩压管处达到蒸发所需加热蒸汽的压力和温度用作蒸发的加热介质。机械压缩式热泵利用电动机或汽轮机等驱动往复式或离心式等压缩机，将二次蒸汽压缩，提高其压力和温度，以重新用作蒸发的加热蒸汽。

（五）间歇蒸发和连续蒸发

蒸发操作可分为间歇操作和连续操作两种。

间歇蒸发有两种操作方法：

1. 一次进料，一次出料

在操作开始时，将料液加入蒸发器，当液面达到一定高度，停止加料，开始加热蒸发。随着溶液中的水分蒸发，溶液的浓度逐渐增大，相应地溶液的沸点不断升高。当溶液浓度达到规定的要求时，停止蒸发，将完成液放出，然后开始另一次操作。

2. 连续进料，一次出料

当蒸发器液面加到一定高度时，开始加热蒸发，随着溶液中水分蒸发，不断加入料液，使蒸发器中液面保持不变，但溶液浓度随着溶液中水分的蒸发而不断增大。当溶液浓度达到规定值时，将完成液放出。

由上可知，间歇操作时，蒸发器内溶液浓度和沸点随时间而变，因此传热的温度差、传热系数也随时间而变，故间歇蒸发为非稳态操作。

连续蒸发时，料液连续加入蒸发器，完成液连续地从蒸发器放出，蒸发器内始终保持一定的液面和压强，器内各处的浓度与温度不随时间而变，所以连续蒸发为稳态操作。通常大规模生产中多采用连续操作。

三、 蒸发设备

蒸发单元操作的主要设备是蒸发器，还需要冷凝器、真空泵、疏水器和捕沫器等辅助设备。蒸发器是浓缩设备的工作部件，主要是由加热室（器）和分离室（器）两部分组成。加热室的作用是利用水蒸气加热物料，使其中的水分汽化。

加热室的形式随着技术的发展而不断改进。最初采用的是夹层式和蛇（盘）管式，其后有各种管式、板式等换热器形式。为了强化传热，采用强制循环替代自然循环，也有采用带叶片的刮板薄膜蒸发器和离心薄膜蒸发器等。

蒸发器分离室的作用是将二次蒸汽中夹带的料液分离出来。为了使雾沫中的液体回落到料液中，分离室须具有足够大的直径和高度以降低蒸汽流速，并有充分的机会使其返回液体中。早期的分离室位于加热室之上，并与加热器合为一体。由于出现了外加热型加热室（加热器），分离室也能独立成为分离器。

（一）循环型蒸发器

循环型蒸发器的特点是溶液在蒸发器中循环流动，以提高传热效率。根据引起溶液循环运动的原因不同可分为自然循环和强制循环。自然循环是由于液体受热程度不同产生密度差引起的，强制循环是由外加机械力迫使液体沿一定方向流动。

1. 中央循环管式蒸发器

该蒸发器主要由下部加热室和上部蒸发室两部分构成，如图 2－20 所示。食品料液经过加热管面进行加热，由于传热产生密度差，形成了对流循环，液面上的水蒸气向上部负压空间迅速蒸发，从而达到浓缩的目的。有时，也可以通过搅拌来促进流体流动。二次蒸汽夹带的部分料液在分离室分离，而剩余少量料液被蒸发室顶部捕集器截获。

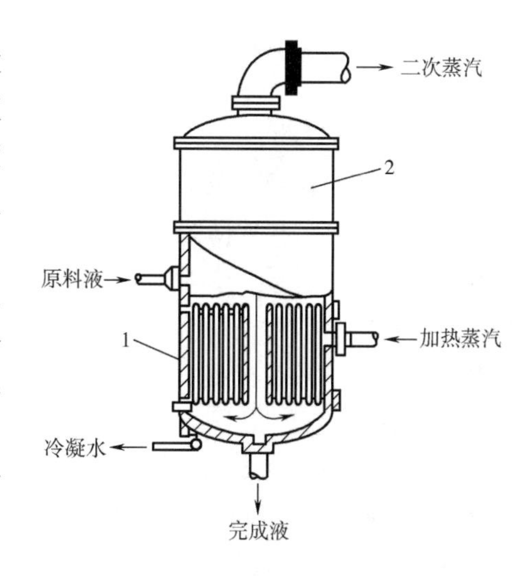

图 2－20　中央循环管式蒸发器

1—加热室　2—分离室（蒸发器）

中央循环管式蒸发器结构简单，操作方便，但清洗困难，料液在蒸发器中停留时间长，黏度高时循环效果差。这种蒸发器在食品工业中应用已不再普遍。但是，在制糖工业中还用到它，主要是用在从原料中结晶精制糖。

2. 外循环管式蒸发器

外循环管式蒸发器的加热室在蒸发器的外面，因此便于检修和清洗，并可调节循环速度，改善分离器中的雾沫现象。循环管内的物料是不直接受热的，故可适用于果汁、牛奶等热敏性物料的浓缩。如图 2－21、图 2－22 所示为自然循环与强制循环的外循环管式蒸发器的示意图。

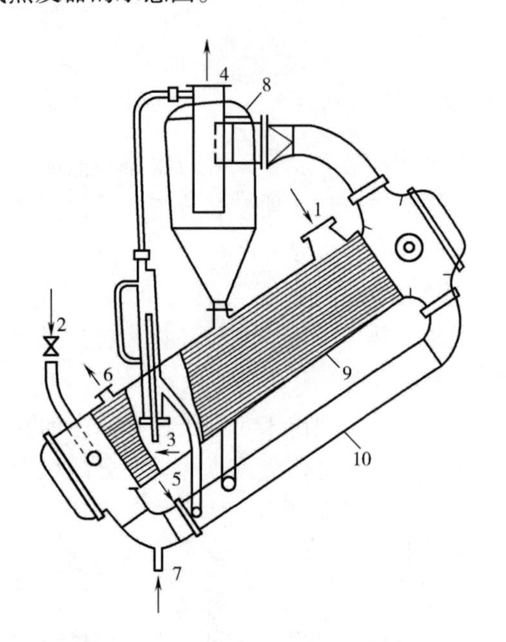

图 2－21　自然循环外加热式蒸发器

1—蒸气入口　2—料液入口　3—抽出口　4—二次蒸汽出口　5—冷凝水出口　6—不凝汽出口　7—浓缩液出口　8—分离器　9—加热器　10—循环管

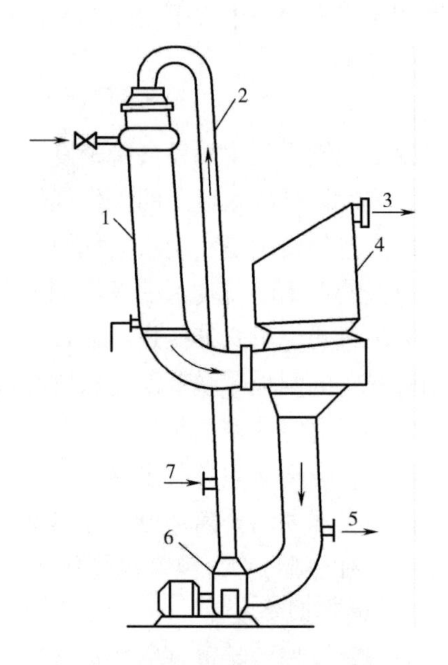

图 2－22　强制循环外加热式蒸发器

1—加热器　2—循环管　3—二次蒸汽出口　4—分离器　5—浓缩液出口　6—循环泵　7—加料口

（二）膜式蒸发器

根据料液成膜作用力及加热特点，膜式蒸发器有：升（降）膜式蒸发器、刮板式和离心式薄膜蒸发器、板式薄膜蒸发器。

升（降）膜式蒸发器是典型的膜式蒸发器，是一种外加热式蒸发器。溶液通过加热室一次达到所需的浓度，且溶液沿加热管壁呈膜状流动进行传热和蒸发，故其传热效率高，蒸发速度快，溶液在蒸发器内停留时间短，特别适用于热敏性溶液的蒸发。

1. 升膜式蒸发器

升膜式蒸发器如图 2－23 所示。加热室由列管式换热器构成，常用管长 6～12m，管长径之比为 100～150。料液的加热与蒸发分三部分。在底部，管内完全充满料液，由于液柱的静压作用，一般不发生沸腾，只起加热作用，随着温度升高，在中部开始沸腾产生蒸汽，使料液产生上升力。到了上部，蒸汽体积急剧增大，产生高速上升蒸汽使溶液在管壁上抹成一层薄膜，使传热效果大大改善。在管顶部呈喷雾状，快速进入分离室分离，浓缩液由分离室底部排出。

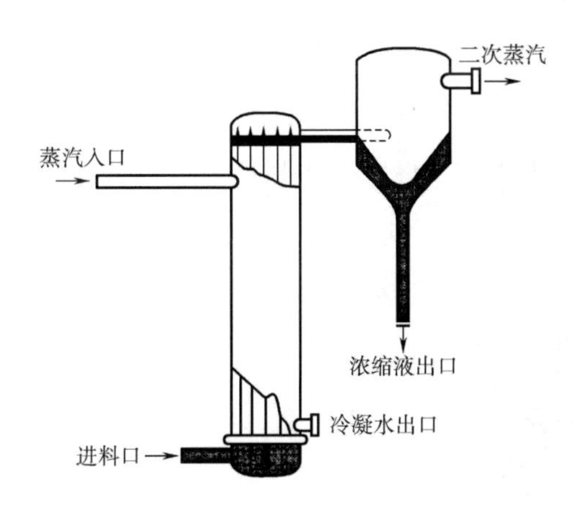

图 2－23　升膜式蒸发器

升膜式蒸发器由于蒸发时间短（仅几秒到十余秒），具有良好的破乳作用，所以适用于蒸发量大、热敏性及易生成泡沫的溶液浓缩，一次通过浓缩比可达 4 倍，它已成功地应用于乳品和果汁工业中，但不适于高黏度、易结晶或结垢物料的浓缩。

2. 降膜式蒸发器

降膜式蒸发器如图 2－24 所示。与升膜式蒸发器不同的是，料液由加热室的顶部进入，在重力作用下沿管壁内呈膜状下降，浓缩液从下部进入分离器。为了防止液膜分布不均匀，出现局部过热和焦壁现象，在加热列管的上部设置有各种不同结构的料液分配器装置，并保持一定的液柱高度。

降膜式蒸发器因不存在静液层效应，物料沸点均匀，传热系数高，停留时间短，但液膜的形成仅依靠重力及液体对管壁的亲润力，故蒸发量较小，一次蒸汽浓缩比一般小于 7。

3. 升－降膜蒸发器

升－降膜蒸发器是将加热器分成两程：一程做稀溶液的升膜蒸发；另一程为浓稠液的降膜蒸发，如图 2－25 所示。这种蒸发器集中了升、降膜蒸发器的优点。

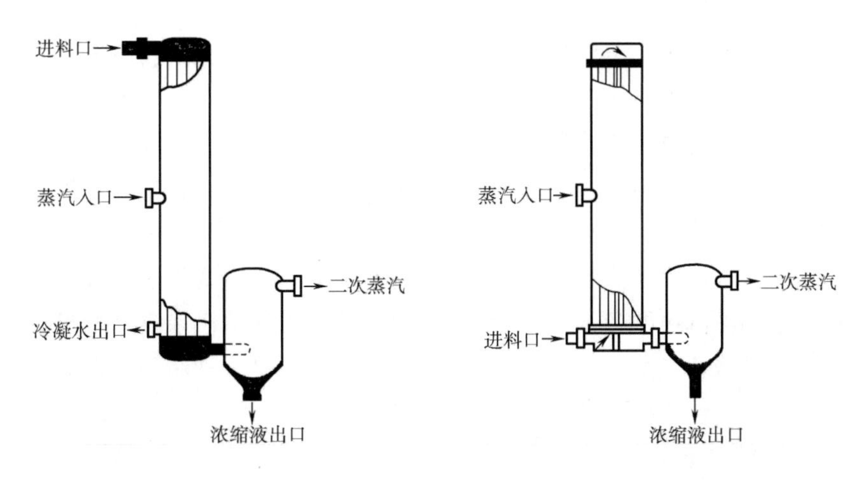

图 2－24　降膜式蒸发器　　　图 2－25　升－降膜式蒸发器

4. 刮板式薄膜蒸发器

如图 2－26 所示，刮板式薄膜蒸发器有立式和卧式两种。加热室壳体外部装有加热蒸汽夹套，内部装有可旋转的搅拌叶片，原料液受刮板离心力、重力以及叶片的刮带作用，以极薄液膜与加热表面接触，迅速完成蒸发。

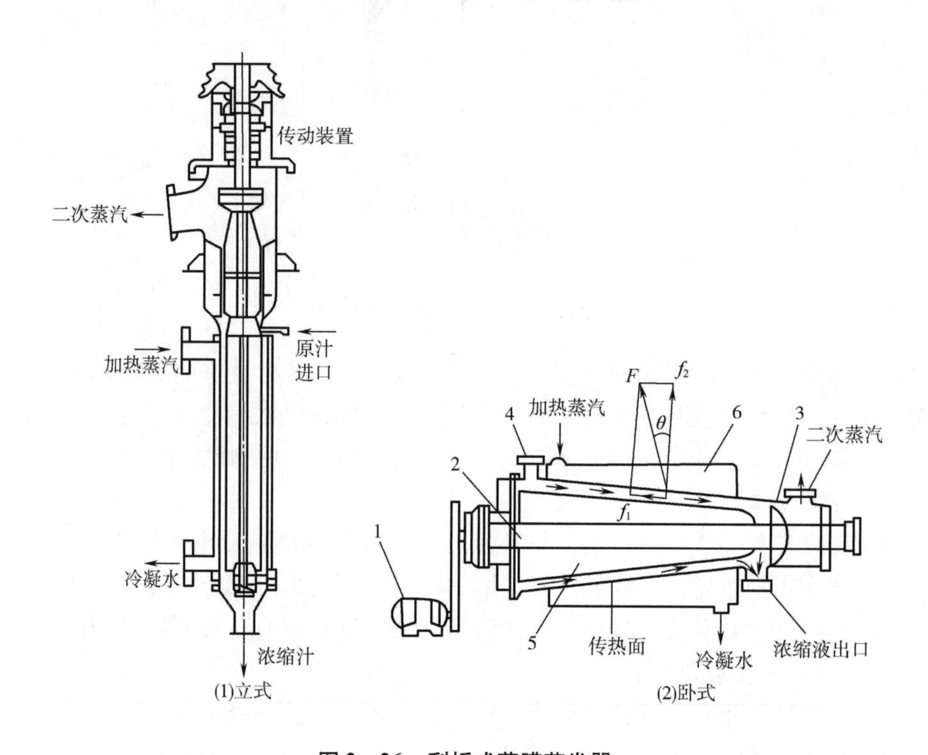

图 2－26　刮板式薄膜蒸发器

1—电动机　2—转轴　3—分离器　4—分配盘　5—刮板　6—夹套加热室

刮板式蒸发器有多种不同结构。按刮板的装置方式有固定式刮板和离心式刮板之分；按蒸发器的放置形式有立式、卧式和卧式倾斜放置之分；按刮板和传热面的形状有圆柱形和圆锥形两种。

刮板式薄膜蒸发器可用于易结晶、易结垢、高黏度或热敏性的料液浓缩。但该结构较复杂，动力消耗大，处理量较小，浓缩比一般小于3。

板式蒸发器是由板式换热器与分离器组合而成的一种蒸发器，见图 2－27。通常由两个加热板和两个蒸发板构成一个浓缩单元，加热室与蒸发室交替排列。实际上料液在热交换器中的流动如升降膜形式，也是一种膜式蒸发器（传热面不是管壁而是平板）。数台板式热交换器也可串联使用，以节约能耗与水耗。通过改变加热系数，可任意调整蒸发量。由于板间液流速度高，传热快，停留时间短，也很适于果蔬汁物料的浓缩。板式蒸发器的另一显著特点是占地少，易于安装和清洗，也是一种新型蒸发器。其主要缺点是制造复杂，造价较高，周边密封橡胶圈易老化。

（三）多效蒸发

单效真空蒸发广泛应用于食品浓缩。单效真空蒸发的最大优点是容易操作控制，可

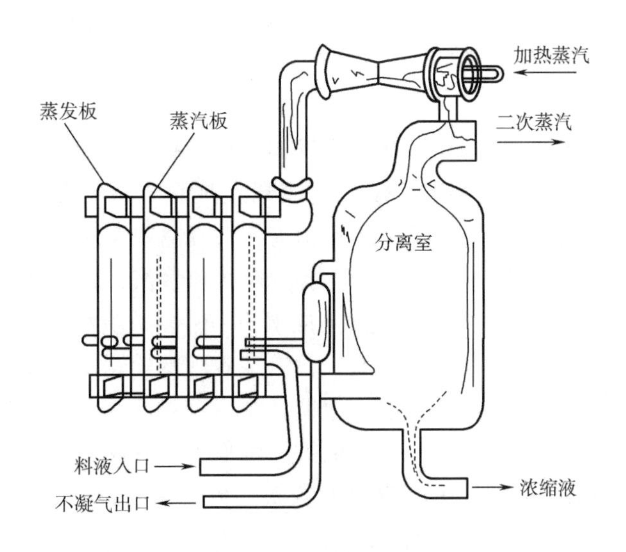

图 2-27　板式蒸发器

依据物料黏性、热敏性，控制蒸发温度（通过控制加热蒸汽及真空度）及蒸发速率。但由于物料在单效蒸发器内停留时间长，会带来热敏性成分的破坏问题，且物料在不断浓缩过程中，其沸点温度随着浓度的提高而增大，黏度也随浓度及温度的变化而改变，因此浓缩过程要合理选择控制蒸发温度。由于液层静压效应引起的液面下局部沸腾温度高于液面上的沸腾温度，也是单效真空蒸发中容易出现的问题。料液黏度增大，物料在蒸发过程中湍动小，更易增大这种差异，甚至加热面附近料液温度接近加热面温度引起结垢、焦化，影响热的传递。

单效蒸发存在热耗多、传热面积不大等缺点，限制其蒸发能力的提高。对于生产量大的现代食品工厂，单效蒸发已逐步被多效真空浓缩所代替。

1. 多效真空蒸发浓缩的原理

从理论上，1kg 水蒸气可蒸发 1kg 水，产生 1kg 二次蒸汽。若将二次蒸汽全部用作第二效的加热蒸汽，同样应该可蒸发产生 1kg 的蒸汽。但实际上，由于汽化潜热随温度降低而增大，且效间存在热量损失，蒸发 1kg 水所消耗的加热蒸汽量常高于理论上的消耗量。从总的蒸发效果看，由于汽化潜热随温度升高而减小，随着效数的增加，蒸发所需的蒸汽消耗量愈小，见表 2-4。

表 2-4　　蒸发效数与蒸汽耗量的关系　　单位：kg（汽）/kg（水）

效数	理论耗汽量	实际耗汽量		效数	理论耗汽量	实际耗汽量	
		无蒸汽压缩	有蒸汽压缩			无蒸汽压缩	有蒸汽压缩
1	1	1.10~1.20	0.50~0.60	4	0.25	0.25~0.30	0.20~0.22
2	0.5	0.50~0.64	0.35~0.40	5	0.20	0.20~0.25	—
3	0.33	0.33~0.40	0.25~0.28				

多效真空蒸发器内的绝对压力依次下降，每一效蒸发器中的料液沸点都比上一效

低，因此任何一效蒸发器中的加热室和蒸发室之间都有热传递所必须的温度差和压力差，这是多效蒸发的原理所在。

2. 多效真空浓缩流程

由几个蒸发器相连接，以蒸汽加热的蒸发器为第一效，利用第一效产生的二次蒸汽加热的蒸发器为第二效，依此类推。按照多效蒸发加料方式与蒸汽流动方向，有顺流式、逆流式和平流式蒸发器。如图 2－28 所示为三效真空浓缩装置流程图。

（1）顺流加料法　如图 2－28（1）所示，料液和蒸汽的流向相同，均由第一效顺序至末效，故也称并流加料法，这是工业上常用的一种多效流程。这种流程的优点：第一，由于后一效蒸发室的压力比前一效低，料液在效间的输送不用泵而可利用各效间的压力差；第二，后一效料液的沸点较前一效低，当料液进入下一效时发生闪蒸现象，产生较多的二次蒸汽；第三，浓缩液的温度依效序降低，对热敏性物料的浓缩有利。缺点是：料液浓度依效序增高，而加热蒸汽温度依效序降低，所以当溶液黏度升高较大时，传热系数下降，增加了末效蒸发的困难。

（2）逆流加料法　如图 2－28（2）所示，原料液由末效进入，用泵依次输送至前一效，浓缩液由第一效下部排出。加热蒸汽的流向则由第一效顺序至末效。因蒸汽和料液的流动方向相反，故称逆流加料法。逆流加料法的优点是：随着料液向前一效流动，浓度愈来愈高，而蒸发温度也愈来愈高，故各效料液黏度变化较小，有利于改善循环条件，提高传热系数。缺点是：第一，高温加热面上的浓料液的局部过热易引起结垢和营养物质的破坏；第二，效间料液的输送需用泵，使能量消耗增大；第三，与顺流相比，水分蒸发量稍低，热量消耗稍大；第四，料液在高温操作的蒸发器内停留时间比顺流长，对热敏性食品不利。通常逆流法适于黏度随温度和浓度变化大的料液蒸发。

（3）平流加料法　如图 2－28（3）所示，每效都平行送入原料液和排出浓缩液。加热蒸汽则由第一效依次至末效。平流法适用于在蒸发进行的同时有晶体析出的料液的浓缩，如食盐溶液的浓缩结晶。这种方法对结晶操作较易控制，并省掉了黏稠晶体悬浮液体的效间泵送。

（4）混流加料法　有些多效蒸发过程同时采用顺流和逆流加料法，即某些效用顺流，某些效用逆流，充分利用各流程的优点。这种称为混流加料法，尤其适用于料液黏度随浓度而显著增加的料液蒸发。

（5）额外蒸汽运用　根据生产情况，在多效蒸发流程中，有时将某一效的二次蒸汽引出一部分用于预热物料或用作其他加热目的，其余部分仍进入下一效作为加热蒸汽。被引出的二次蒸汽，称为额外蒸汽。从蒸发器中引出额外蒸汽作为它用，是一项提高热能经济利用的措施。一般情况下，额外蒸汽多自第 1、2 效引出。

（四）多效蒸发的效数

多效蒸发的最大优点是热能的充分利用。但实际应用中，多效蒸发的效数是受到限制的，原因如下所述。

1. 实际耗气量大于理论值

由于汽化潜热随温度降低而增大，并且效间存在热损失，因此总热损随着效数增加而增加。

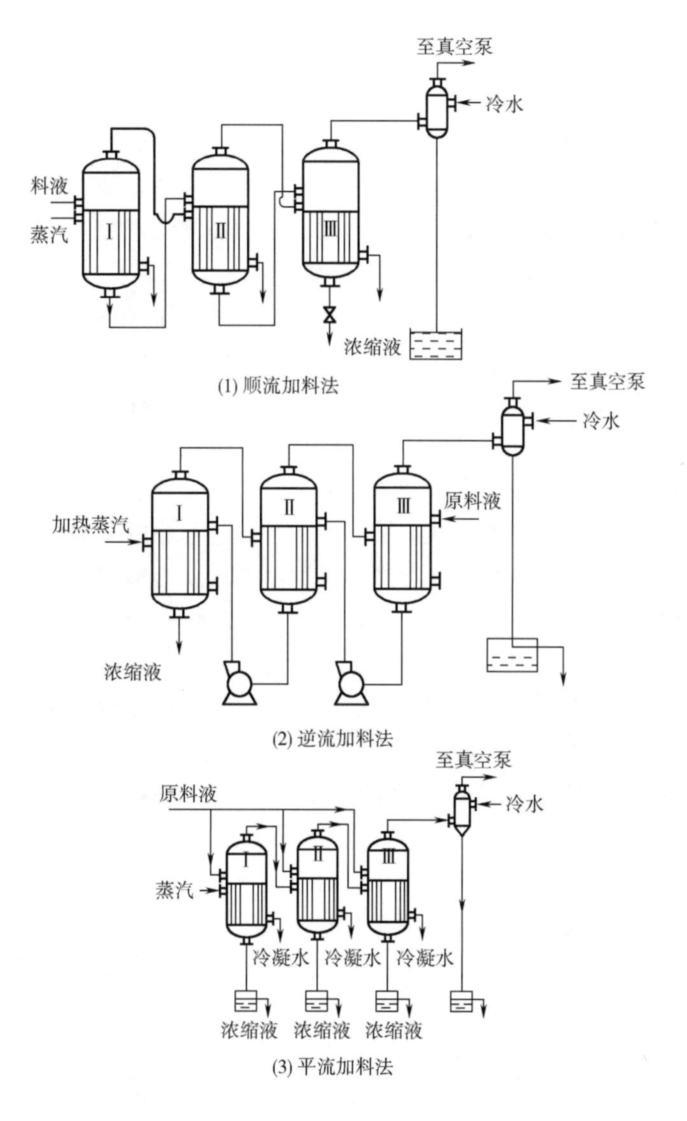

图 2-28 三效真空浓缩装置流程图

2. 设备费用增加

多效蒸发虽可节约蒸汽，但蒸发设备及其附属设备的费用却随着效数的增加而成倍的增加，当增加至不能弥补所节约的燃料费时，效数就到了极限。以牛奶浓缩为例，日处理鲜奶量 10～20t，可选 2～3 效；日处理量为 20～50t，选 3～4 效；日处理量为 50～100t，选 4～5 效；日处理量为 100～200t，选 5～6 效。

3. 物料性质的限制

由于食品物料的性质，蒸发的最高温度和最终温度都有一定限制，使蒸发的总温差有限。据经验，当各效的传热有效温差小于 5℃时，将大大降低传热效率，使传热面积增大。例如考虑牛奶蒸发过程的黏度变化，其最高浓缩温度为 68℃，浓缩终温通常是 42℃，则总传热温差是 26℃，分配到各效，温差和效数就有限了。

四、冷冻浓缩

（一）冷冻浓缩的基本原理

1. 冷冻浓缩的固液相平衡

冷冻浓缩是利用冰和水溶液之间的固相液相平衡原理进行浓缩的一种方法。冷冻浓缩将稀溶液中作为溶剂的水冻结并分离出冰晶，从而使溶液浓缩。冷冻浓缩涉及液固系统的相平衡，但它与常规的冷却结晶操作有所不同。

以盐水溶液为例，对于简单的二元系统（仅有一种溶剂和一种溶质），溶液在不同温度与浓度有对应的相平衡关系。若盐水浓度较低，随着溶液温度下降，盐水溶液浓度保持不变。当温度降到一个值时（即为冰点），溶液中如有种冰或晶核存在时，盐水中一部分水开始结冰析出，剩下的盐水浓度升高。当温度进一步下降，水就不断结冰析出，盐水浓度也越来越高。当温度降到一定值时，盐水在此温度下全部结冰，此时盐水浓度为低共熔浓度，对应的温度为低共熔温度。在此过程中盐水是不断浓缩的，此即是冷冻浓缩的原理所在。而若盐水的浓度高于低共熔浓度，溶液呈过饱和状态，此时降温的结果表现为溶质晶体析出，盐水浓度下降，这是冷却结晶的原理。

2. 冷冻浓缩过程中的溶质夹带和溶质脱除

由于冷冻浓缩过程中的水分冻结和溶质浓缩是一个方向相反的传质过程，即水分从溶液主体迁移到冰晶表面析出，而溶质则从冰晶表面附近向溶液主体扩散。实际上，在冷冻浓缩过程中析出的冰结晶不可能达到纯水的状态，总是有或多或少的溶质混杂其中，这种现象称为溶质夹带。

溶质夹带有内部夹带和表面附着两种。内部夹带与冷冻浓缩过程中溶质在主体溶液中的迁移速率和迁移时间有关，在缓慢冻结时，冰晶周围增浓溶液中的溶质有足够的时间向主体溶液扩散，溶质夹带就少，速冻则相反。只有保持在极缓慢冻结的条件下，才有可能发生溶质脱除（水分冻结时，排斥溶质，保持冰晶纯净的现象）作用。搅拌可以加速溶质向主体溶液扩散，从而减少溶质夹带；另外溶液主体的传质阻力（如黏度）小时，溶质夹带也少。表面附着量与冰晶的比表面积成正比（即与冰晶体的体积成反比）。溶质夹带不可避免地会造成溶质的损失。

3. 浓缩终点

理论上，冷冻浓缩过程可持续进行至低共熔点，但实际上，多数液体食品没有明显的低共熔点，而且在此点远未到达之前，浓缩液的黏度已经很高，其体积与冰晶相比甚小，此时就不可能很好地将冰晶与浓缩液分开。因此，冷冻浓缩的浓度在实践上是有限度的。

（二）冷冻浓缩的特点

由于冷冻浓缩过程不涉及加热，所以这种方法适用于热敏性食品物料的浓缩，可避免芳香物质因加热造成的挥发损失。冷冻浓缩制品的品质比蒸发浓缩和反渗透浓缩法高，目前主要用于原果汁、高档饮品、生物制品、药品、调味品等的浓缩。

冷冻浓缩的主要缺点是：浓缩过程中微生物和酶的活性得不到抑制，制品还需进行热处理或冷冻保藏；冷冻浓缩的溶质浓度有一定限制，且取决于冰晶与浓缩液的分离程度。一般来说，溶液黏度愈高，分离就会愈困难；有溶质损失；成本高。

（三）应用于食品工业的冷冻浓缩系统

对于不同的原料，冷冻浓缩系统及操作条件也不相同，一般可分为两类：一是单级冷冻浓缩；二是多级冷冻浓缩。后者在制品品质及回收率方面优于前者。

1. 单级冷冻浓缩装置系统

图2－29为采用洗涤塔分离方式的单级冷冻浓缩装置系统示意图。它主要由刮板式结晶器、混合罐、洗涤塔、融冰装置、贮罐、泵等组成，用于果汁、咖啡等的浓缩。操作时，料液由泵7进入旋转刮板式结晶器，冷却至冰晶出现并达到要求后进入带搅拌器的混合罐2，在混合罐中，冰晶可继续成长，然后大部分浓缩液作为成品从成品罐6中排除，部分与来自贮罐5的料液混合后再进入结晶器1进行再循环，混合的目的是使进入结晶器的料液浓度均匀一致。从混合罐2中出来的冰晶（夹带部分浓缩液），经洗涤塔3洗涤，洗下来的一定浓度的洗液进入贮罐5，与原料混合后再进入结晶器，如此循环。洗涤塔的洗涤水是利用融冰装置（通常在洗涤塔顶部）将冰晶融化后再使用，多余的水排走。采用单级冷冻浓缩装置可以将浓度为8～14°Bx的原果汁浓缩成40～60°Bx的浓缩果汁，其产品质量非常高。

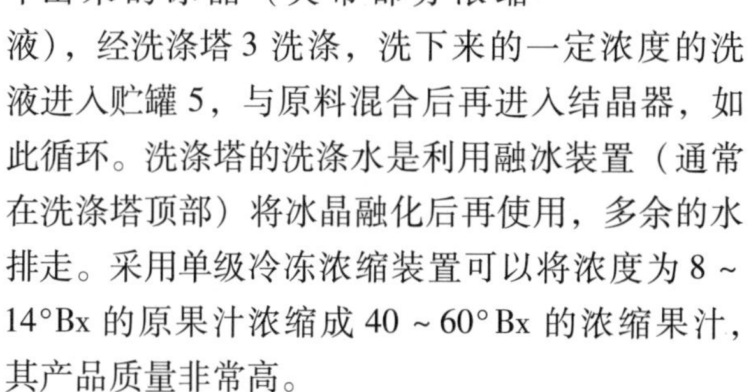

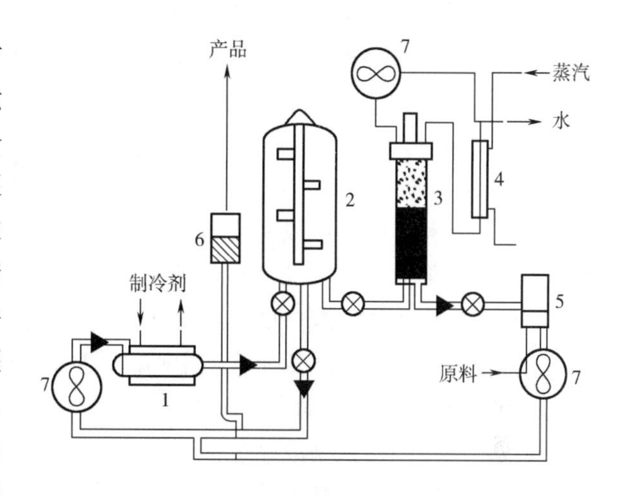

图2－29　单级冷冻浓缩装置系统示意图

1—旋转刮板式结晶器　2—混合罐　3—洗涤塔
4—融冰装置　5—贮罐　6—成品罐　7—泵

2. 多级冷冻浓缩装置

所谓多级冷冻浓缩是指将上一级浓缩得到的浓缩液作为下一级浓缩的原料液进行再次浓缩的一种冷冻浓缩装置。图2－30所示为咖啡二级冷冻浓缩装置流程。咖啡料液（浓度为260g/L）由管6进入贮料罐1，被泵送至一级结晶器8，然后冰晶和一次浓缩液的混合液进入一级分离机9离心分离，浓缩液（浓度<300g/L）由管进入贮罐7，再由泵12送入二级结晶器2，经二级结晶后的冰晶和浓缩液的混合液进入二级分离机3离心分离，浓缩液（浓度>370g/L）作为产品从管排

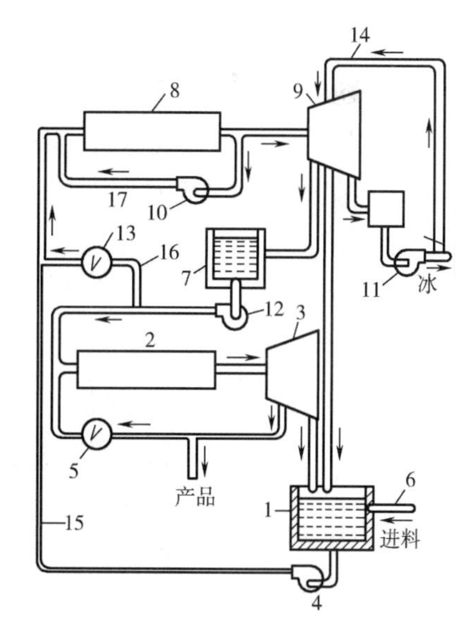

图2－30　二级冷冻浓缩装置流程示意图

1、7—贮料罐　2、8—结晶器　3、9—分离机
4、10、11、12—泵　5、13—调节阀　6—进料管　14—融冰水进入管　15、17—管路
16—浓缩液分支管

出。为了减少冰晶夹带浓缩液的损失，离心分离机 3、9 内的冰晶需洗涤，若采用融冰水（沿管进入）洗涤，洗涤下来的稀咖啡液分别进入料槽 1，所以贮料罐 1 中的料液浓度实际上低于最初进料浓度（<240g/L）。为了控制冰晶量，结晶器 8 中的进料浓度需维持一定值（高于来自管 15 的料液浓度），这可利用浓缩液的分支管 16，用阀 13 控制流量进行调节，也可以通过管 17 和泵 10 来调节。但通过管 17 与管 16 的调节应该是平衡控制的，以使结晶器 8 中的冰晶含量质量分数在 20%～30%。实践表明，当冰晶质量分数占 26%～30% 时，分离后的咖啡损失质量分数小于 1%。

五、膜浓缩

膜浓缩是一种类似于过滤的浓缩方法，只不过"过滤介质"为天然或人工合成的高分子半透膜，如果"过滤"膜只允许溶剂通过，把溶质截留下来，使溶质在溶液中的相对浓度提高，就称为膜浓缩。如果在这种"过滤"过程中透过半透膜的不仅是溶剂，而且是有选择地透过某些溶质，使溶液中不同溶质达到分离，则称为膜分离。

（一）膜浓缩的种类及操作原理

在膜技术应用中常根据浓缩过程的推动力不同进行分类，膜浓缩的动力除压力差以外，还可以采用电位差、浓度差、温度差等。目前在工业上应用较成功的膜浓缩主要有以压力为推动力的反渗透（Reverse Osmosis，简称 RO）和超滤（Ultra Filtration，简称 UF），以及以电力为推动力的电渗析（ED）。由于膜浓缩不涉及加热，所以特别适合于热敏性食品的浓缩。与蒸发浓缩和冷冻浓缩相比，膜浓缩不存在相变，能耗少，操作比较经济，且易于连续进行。目前膜浓缩已成功地应用于牛乳、咖啡、果汁、明胶、乳清蛋白等的浓缩。

1. 反渗透

溶液反渗透是利用反渗透膜选择性地只能透过溶剂（通常是水）的性质，对溶液施加压力以克服溶液的渗透压，使溶剂通过半透膜而使溶液得到浓缩。其原理如图 2－31 所示。

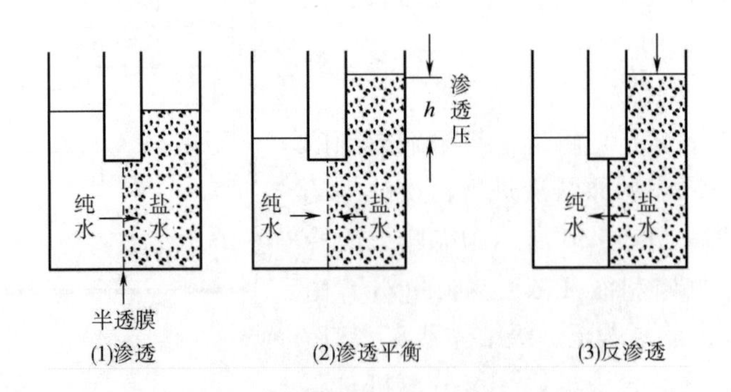

图 2－31　渗透与反渗透原理图

当纯水与盐水用一张能透过水的半透膜隔开时，纯水将自发地向盐水侧流动，这种现象称为渗透。水分子的这种流动推动力，就是半透膜两侧水的化学势差。渗透要一直进行到盐水侧的静压力高到足以使水分子不再向盐水侧流动为止。平衡时的静压力即为盐水的渗透压。如果往盐水侧加压，使盐水侧与纯水侧的压差大于渗透压，则盐水中的水将通过半透膜流向纯水侧，此过程即反渗透。

反渗透的最大特点就是能截留绝大部分和溶剂分子大小同一数量级的溶质，从而获得相当纯净的溶剂（如纯水）。

2. 超滤

应用孔径为 1.0 ~ 20.0nm（或更大）的半透膜来过滤含有大分子或微细粒子的溶液，使大分子或微细粒子在溶液中得到浓缩的过程称之为超滤浓缩。与反渗透类似，超滤的推动力也是压力差，在溶液侧加压，使溶剂透过膜而使溶液得到浓缩。与反渗透不同的是，超滤膜对大分子的截留机理主要是筛分作用，即符合所谓的毛细孔流模型。决定截留效果的主要是膜的表面活性层上孔的大小和形状。除了筛分作用外，粒子在膜表面微孔内的吸附和在膜孔中的阻塞也使大分子被截留。由于理想的分离是筛分，因此要尽量避免吸附和阻塞的发生。在超滤过程中，小分子溶质将随同溶剂一起透过超滤膜，如图 2－32 所示。超滤所用的膜一般为非对称性膜，能够截留相对分子质量为 500 以上的大分子和胶体微粒，所用压差一般只有 0.1 ~ 0.5MPa。

像反渗透一样，超滤也存在浓差极化问题，即在溶液透过膜时，在高压侧溶液与膜的界面上有溶质的积聚，使膜界面上溶质浓度高于主体溶液的浓度。图 2－33 是膜两侧浓度分布示意图。图中 C_1 是浓溶液主体浓度，C_2 是由于浓差极化造成的比 C_1 高的膜表面上的浓度，C_3 是透过液浓度。

超滤截留的溶质多数是高分子或胶体物质，浓差极化时这些物质会在膜表面上形成凝胶层，严重地阻碍流体的流动，使透水速率急剧下降。此时若增加操作压力，只能增加溶质在凝胶层上的积聚，使胶层厚度增加，导致分离效率下降。因此，增大膜界面附近的流速以减薄凝胶层厚度是十分重要的。

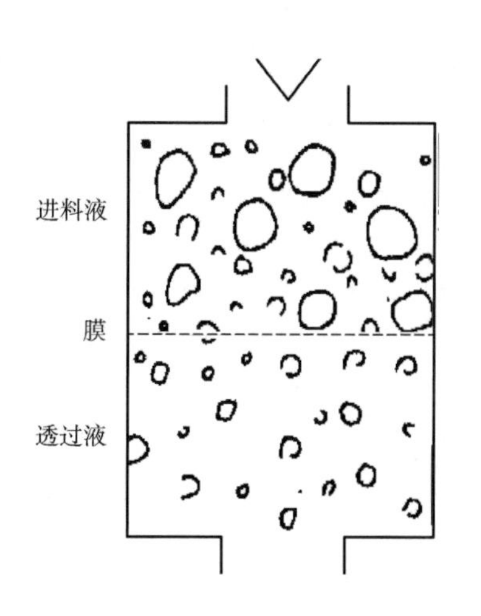

图 2－32　超滤原理

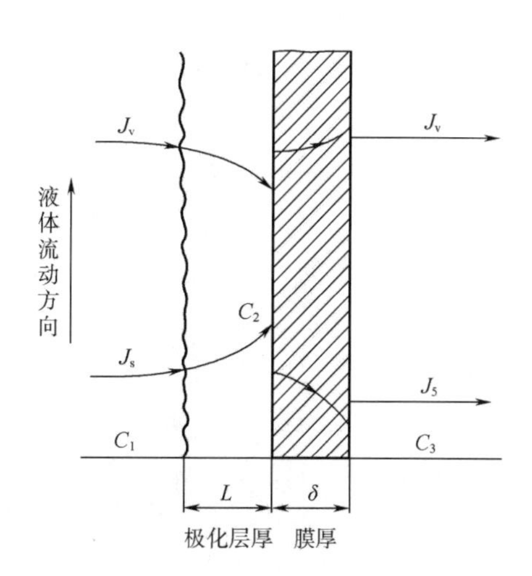

图 2－33　膜两侧的浓度分布图

3. 电渗析

电渗析是在外电场的作用下，利用一种对离子具有不同的选择透过性的特殊膜（称为离子交换膜）而使溶液中阴、阳离子与其溶剂分离。由于溶液的导电是依靠离子迁移来实现的，其导电性取决于溶液中的离子浓度和离子的绝对速率。离子浓度愈高，离子绝对速率愈大，则溶液的导电性愈强，即溶液的电阻率愈小。纯水的主要特征，一是不导电，二是极性较大。当水中有电解质（如盐类离子）存在时，其电阻率就比纯水小，即导电性强。电渗析正是利用含离子溶液在通电时发生离子迁移这一特点。

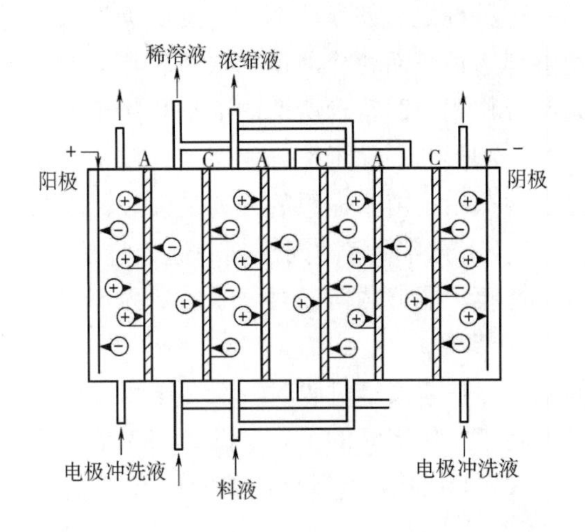

图 2－34　电渗析的原理图

图 2－34 所示为电渗析的原理图。当水用电渗析器进行脱盐时，将电渗析器接以电源，水溶液即导电，水中各种离子即在电场作用下发生迁移，阳离子向负极运动，阴离子向正极运动。由于电渗析器两极间交替排列多组的阳、阴离子交换膜，阳膜（C）只允许水中的阳离子透过而排斥阻挡阴离子，阴膜（A）只允许水中的阴离子透过而排斥阻挡阳离子。因而在外电场作用下，阳离子透过阳离子交换膜向负极方向运动，阴离子透过阴离子交换膜向正极方向运动。这样就形成了称为淡水（稀溶液）室的去除离子的区间和称为浓水（浓缩液）室的浓离子的区间，在靠近电极附近，则称为极水室。在电渗析器内，淡水室和浓水室多组交替排列，水流过淡水室，并从中引出，即得脱盐的水。

离子交换膜是一种由高分子材料制成的具有离子交换基团的薄膜。如图 2－35 所示，它之所以具有选择透水性，主要是由于膜的孔隙度和膜上离子基团的作用，膜上的孔隙可允许离子的进出和通过。这些孔隙，从膜正面看是直径为几十埃至几百埃的微孔；从膜侧面看，是一条条弯弯曲曲的通道。水中离子就是在这些通道中做电迁移运动，由膜的一侧进入另一侧。膜上的离子基团是在膜高分子链上连接着的一些可以发生解离作用的活性基团。凡是在高分子链上连接的是酸性活性基团（如—SO_3H）的膜就称为阳膜，连接的是碱性活性基团（如—N（CH_3）$_3$OH）的膜就称为阴膜。例如一般水处理常用的磺酸型阳离子交换膜其结构为：R－SO_3－H^+，其中 R 为基膜，—SO_3H 为活性基团，—SO_3—为固定基团，H^+ 为解离离子；季胺型阴离子交换膜的结构为：R－N^+（CH_3）$_3$－OH^-，

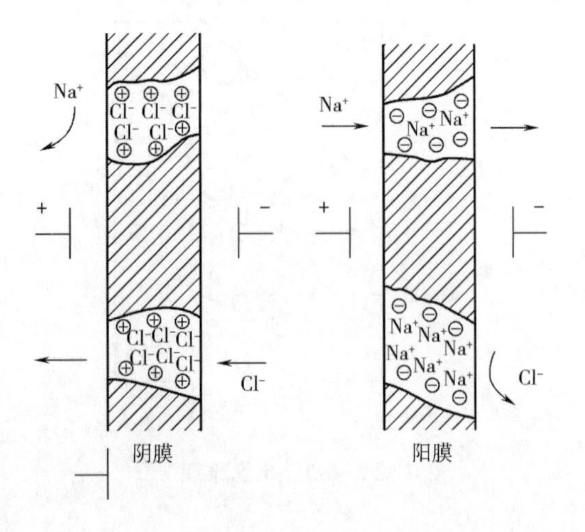

图 2－35　离子交换膜作用示意图

其中 R 为基膜，—N^+（CH_3）$_3$OH 为活性基团，—N^+（CH_3）$_3$—为固定基团，—OH^-为解离离子（又称反离子）。

在水溶液中，膜上的活性基团会发生解离作用，解离产生的离子进入溶液，于是在膜上就留下了带一定电荷的固定基团。在阳膜上留下的是带负电荷的基团，构成了强烈的负电场，在外加直流电场的作用下，根据同性相斥、异性相吸的原理，溶液中阳离子被它吸引传递并通过微孔进入膜的另一侧，而溶液中的阴离子则受到排斥；相反，在阴膜上留下的是带正电荷的基团，构成了强烈的正电场。同理，溶液中阴离子可通过膜而阳离子则受到排斥。此即离子交换膜具有选择透过性的原因。可见，离子交换膜发生的作用并不是离子交换作用，而是离子选择透过作用，所以更精确地说，应称为离子选择性透过膜。

思考题

1. 试述食品干燥的目的。
2. 影响湿热传递的主要因素？
3. 干燥方法的分类？
4. 影响干燥速率的因素？
5. 简述喷雾干燥的特点。
6. 冷冻干燥的原理？
7. 干燥对食品品质有哪些影响？
8. 中间水平食品的加工原理？
9. 简述中间水分食品的加工方法。
10. 简述食品浓缩的目的。
11. 简述真空蒸发的优点。
12. 顺流加料法和逆流加料法的优缺点？
13. 冷冻浓缩的原理？
14. 冷冻浓缩的特点？
15. 反渗透的原理及应用？
16. 超滤的原理及应用？
17. 电渗析的原理及应用？
18. 名词解释：绝对湿度、相对湿度、湿基含水量、水分活度、干燥速率、中间水分食品、闪蒸。

CHAPTER 3

第三章 食品的低温处理技术

【学习目标】

1. 了解食品低温保藏原理及低温对食品物料的影响。
2. 掌握食品的冷却和冷藏方法、食品冷却冷藏过程中发生的变化。
3. 食品的冻结方法、食品在冻结冻藏过程中的变化。
4. 了解食品的解冻原理，掌握食品的解冻方法及解冻过程中的品质变化。
5. 了解食品冷藏链的概念及组成，掌握常用冷藏运输设备的类型及特点。

【基础知识】

食品的低温处理是指食品被冷却或冻结，通过降低温度改变其特性，达到加工或保藏的目的。低温处理被广泛应用于食品加工，如在火腿肠生产中的腌制工序需在低温下进行，以抑制微生物的生长，通过低温凝冻工艺生产出具有特殊质感的冰淇淋，控制在低温下生产碳酸饮料可以增加 CO_2 在饮料中的溶解量，在低温下干燥热敏性物料可以避免食品营养成分的破坏。

低温处理更被大量用于食品的保藏，通过降低食品温度并维持食品在低温状态，可以阻止食品腐败变质，从而延长食品贮藏期。早在公元前一千多年，人们就有利用天然冰雪来贮藏食品的记载。但是天然冰的相变温度为0℃，对大多数食品来说，在此温度下无法达到长期贮藏的目的。1877 年，法国人查理斯·特里尔（Charles Tellier）将氨-水吸收式冷冻机用于冷冻阿根廷的牛肉和新西兰的羊肉并运输到法国，这是食品冷冻的首次商业应用，也是冷冻食品的首度问世。我国在 20 世纪 70 年代，因外贸需要冷冻蔬菜，冷冻食品开始起步。80 年代，家用冰箱和微波炉的普及，销售用冰柜和冷藏柜的使用，推动了低温保藏食品的发展。低温处理不仅可以用于新鲜水果、蔬菜的冷藏，更多地用于速冻产品、半成品、肉类原料的冻藏。

第一节 食品低温保藏原理

食品的低温保藏，即降低食品温度，并维持低温水平或冻结状态，以延缓或阻止食品的腐败变质，达到食品的远途运输和短期或长期贮藏目的的一种保藏方法。

新鲜的食品在常温下存放，由于食品表面附着和贮存环境中存在的微生物及食品内所含酶的作用，使食品的色、香、味变差，营养价值降低。如果食品在常温下久放，就会腐败变质，以致完全不能食用。除了微生物和酶引起的变质外，非酶因素也会引起食品的变质，如油脂的氧化酸败。通过低温能够抑制微生物的生长繁殖和食品中酶的活性，降低非酶因素引起的化学反应的速率，能够延长食品的保藏期。

一、 低温对酶活性的影响

食品中的许多反应都是在酶的催化作用下进行的，这些酶有些是食品自身所含有的，有些是微生物在生长繁殖过程中分泌出来的，这些酶是食品腐败变质的主要因素之一。

温度对酶活性的影响较大，在一定的温度范围内（0～40℃），酶的活性随温度上升而增大，高温可导致酶的活性丧失。大多数酶的最适温度为30～40℃，当温度超过酶的最适温度时，酶的活性就受到破坏。当温度达到80～90℃时，几乎所有的酶的活性都遭到破坏。

酶的活性因温度而发生的变化常用温度系数Q_{10}来衡量。

$$Q_{10} = \frac{K_2}{K_1} \tag{3-1}$$

式中 K_1——温度为T时酶促反应的反应速率常数；

K_2——温度为$T+10$℃时酶促反应的反应速率常数。

在一定的温度范围内，大多数酶的Q_{10}值为2～3，也就是说温度每下降10℃，酶的活性就会削弱至原来的1/3～1/2。低温并不能使酶完全丧失活性，即低温对酶并不起完全的抑制作用，在长期贮藏中，酶的作用仍可使食品变质。温度越低，对酶活性的抑制作用越强。如将食品的温度维持在－18℃以下，食品中酶的活性就会受到很大程度的抑制，从而有效地延缓了食品的变质和腐败。低温对酶活性的抑制作用因酶的种类而有明显差异，例如脱氢酶的活性会受到冻结的强烈抑制，而转化酶、脂酶、脂氧化酶、过氧化物酶及组织蛋白酶等许多酶类，即使在冻结的条件下也能继续活动。例如胰蛋白酶在－30℃下仍有微弱的活性，脂肪水解酶在－20℃下能引起脂肪的缓慢水解。

但是当食品解冻时，随着温度的升高，酶的活性重新活跃起来，甚至比降温处理前的活性还高，从而加速食品的变质。为了将食品在冻结、冻藏和解冻过程中由于酶活性升高而引起的不良变化降低到最低程度，植物性食品在低温处理前需进行灭酶处理，以防止果蔬质量降低。

二、 低温对微生物的影响

温度是影响微生物生长繁殖最重要的因素之一。任何微生物都有一定的最适生长繁殖温度范围，当温度降低时，微生物的生长速率降低，当温度降低到－10℃时，大多数微生物会停止繁殖，部分出现死亡，只有少数微生物仍然可以缓慢生长。

引起食品腐败变质的微生物主要是细菌、霉菌和酵母菌。微生物的耐冷性因种类而异，一般球菌类比革兰氏阴性杆菌更耐冷，酵母菌和霉菌比细菌更耐冷。对于同种类的微生物，它们的耐冷性随培养基组成、培养时间、冷却速度、冷却终温以及初始菌数等因素而变化。不同食品中微生物生长发育的最低温度见表3-1。

表3-1　　微生物在食品介质中发育的最低温度

食品	微生物	温度/℃	食品	微生物	温度/℃
肉类	霉菌、酵母菌	-5	柿子	酵母菌	-17.8
肉类	假单胞菌属	-7	冰激凌	嗜冷菌	-20～-10
咸猪肉	嗜盐菌	-10	浓缩橘子汁	耐渗透酵母	-10
鱼类	细菌	-11	树梅	霉菌	-12.2

温度下降，微生物细胞内酶的活性随之下降，使得物质代谢过程中各种生化反应速度减慢，因而微生物的生长繁殖速度也随之减慢。在正常情况下，微生物细胞内各种生化反应是相互协调一致的，但各种生化反应的温度系数各不相同，当降温时，这些反应将按照各自的温度系数减慢，破坏了各种生化反应原来的协调一致性。温度降得越低，失调程度也越大，从而破坏了微生物细胞内的新陈代谢，使微生物不能生长繁殖甚至死亡。

温度下降时，微生物细胞内的原生质浓度增加、黏度增加、胶体吸水性下降、蛋白质分散度改变，导致蛋白质不可逆的凝固，破坏其物质代谢的正常运行，对细胞造成严重的损害。食品冻结时，冰晶体的形成使得微生物细胞内的原生质或胶体脱水，细胞内溶质浓度的增加会促使蛋白质变性。同时，冰晶体的形成还会使微生物细胞受到机械性的破坏，这些内外环境的改变是微生物代谢活动受阻或致死的直接原因。

影响微生物低温下活性降低的因素包括如下几点：①温度，温度越低，对微生物的抑制越显著；在冻结点以下，温度越低，水分活性越低，其对微生物的抑制作用越明显，但低温对芽孢的活力影响较小。②降温速率，在冻结点之上，降温速率越快，微生物适应性越差；水分开始冻结后，降温的速率会影响水分形成冰结晶的大小，降温速率越快，微生物适应性较差；水分开始冻结后，降温的速率会影响水分形成冰结晶的大小，降温的速率慢，形成的冰结晶大，对微生物细胞的损伤大。③水分存在状态，结合水多，水分不易冻结，形成的冰结晶小而且少，对细胞的损伤小；反之，游离水分多，形成的冰结晶大，对细胞的损伤大。④食品的成分也会影响微生物低温下的活性，pH越低，对微生物的抑制加强，食品中一定浓度的糖、盐、蛋白质、脂肪等对微生物有保护作用，使温度对微生物的影响减弱，但当这些可溶性物质的浓度提高时，其本身就有一定的抑菌作用。⑤冻藏过程的温度变化也会影响微生物在低温下的活性，温度变化频率大，微生物受破坏速率快。

三、低温对食品物料的影响

低温对食品物料的影响因食品物料种类不同而不尽相同。对于植物性食品物料和动物性食品物料，由于它们具有不同的特性，因此，利用低温进行贮藏时，应采用不同的处理方法。动物性食品物料变质的主要原因是微生物和酶的作用，这是因为动物性食品物料没有生命力，屠宰后动物体的呼吸作用停止，在贮藏时它们的生物体与构成它们的细胞都死亡了。虽然在肌体内还进行着生化反应，但肌体对外界微生物的侵害失去了抗御能力，一旦被微生物污染，很快就会繁殖起来，使食品腐败变质。动物死亡后体内的生化反应主要是一系列的降解反应，肌体出现死后僵直、软化成熟、自溶和腐败等现象，其中的蛋白质等发生一定程度的降解。达到成熟的肉继续放置则会进入自溶阶段，此时肌体内的蛋白质等发生进一步的分解，侵入的腐败微生物也开始大量繁殖。降低温度可以减弱生物体内酶的活性，延缓自身的生化降解反应过程，并抑制微生物的繁殖。

对于果蔬等植物性食品物料，在采收之前主要是进行光合作用，采收之后呼吸作用成为新陈代谢的主导，它直接联系着其他各种生理生化过程，也影响和制约着产品的贮藏寿命、品质变化和抗病能力。因此，控制和利用呼吸作用这个生理过程来延长贮藏期是至关重要的。果蔬采收后仍然具有生命力，还在进行呼吸活动，能够控制引起食品变质的酶作用，并对外界微生物的侵入有抵抗能力。呼吸作用使营养物质和风味遭到损失和破坏，同时释放出的呼吸热与有害物质还会加速果蔬的变质。一般情况下，温度降低会使果蔬的呼吸强度降低，新陈代谢的速率放慢，果蔬体内贮存的营养物质的消耗速度也减慢，果蔬的贮藏期会延长。因此低温具有保持植物性食品物料新鲜状态的作用，但温度降低的程度应在不破坏果蔬正常的生命活动作用的范围之内，不能产生冷害，使果蔬处在一种低水平的新陈代谢状态。

第二节　食品的冷却与冷藏

食品的冷却本质上是一个热交换过程，是将食品物料的温度在尽可能短的时间内降低到高于食品冻结点的某一指定的温度，以便及时地抑制食品内的生物化学变化和微生物生长繁殖的过程。冷却的温度通常在10℃以下，其下限为 -2 ~4℃。冷却是食品冷藏前的必经阶段。易腐食品在刚采收或屠宰后立即进行冷却效果最好，这样可以最大限度地保持食品原料的原始质量，抑制微生物和酶引起的变质。食品冷却过程中的冷却速度和冷却终了温度是抑制食品生化变化和微生物的生长繁殖，防止食品质量下降的决定性因素。影响冷却速度和冷却终了温度的因素有冷却介质的相态、冷却介质的运动状态和速度、冷却介质与食品的温差、冷却介质的物理性质、食品的厚度与物理性质等。

一、食品的冷却

常用的冷却食品的方法有空气冷却、冷水冷却、碎冰冷却、真空冷却等。具体使用时，应根据食品的种类及冷却要求的不同，选择其合适的冷却方法。

（一）空气冷却法

空气冷却是利用流动的冷空气使被冷却食品的温度下降，它是一种使用范围较广的冷却方法。空气冷却法在果蔬的冷却中应用广泛，冷风机将冷空气从风道中吹出，冷空气流经库房内的果蔬表面吸收热量，然后回到冷风机的蒸发器中，将热量传递给蒸发器内流动的制冷剂，空气温度降低后又被风机吹出，这样循环往复，不断地吸收果蔬的热量使其降至低温状态。近年来，由于冷却肉的销量不断扩大，肉类的空气冷却使用也很普遍。

空气冷却法的效果主要取决于冷空气的温度、相对湿度和流速。冷却空气温度的选择取决于食品的种类，对于动物性食品一般为0℃，对植物性食品则在0～15℃。冷风温度应不低于食品的冻结点，以免食品发生冻结。对某些易受冷害的食品如香蕉、柠檬、番茄等宜采用较高的冷风温度。冷却室内的相对湿度对不同种类的食品的影响是不一样的。相对湿度高，食品的水分蒸发就少。空气温度越低，循环速度越快，冷却速度也越快。冷却室内的冷风流速一般为0.5～3m/s，当食品用不透蒸汽的材料包装时，冷却室内的相对湿度对它没有影响。隧道式空气冷却装置如图3－1所示。

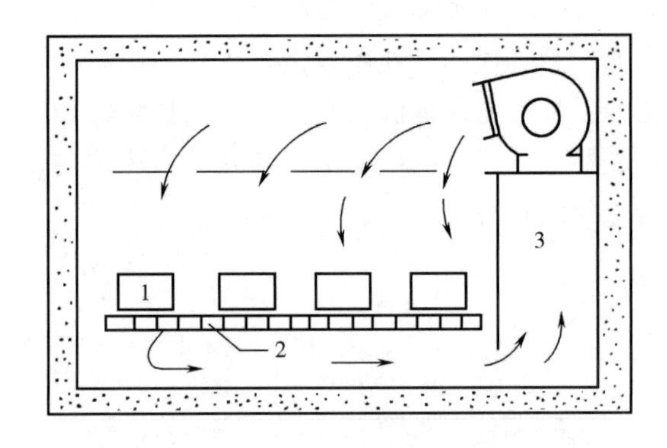

图3－1　隧道式空气冷却装置

1—食品　2—传送带　3—冷却器

空气冷却的缺点是当冷却室内的空气相对湿度低的时候，被冷却食品的干耗大。空气冷却速度慢，特别是因冷空气分配不均匀而导致食品原料冷却速度不一致。

（二）水冷却法

用水泵将机械制冷装置降温后的冷水喷淋在食品上进行冷却的方法称为水冷却法。也有采用浸渍式的，即将食品直接浸在冷水中冷却，并用搅拌器不断搅拌冷水。水温应尽可能维持在0℃左右，这是能否获得良好冷却效果的关键。和空气相比，水作为冷却介质具有较高的对流传热系数，所以冷却速度快，大部分食品的冷却时间为10～20min。水冷却可用于果蔬、家禽、水产品等食品的冷却，特别是对一些易变质的食品更适合。

水冷却的优点是冷却速度快，避免了干耗，占用空间少。其主要缺点是食品容易受到微生物污染，比如用冷水冷却家禽，如果有一个禽体染有沙门氏菌，就会通过冷水传染给其他禽体。因此，对循环使用的冷水应进行连续过滤，使用杀菌剂，并且要及时更换使用清洁水。另一个缺点是水与被冷却的食品接触可能对食品物料的品质有一定的影响，如用冷海水冷却鱼体可使鱼体吸水膨胀，肉变咸、变色。因此，一些食品物料采用水冷却法时需要有一定的包装。同时，采用水冷却还可能造成可溶性营养成分的流失。

（三）真空冷却法

真空冷却又叫减压冷却，其原理是利用真空降低水的沸点，促使食品中的水分在较低温度下蒸发，因为蒸发潜热来自食品本身，从而使食品温度降低而冷却。当食品物料的温度达到冷却要求的温度后，破坏真空以减少水分的进一步蒸发。

真空冷却主要用于蔬菜的快速冷却。整理后的蔬菜装入打孔的纸板箱后，推进真空冷却槽，关闭槽门，开动真空泵和制冷机。当压力达到656.6Pa时，水在1℃的低温下迅速汽化。所以，随着真空冷却槽内压力的降低，蔬菜中所含的水分在低温下迅速汽化，所吸收的汽化热使蔬菜本身的温度迅速下降。真空冷却装置如图3－2所示。

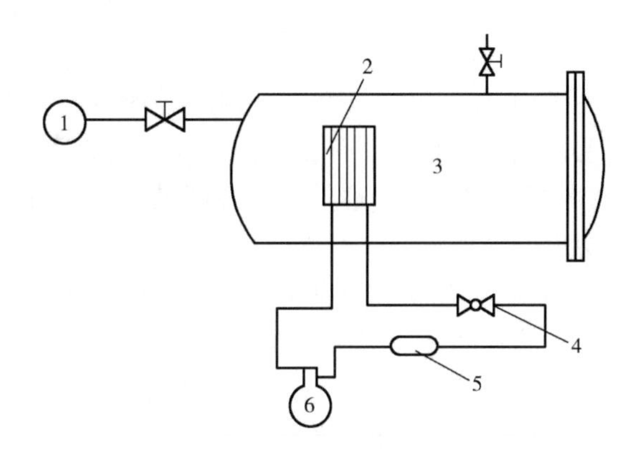

图3－2　真空冷却装置示意图

1—真空泵　2—冷却器　3—真空冷却槽　4—膨胀阀　5—冷凝器　6—压缩机

真空冷却法冷却速度快，一般20～30min就可将蔬菜从20℃左右冷却到1℃左右，水分蒸发量也只有2%～4%，不至于影响蔬菜新鲜饱满的外观。由于真空冷却是靠蒸发蔬菜本身的水分而达到较低温度的一种冷却方法，所以对单位表面积较大的叶菜来说有特效，而且冷却速度与其他方法相比也特别快，被冷却的蔬菜温度也比较均匀。真空冷却还具有品质高、保鲜期长、损耗小、干净卫生、操作方便等优点。其缺点是设备初次投资大，运行费用高，以及冷却品种有限，一般只适用于叶菜类，如白菜、甘蓝、菠菜、生菜等。

（四）冰冷却法

冰是一种很好的冷却介质，冰块融化时，每1kg淡水冰块会吸收334.72 kJ的热量。当冰块与食品表面直接接触时，冷却效果最好。冰特别适宜于冷却鱼类，因为它无害、便宜、便于携带。冰不仅能使鱼冷却，使鱼体湿润、有光泽，而且不发生干耗。为控制食品物料不发生冻结，一般采用碎冰（≤2cm）。冰经破碎后撒在鱼层上，形成一层鱼一层冰，或把碎冰与鱼混拌在一起。层冰层鱼法适合于大鱼的冷却，拌冰法适合于中、小鱼的冷却。为防止冰水对食品物料的污染，对制冰用水的卫生标准有严格的要求。

冰冷却法的效果主要取决于冰与物料的接触面积和用冰量。冰粒越小，则冰与物料的接触面越大，冷却速度越快。因此，用于冷却的冰事先需粉碎，用冰量须充足，否则不可能达到冷却效果。此外还需注意及时补充冰和排除融冰水，以免发生脱冰和相互污染，导致食品变质。

二、食品的冷藏

常用的食品冷藏方法有空气冷藏法和气调冷藏法，前者适用于所有食品的冷藏，后者则适用于水果、蔬菜等鲜活食品的冷藏。

（一）空气冷藏法

这种方法是将冷却（也有不经冷却）后的食品放在冷藏库内进行保藏，其效果主要取决于下列各种因素。

1. 冷藏温度

大多数食品的冷藏温度是在 -1.5 ~ 10℃，通常动物性食品物料的冷藏温度低些，而水果、蔬菜的冷藏温度则因种类不同而有较大的差异。例如葡萄的冷藏温度是 -1 ~ 0℃，而香蕉的冷藏温度是 12 ~ 13℃。合适的冷藏温度是保证食品质量的关键，但在贮藏期内保持冷藏温度的稳定也同样重要。有些产品贮藏温度波动 ±1℃ 就可能对其贮藏期产生严重的影响。例如苹果、杏子和桃在 0.5℃ 下的贮藏期要比在 1.5℃ 下延长约 25%。因此，要做长期冷藏的食品，冷藏温度波动应控制在 ±1℃ 以内。对于蛋、鱼以及某些果蔬等，温度波动应在 ±0.5℃ 以下，否则，就会引起这些食品的霉变或冷害，严重损害冷藏食品的质量，显著缩短它们的贮藏期。

2. 相对湿度

食品在冷藏时，除了少数是密封包装，大多是放在敞开式包装中，这样冷却食品中的水分就会自由蒸发，引起减重、皱缩或萎蔫等现象。如果提高冷藏间内的相对湿度，就可抑制水分蒸发，在一定程度上防止上述现象的发生。但是，相对湿度太高，可能会促使微生物的生长繁殖。但高相对湿度并不一定就会引起微生物的生长繁殖，如果能够维持低而稳定的温度，那么高相对湿度是有利的。

3. 空气循环

空气循环的作用一方面是带走热量，另一方面是使冷藏室内的空气温度均匀。空气循环可以通过自然对流或强制对流的方法产生，目前大多数情况下采用强制对流的方法。空气循环速度太小，可能达不到带走热量、平衡温度的目的；循环速度太快，会使水分蒸发太多而严重减重，并且会消耗过多的能源。一般最大循环速度不超过 0.7m/s。

4. 通风换气

在贮藏某些可能产生气味的冷却食品如各种蔬菜、水果、干酪等时，必须通风换气。大多数情况下，由于通风换气可通过渗透、气压变化、开门等途径自发进行，因此，不必专门进行通风换气。

5. 包装与堆码

包装对于食品冷藏是有利的，这是因为包装能方便食品的堆垛、减少水分蒸发，并能提供保护作用。常用的包装有塑料袋、木板箱、硬纸板箱及纤维箱等。包装方法可采用普通包装法，也可用真空包装或充气包装法。不论是否包装，产品在堆码时必须做到稳固、能使气流通过每一个产品、方便货物的进出。包装之间要有适当的间隙，垛与垛之间要留下适当大小的通道。

6. 产品的相容性

存放在同一冷藏室中的食品，相互之间不允许产生不利的影响。例如某些能释放出强烈而难以消除的气味的食品如柠檬、洋葱、鱼等，与某些容易吸收气体的食品如蛋、肉类及黄油等存放在一起时，就会发生气味交换，影响冷藏食品的质量。因此，上述食品如无特殊的防护措施，不可在一起贮藏。

（二）气调冷藏法

气调冷藏是当前国际上果蔬保鲜广为应用的现代化贮藏手段。气调冷藏是在冷藏基础上进一步提高贮藏效果的措施，包含着冷藏和气调的双重作用。

1. 气调冷藏概念及分类

气调冷藏是指在冷藏的基础上，将果蔬等产品存放在一个相对密闭的贮藏环境中，同时根据需要改变、调节贮藏环境中的O_2、CO_2等气体成分比例来贮藏产品的一种方法。

气调冷藏可分为两大类，即自发气调贮藏（Modified atmosphere storage，MA 贮藏）和人工气调贮藏（Controlled atmosphere storage，CA 贮藏）。

自发气调贮藏是指利用贮藏产品自身的呼吸作用降低贮藏环境中O_2的浓度，同时提高CO_2浓度的一种气调贮藏方法。自发气调方法简单，但达到设定的O_2和CO_2浓度水平所需时间较长，操作上维持要求的O_2和CO_2比例较困难，因而贮藏效果不如CA贮藏。

人工气调贮藏是指根据产品的需要和人的意愿调节贮藏环境中气体成分的浓度并保持稳定的一种气调贮藏方法。CA 贮藏由于O_2和CO_2比例能够严格控制，而且能做到与贮藏温度密切配合，因而贮藏效果好。

2. 气调冷藏原理

正常空气中N_2占78%，O_2占21%，CO_2占0.03%。采后的新鲜果蔬进行着正常的以呼吸作用为主导的新陈代谢活动，表现为吸收消耗O_2，释放大约等量的CO_2并释放出一定热量。在O_2浓度降低和CO_2浓度增加后，就改变了环境中气体成分的组成，果蔬的呼吸作用受到抑制，呼吸强度降低，推迟了呼吸高峰出现的时间，延缓了新陈代谢速度，推迟了成熟衰老，减少营养成分和其他物质的降低和消耗，从而有利于果蔬质量的保持。同时，较低的O_2浓度和较高的CO_2浓度能抑制乙烯的生物合成，由乙烯所引起的生理作用也受到抑制，从而延缓了果蔬的后熟和衰老的过程。此外，适宜的低O_2和高CO_2具有抑制某些生理性病害和病理性病害发生发展的作用，减少产品贮藏过程中的腐烂损失。贮藏环境中的O_2、CO_2和温度以及其他影响果蔬贮藏效果的因素存在着显著的互作效应，它们保持一定的动态平衡，形成了适合某种果品或蔬菜长期贮藏的气体组合条件。一些水果的气调贮藏条件见表3－2。

表3-2　一些水果的气调贮藏条件

品种	温度/℃	O_2浓度/%	CO_2浓度/%
苹果	0~4	2~3	1~5
草莓	0	3~10	10~15
板栗	0	3	10
柑橘	5~15	10~15	5
无花果	0~5	5~10	15~20
猕猴桃	0	2	4~5
油桃	-0.5~0	2	5
桃	-0.5~0	2	4~5
梨	-0.5~0	1~6	0.5~4
李	0	2	5~12

3. 气调冷藏条件

（1）温度和相对湿度　延缓呼吸、延长鲜活食品贮藏寿命作用最大的因素是温度。贮藏温度根据贮藏产品的种类和品种来定，并同时考虑其他因素，确定可忍受的最低温度。原则上，应在保证产品正常代谢不受干扰破坏的前提下，尽量降低温度，并力求保持其稳定。特别是在接近0℃的范围，温度稍微变动都会对呼吸产生刺激作用。通常气调的温度比同一品种的机械冷藏温度稍高（0.5~1℃）。

气调库的相对湿度是影响贮藏效果的另一因素，维持较高的相对湿度，可以降低产品与周围大气之间的蒸气压力差，从而减少产品的水分损失。果蔬气调贮藏的相对湿度与普通冷藏相同。

（2）气体组成及指标　单指标：单指标仅控制贮藏环境中的某一种气体如 O_2、CO_2 或 CO 等，而对其他气体不加调节。有些贮藏产品对 CO_2 很敏感，则可采用 O_2 单指标，就是只控制 O_2 的含量，CO_2 用吸收剂全部吸收。对于多数果蔬来说，单指标的效果难以达到很理想的贮藏效果。这种方法较简单，操作也比较简便，容易推广。需要注意的是，被调节气体浓度低于或超过规定的指标时，有导致生理伤害发生的可能。

双指标：指对气调成分的 O_2 和 CO_2 两种气体均加以调节和控制的一种气调贮藏方法。根据气调时 O_2 和 CO_2 浓度多少的不同有三种情况：$O_2+CO_2=21\%$，$O_2+CO_2>21\%$，$O_2+CO_2<21\%$。$O_2+CO_2<21\%$ 是果蔬贮藏中应用最多的气调指标。

多指标：多指标不仅控制贮藏环境中的 O_2 和 CO_2，同时还对其他与贮藏效果有关的气体成分如 C_2H_4、CO 等进行调节。这种气调方法贮藏效果好，但调控气体成分的难度提高，对调气设备的要求较高，设备的投资较大。

（3）温度与气体成分的互作效应　气调贮藏中的气体成分、温度等一些因素，不仅分别对贮藏产品产生影响，而且各因素之间还会发生相互的联系与制约，这些因素对贮藏产品的综合影响称为互作效应。贮藏效果的好与坏正是这种互作效应是否被正确运用的反映。要取得良好贮藏效果，温度与气体成分（主要指 O_2、CO_2）之间必须有最佳的搭配。如果其中一个条件发生改变，其他的条件也应该随之做出相应的调整，这样才能够维持一个最佳的贮藏条件。不同的贮藏产品都有各自最佳的贮藏条件组合。

要达到最长的贮藏期和最小的贮藏损害，所需的准确温度以及 O_2 和 CO_2 的含量是绝对不一样的。它取决于果蔬品种、栽培、生长条件、成熟状况和收货后处理等要素。最佳贮藏条件甚至随地域和季节不同而差异很大。表 3－3 列出了世界各地生长的金冠苹果在各地所推荐的贮藏条件。

表 3－3 各国金冠苹果推荐的贮藏条件

国家	温度/℃	O_2浓度/%	CO_2浓度/%
澳大利亚	0.0	1.5	1.0
比利时	0.5	2.0	2.0
巴西	1.0～1.5	1.5～2.5	3.0～4.5
加拿大	0.0	2.5	2.5
中国	5.0	2.0～4.0	4.0～8.0
法国	0.0～2.0	1.0～1.5	2.0～3.0
德国	1.0～2.0	1.0～2.0	3.0～5.0
荷兰	1.0	1.2	4.0
以色列	－0.5	1.0～1.5	2.0
斯洛文尼亚	0.0	1.0	3.0
南非	－0.5	1.5	1.5
西班牙	0.5	3.0	2.0～4.0
美国（纽约州）	0.0	1.5	2.0～3.0
美国（华盛顿州）	1.0	1.0～1.5	<3.0
美国（宾夕法尼亚州）	－0.5～0.5	1.3～2.3	0.0～0.3

4. 调整贮藏环境的气体组成的方法

（1）自然降氧法　这种方法利用水果本身的呼吸作用使贮藏环境中的 O_2量减少、CO_2量增加。当 CO_2的浓度过大时，可用 CO_2洗涤器处理；当 O_2不足时，可吸入新鲜空气来补充。此法操作简单、成本低，特别适合于气密性好的库房，且贮藏的水果为整进整出的情况。缺点是降氧速度慢，一般要 20d 才能达到合适的气体组成，前期气调效果较差，中途也不能打开库门进出货。

（2）快速降氧法　为了克服自然降氧法降氧速度慢的缺点，可通过丙烷气体的燃烧来迅速减少 O_2，增加 CO_2气体量。这个燃烧过程通常在气体发生器内进行，燃烧后生成的气体经冷却水冷却后再送入库内。这种方法降氧速度快，能迅速建立起所需的气体组成，对库房的气密性要求可降低，中途可打开库门进出货。缺点是成本较高，操作也比较复杂。

（3）混合降氧法　由于用气体发生器降低 O_2含量和增加 CO_2含量，要不断地供给丙烷等燃料，增加了运行费用。为了降低费用，可在开始时使用气体发生器，使气调贮藏库内的气体组成迅速达到既定要求，然后再用自然降氧法加以运行管理。这种方法可节省日常运行费用，但投资费用节省不了。

（4）充气降氧法　为了尽快达到水果气调所需的气体组成，可在贮藏开始时利用液氮和液态 CO_2 经过节流阀减压气化，向库内充入 N_2 和 CO_2 气体，使库内的 O_2 含量迅速减少，然后再用自然降氧法运行管理。

（5）硅窗气调法　就是在聚乙烯塑料薄膜帐上镶嵌一定比例面积的硅橡胶薄膜，然后将果蔬放在薄膜帐内。硅橡胶是一种有机硅高分子聚合物，其薄膜对 CO_2 的透过率是同厚度聚乙烯膜的200～300倍，而且对气体透过有选择性，其对 N_2、O_2 和 CO_2 的透性比为1∶2∶12，因此 O_2 和 CO_2 气体可在膜的两边以不同速度穿过，同时对乙烯和一些芳香物质也有较大的透性。贮藏一定时间后，塑料薄膜帐内的 O_2 浓度可自动维持在3%～4%，CO_2 浓度则维持在4%～5%，很适合果蔬气调贮藏的要求。

三、食品的冷却与冷藏工艺

（一）食品冷却前的预处理

1. 植物性原料的预处理

用于冷藏的植物性原料主要是水果、蔬菜，要求无病虫害、无机械伤、无微生物污染、成熟度一致。

（1）采收　采收是果蔬生产、贮藏加工的最初环节，采收成熟度和采收方法在很大程度上影响果蔬的品质及其耐贮性能。果蔬根据其呼吸方式的不同可分为呼吸跃变型（也称高峰型）和无呼吸跃变型（也称渐减型或后期上升型）。高峰型果蔬在成熟期呼吸强度上升到最高值然后下降，此类果蔬在呼吸跃变期风味品质最好，随后变坏。因此一般要在呼吸跃变前采收，否则，贮藏期短，达不到贮藏的目的，如番茄、苹果、香蕉等应在未完全成熟时采收。呼吸渐减型果蔬在成熟后期呼吸强度逐渐增加，无下降趋势，因此应在完全成熟时采收，如马铃薯、大白菜、萝卜等。采收成熟度的确定一般根据表面色泽的显现和变化、果梗脱离的难易度、硬度和质地、主要化学物质含量、果实形态、生长期和成熟特征等来判断。

（2）分级　由于果蔬在生长发育过程中受到外界多种因素的影响，使收购上来的果蔬大小混杂，良莠不齐。分级就是根据果蔬产品的大小、质量、色泽、形状、成熟度、新鲜度以及病虫害和机械损伤等情况，按照一定的规格标准，进行严格挑选，分为若干等级。只有通过分级才能按级定价、收购、销售和包装。通过挑选分级，剔除有病虫害和机械伤的产品，可以减少贮藏中的损失，减轻病虫害的传播。

果品大小分级多用分级板进行，分级板上有一系列不同直径的孔，而色泽的分级常用目视估测法进行，也可用灯光法和电子测定仪装置进行色泽分辨选择。成熟度的分级一般是按照人为制定的等级进行分选，也有的如豆类中的豌豆在国内外常用盐水浮选法进行分级，因成熟度高的淀粉含量较多，相对密度较大，在特定相对密度的盐水中利用其上浮或下沉的原理即可将其分开。

（3）清洗　果蔬清洗的目的主要是洗去其表面附着的灰尘、泥沙和大量的微生物及残留农药，使之清洁卫生，符合商品要求和卫生标准。洗涤用水，最好使用饮用水。水温一般是常温，有时为增加洗涤效果，可用热水。原料上残留农药，还需用化学药剂洗涤。一般常用的化学药剂有0.5%～1.5%盐酸溶液、0.1%高锰酸钾或600mg/kg漂白粉液等。近年来，还有一些脂肪酸系列的洗涤剂单甘酸酯、磷酸盐、蔗糖脂肪酸酯、柠檬酸钠等应用于生产。

（4）预冷　预冷是将新鲜采收的产品在运输、贮藏或加工以前迅速除去田间热，将其品温降低到适宜温度的过程。水果和蔬菜收获以后，特别是热天采收后带有大量的田间热，再加之采收对产品的刺激，呼吸作用很旺盛，释放出大量的呼吸热，对保持品质十分不利。预冷的目的是在运输或贮藏前使产品尽快降温，以便更好地保持水果蔬菜的生鲜品质，提高耐贮性。预冷可以降低产品的生理活性，减少营养损失和水分损失，延长贮藏寿命，改善贮后品质，减少贮藏病害。预冷温度因果蔬的种类、品种而异，一般要求达到或者接近贮藏的适温水平。为了最大限度地保持果蔬的新鲜品质和延长货架寿命，预冷最好在产地进行，而且越快越好。特别是那些组织娇嫩、营养价值高、采后寿命短以及具有呼吸跃变的果蔬，如果不快速预冷，很容易腐烂变质。此外，未经预冷的果蔬直接进入冷库，也会加大制冷机的热负荷量，当果蔬的品温为20℃时装车或入库，所需排除的热量为0℃时的40～50倍。

2. 动物性原料的预处理

动物性原料主要包括畜禽肉类、水产类、蛋类、乳类等，动物性原料在冷却前的处理因种类而异。畜类及禽类主要是静养、空腹及屠宰等处理，水产类包括清洗、分级、剖腹去内脏、放血等，蛋类主要是进行外观检查以剔除各种变质蛋。

（二）食品的冷却与冷藏工艺

1. 果蔬的冷却与冷藏工艺

（1）果蔬的冷却　果蔬冷却常用的方法有空气冷却法、冷水冷却法和真空冷却法。果蔬的空气冷却可以在冷藏库的冷却间内进行。果蔬冷却初期空气流速一般在1～2 m/s，冷却末期控制在1 m/s以下，空气相对湿度一般在85%～95%。果蔬冷却至冷藏温度后再入冷藏库冷藏。冷水冷却法所用冷水的温度为0～3℃，此方法适用于冷却根菜类和较硬的果蔬。真空冷却法多用于具有较大表面积的叶菜类，真空室的压力一般控制在613～666Pa。为了减少干耗，果蔬在进入真空室前需要进行喷雾加湿，冷却的温度一般低于3℃。

（2）果蔬的冷藏　果蔬常用的冷藏温度在0℃左右，但由于果蔬的种类及品种不同，对低温的适应能力也各不相同。果蔬的冷却贮藏应根据不同品种控制其最适贮藏温度，即使是同一种类，也会由于品种、栽培条件、成熟度等有所不同。在贮藏室，要求贮藏温度稳定，避免剧烈波动。

以苹果冷藏为例，苹果冷藏的适宜温度因品种而异，大多数晚熟品种在冷藏温度－1～0℃，空气相对湿度90%～95%为宜。苹果采收后，必须尽快冷却至0℃左右，最好在采后1～2天入库，入库后3～5天冷却到－1～0℃。苹果贮藏在－1℃比0℃的贮藏寿命约延长25%，比在4～5℃约延长1倍。表3－4是一些水果和蔬菜的最佳贮藏条件。

表 3-4　　一些水果和蔬菜的最佳贮藏条件

品种	温度/℃	相对湿度/%	贮藏期
杏	-0.5~0	90	1~2 周
香蕉	11.7~15.6	85~95	7~10 天
蚕豆	7.2	90~95	7~10 天
花椰菜	0	95	10~14 天
蓝莓	-1~0	90~95	2 周
糙皮甜瓜	2~4	90~95	5~15 天
胡萝卜	0	98~100	4~6 周
芹菜	0	95	1~2 月
樱桃（酸）	-1~0	90~95	3~7 天
樱桃（甜）	-1	90~95	2~3 周
黄瓜	10~13	90~95	10~14 天
茄子	7~10	90~95	7~10 天
葡萄柚	10~16	85~90	4~6 周
柠檬	10~14	85~90	1~6 月
酸橙	9~10	85~90	6~18 周
莴苣	0~1	95~100	2~3 周
蘑菇	0	90	3~4 天
洋葱（绿）	0	95	3~4 周
桃	-0.5~0	90	2~4 周
李	-1~0	90~95	2~4 周
马铃薯	3~10	90~95	5~8 月
菠菜	0	95	10~14 天
草莓	-0.5~0	90~95	5~7 天
番薯	0~12.8	85~90	4~7 月
番茄（熟）	4.4~10	85~90	4~7 天
西瓜	4~10	80~90	2~3 周

2. 肉类的冷却与冷藏工艺

（1）肉类的冷却　肉通常是吊挂在空气中冷却，吊挂数量根据肉的种类、大小、肥度等级而有所不同。冷却方法有一段冷却法和两段冷却法。

一段冷却法是指整个冷却过程都在一个冷却间内完成，冷却空气温度控制在0℃左右，风速在0.5~1.5m/s，相对湿度控制在90%~98%，空气相对湿度应分两阶段调整。冷却初始阶段，相对湿度控制在95%~98%；6~8h以后，相对湿度则维持在90%~92%。这样，既能保证肉体表面形成风干的保护膜，抑制微生物的繁殖，又不至于因为水分过多蒸发而引起质量损失。肉的冷却时间受多方面因素的影响，在其他条件相同时，如猪白条肉在0℃冷却需36h才能达到0℃，而在-2℃中冷却时只需24h。

两段冷却工艺形式，一种是先在吊轨的冷却间或冷却隧道中进行，然后再输送到一般冷间中；另一种是两段冷却都在同一冷间中进行。第一阶段的空气温度为-15～-10℃，风速在1.5～3m/s，冷却2～4h，使肉体表面温度降至-2～0℃，内部温度降至16～25℃。第二阶段空气温度为0～2℃，风速为0.1m/s左右，冷却10～16h，肉体内部温度逐渐平衡达3～6℃，即完成冷却。两段冷却法的优点是干耗小，一般比传统的冷却方法干耗可减少40%～50%，微生物繁殖及生化反应控制好，同时提高了冷却间的生产能力，一般比传统的冷却方法提高1.5～2倍，但冷却间内所需要的单位制冷量较大。

（2）肉类的冷藏　经过冷却的肉胴体可以在安装有轨道的冷藏间中进行短期的贮藏。肉类冷却后应迅速进入冷藏库，温度一般在-1～1℃，空气的相对湿度为85%～90%，相对湿度过高，对微生物特别是霉菌繁殖有利，而不利于保证肉贮存时的质量。如果采用较低冷藏库温时空气相对湿度可大些。

为了保证冷却肉在冷藏期间的质量，冷藏间的温度应保持稳定，尽量减少开门次数，不允许在贮存有已经冷却好的肉胴体的冷藏间内再进热货。冷藏间的空气循环应当均匀，速度应采用微风速。一般冷藏间内空气流速为0.05～0.1m/s，接近自然循环状态，以维持冷藏间内温度均匀即可，减少冷藏期间的干耗损失。表3-5所示为一些肉类的冷藏条件。

表3-5　肉类的冷藏条件和贮藏期

品名	温度/℃	相对湿度/%	贮藏期
牛肉	-1.5～0	90	4～5周
小牛肉	-1～0	90	1～3周
羊肉	-1～1	85～90	1～2周
猪肉	-1.5～0	85～90	1～2周
兔肉	-1～0	85	5天
内脏	-1～0	75～80	3天

3. 鱼类的冷却与冷藏工艺

鱼类原料的冷却一般应在捕捞之后立即进行。鱼类原料的冷却方法有冰冷却法和冷海水冷却法两种。冰冷却法是在容器或船舱底部铺上碎冰，壁部也垒起一定厚度的冰墙，将鱼体整齐、紧密地铺盖在冰层上，然后在鱼层上均匀地撒上一层冰。这样一层冰一层鱼一直铺到舱顶部，在最上层要多撒一些冰，铺得厚一些。鱼与冰使用比例一般为1∶1或2∶1。采用这样的方法鱼体可被冷却到0～1℃，一般在7～10天鲜度能够保持很好。

冷海水冷却法利用机械制冷将海水温度降至-2～-1℃，将捕获的鱼浸入其中达到迅速冷却的目的。如平均80g重的鱼在-2～-0.5℃冷海水中，从20℃冷却至0.5℃只需16min，若冷海水的流速为0.2～0.5m/s，冷却时间仅需9min，而同样条件下用冰冷却法则需47min。冷海水含盐浓度应该保持在2% ~3%，鱼与海水的比例约为7:3。此外，国外采用在冷海水中通入CO_2来保藏鱼类原料，已取得一定成效。方法是往冷海水中通入CO_2使海水的pH降低到4.2，使细菌因适应不了这个酸性环境而死亡，这样进一步延长了鱼类的保鲜期。

4. 其他原料的冷却与冷藏工艺

鲜蛋的冷却一般在冷却间内完成。蛋箱码成留有风道的堆垛，在冷却开始时冷却空气温度与蛋体温度相差不能太大，一般低于蛋体温度2~3℃，然后每隔1~2h将冷却间空气温度降低1℃左右，冷却间空气相对湿度控制为75% ~85%，流速在0.3~0.5m/s。一般经过24~48h的冷却，蛋体温度可降至1~3℃，然后将蛋转入冷藏间内冷藏，在冷藏温度-2~0℃，相对湿度80% ~90%条件下，贮藏期可达4~8个月。

乳的冷却方法有水冷却和冷排冷却器冷却两种。水冷却法是将乳桶放入冷水池中使乳温降至水温以上3~4℃。北方地下水温较低，可直接利用。南方地下水温偏高，可加适量的冰块解决。为保证冷却效果，冷水池中水量应4倍于冷却乳量，同时适当换水和搅拌冷却乳。冷排冷却器是由金属排管组成，冷却乳自上而下流动，而冷却介质（冷水或冷盐水）自下而上流动。这种方式冷却效果好，适合于小规模加工厂和乳牛厂使用。现代的乳品厂均已采用封闭式的板式冷却器进行鲜乳的冷却，冷却后的乳应尽可能贮藏在低温处。

四、 食品冷却冷藏过程中的变化

（一）水分蒸发

水分蒸发也称干耗，在冷却和冷藏过程中均会发生。当食品中的水分减少后，不但造成质量损失，而且使植物性食品失去新鲜饱满的外观，当减重达到5%时，水果、蔬菜会出现明显的凋萎现象，果肉软化收缩，氧化反应加剧。肉类食品在冷却贮藏中也会因水分蒸发而发生干耗，同时肉的表面收缩、硬化，形成干燥皮膜，加剧脂肪氧化，肉色也有变化。鸡蛋在冷却贮藏中，因水分蒸发而造成气室增大，使蛋内组织挤压在一起而造成质量下降。水分蒸发在冷却初期特别快，在冷藏过程的前期也较多。影响水分蒸发的因素主要有冷空气的流速、相对湿度、食品物料的摆放形式、食品物料的特性以及有无包装等。

（二）冷害

有些产品，特别是一些热带、亚热带（包括某些温带）果实或地下根茎、叶菜等，由于系统发育处于高温、多湿的环境中，形成对低温的敏感性，即使是在冰点以上的温度中贮藏也会发生代谢失调而造成伤害，此现象被称为冷害。冷害将导致果蔬耐藏性和抗病性下降，果蔬表面出现斑点，食用品质劣变甚至腐烂。受冷害的果蔬由于代谢紊乱，不能正常后熟，一些产品（如番茄、桃、香蕉）不能变软、不能正常着色，不能产生特有的香味，表面出现斑点、内部变色（褐心），有的甚至产生异味。产生冷害的果蔬的外观和内部症状也因其种类不同而异，并随受害组织的类型而变化。表3-6所示为几种主要果蔬的冷害温度及症状。

表3-6　　几种主要果蔬的冷害温度及症状

品种	冷害临界温度/℃	症状
苹果	2.2~3.3	内部褐变，褐心，表面烫伤
桃	0~2	果皮出现水浸状，果心褐变，果肉味淡
香蕉	11.7~13.3	果皮出现水浸暗绿色斑块，表皮内出现褐色条纹，中心胎座变硬，成熟延迟
芒果	10~12.8	果皮色黯淡，出现褐斑，后熟异常，味淡，缺乏甜味
荔枝	0~1	果皮黯淡，色泽变褐，果肉出现水浸状
龙眼	2	内果皮出现水浸装或烫伤斑点，外果皮色变暗
柠檬	10~11.7	表皮下陷，油胞层发生干疤，心皮壁褐变
凤梨	6.1	皮色黯淡，褐变，冠芽萎蔫，果肉水浸状，风味差
南瓜	10	瓜肉软化，腐烂
黄瓜	4.4~6.1	表皮水浸状，变褐
番茄	7.2~10	成熟时颜色不正常，水浸状斑点，变软，腐烂
茄子	7.2	表面烫伤，凹陷，腐烂

（三）寒冷收缩

寒冷收缩是畜禽屠宰后在未出现僵直前快速冷却造成的，其中牛肉和羊肉较严重，而禽类肉较轻。冷却温度不同，肉体部位不同，寒冷收缩的程度也不相同。寒冷收缩的机理现在一般认为是 Ca^{2+} 平衡被破坏的结果，Ca^{2+} 从线粒体中游离出来后使肌浆中的 Ca^{2+} 浓度大大增加，而此时肌质网体吸收和贮存 Ca^{2+} 的能力已遭到破坏，从而使肌质网体与肌浆之间的 Ca^{2+} 平衡被打破，导致肌肉发生异常收缩。

宰后的牛肉在短时间内快速冷却，肌肉会发生显著收缩现象，以后即使经过成熟过程，肉质也不会十分软化。一般来说，宰后10h内，肉温降低到8℃以下，容易发生寒冷收缩现象。但是温度与时间并不固定，成牛与小牛，或者同一头牛的不同部位的肉都有差异。例如成牛，肉温低于8℃，而小牛则肉温低于4℃。

（四）食品成分发生变化

果蔬在收获后仍是有生命的活体。在冷却冷藏过程中，果蔬的呼吸作用、后熟作用仍在继续进行，体内各种成分也不断发生变化，例如，果实内的糖分、果胶增加，果实的质地变得软化多汁，糖酸比更加适口，口感变好。但冷藏过程中果蔬的一些营养成分也会有一定损失，如果蔬冷藏过程中维生素C的损失见表3-7。

肉类和鱼类的成熟是在酶的作用下发生的自身组织的降解，肉组织中的蛋白质、ATP等分解，使得其中的氨基酸等含量增加，肉质软化，烹调后口感鲜美。冷却贮藏过程中，食品中所含的油脂会发生水解、脂肪酸氧化、聚合等复杂的变化，其反应生成的低级醛、酮类物质会使食品的风味变差、味道恶化，使食品出现变色、酸败、发黏等现象。

表3-7 果蔬冷藏过程中维生素C的损失

产品	初含量/（mg/100g）	损失率/（%/d）[1]		
		0~2℃[2]	4~8℃[3]	16~24℃[4]
苹果	12	0.1~0.5	—	3.0~8.0
龙眼包心菜	114	—	5.0	22.0
花椰菜	73	0.1~0.2	0.1~7.0	7.0~14.0
樱桃	15	—	18.0~25.0	18.0~25.0
甘蓝	105	0.5~4.4	—	20.0~23.0
橙	50	26.0	10.0	16.0~20.0
豌豆	25	1.0~2.0	2.0~6.0	11.0~13.0
菠萝	19	18.0	10.0	17
马铃薯	17	—	0.1~0.6	—

注：①贮存时间2~21d；②贮存室的相对湿度为76%~98%；③冰箱中贮存，相对湿度为70%~90%；④贮存室相对湿度为50%~70%。

（五）串味（移臭）

有强烈香味或臭味的食品与其他食品放在一起冷却贮藏时，其香味或臭味就会传给其他食品。例如洋葱与苹果放在一起冷藏时，臭味就会传到苹果上，导致食品原有的风味发生变化，食品品质下降。冷藏室内放过具有强烈气味的物质后，室内留下的强烈气味会传给接下来放入的食品。要避免上述这种情况，就要求在管理上做到专库专用，或在一种食品出库后严格消毒和除味。另外，冷藏库还具有一些特有的臭味，俗称冷藏臭，这种冷藏臭也会传给冷却食品。

（六）微生物生长繁殖

食品中的微生物按温度划分可分为低温细菌、中温细菌和高温细菌。在冷却、冷藏状态下，微生物特别是低温微生物，它的繁殖和分解作用并没有被充分抑制，只是速度变得缓慢了一些，其总量还是增加的，如果时间较长，就会使食品发生腐败。

低温细菌的生长繁殖在0℃以下变得缓慢，但如果要停止它们的生长繁殖，一般温度要降到-10℃以下，对于个别低温细菌，在-40℃的低温下仍有生长繁殖现象。

五、冷藏食品的回热

冷藏食品的回热，就是保证冷藏食品出冷藏室前，空气中的水分不会在冷藏食品表面冷凝，逐渐提高冷藏食品的温度，最后达到使其与外界空气温度相同的过程。回热过程可以认为是冷却过程的逆过程。

冷藏食品不进行回热就让其出冷藏室，当冷藏食品的温度在外界空气的露点以下时，附有灰尘和微生物的水分就会冷凝在冷藏食品的冷表面上，使冷藏食品受到污染。冷藏食品的温度回升后，微生物会迅速生长繁殖，食品内的生化反应加速，食品的品质会迅速下降甚至腐烂。

为了保证回热过程中食品表面不会有冷凝水出现，就要求与冷藏食品的冷表面接触的空气的露点温度必须始终低于冷藏食品的表面温度，否则，食品表面就会有冷凝水出现。在回热过程中，为了避免食品表面出现冷凝水，暖空气的相对湿度不能太高，但为了减少回热过程中食品的干耗，暖空气的相对湿度也不能过低。

六、食品冷却过程中耗冷量的计算

食品进入冷却室后，就不断向它周围的低温介质散发热量，直到它被冷却到和周围介质温度相同时为止。冷却过程中食品的散热量常称为耗冷量。如果食品内部无热源存在，冷却过程中冷却介质的温度稳定不变，食品内各点温度也相同，则食品冷却过程中的耗冷量可按式（3－2）进行计算式如下。

$$Q = mc(T_{初} - T_{终}) \tag{3-2}$$

式中　Q——冷却过程中食品的耗冷量，kJ；

m——被冷却食品的质量，kg；

c——冻结点以上食品的比热容，kJ/（kg·K）；

$T_{初}$——食品的初温，K；

$T_{终}$——食品的终温，K。

冻结点以上的食品的比热容可根据它的组成成分和各成分的比热容算出。对于低脂肪的食品，特别像水果、蔬菜一类的食品，可根据它的水分和干物质含量加以推算。一般干物质的比热容变化很小，为 1.046～1.674 kJ/（kg·K），通常可采用 1.464kJ/（kg·K）的平均值。低脂肪食品的比热容可按式（3－3）进行计算式如下。

$$c = c_{水}w + c_{干}(1-w) \tag{3-3}$$

式中　$c_{水}$——水的比热容，4.184 kJ/（kg·K）；

$c_{干}$——干物质的比热容，一般取 1.464kJ/（kg·K）；

w——食品的含水率。

食品温度高于冻结温度时，食品的比热容一般很少因温度变化而发生变化，但是含脂肪的食品则不同，这主要是因为脂肪会因温度变化而凝固或熔化，脂肪相变时有热效应，对食品的比热容有所影响。

肉和肉制品的比热容不仅因它的组成成分而异，还与温度有关系，其耗冷量还要考虑生化反应的散热量。

实际上在冷却过程中，食品物料的内部还会有一些热源存在，如水果和蔬菜采收后仍然要进行呼吸，果蔬在进行呼吸作用的过程中，消耗呼吸底物，一部分用于合成能量供组织生命活动所用，另一部分则以热量的形式释放出来，这一部分的热量称为呼吸热。贮藏过程中果蔬释放的呼吸热会增加贮藏环境的温度，因此在进行库房设计时的制冷量计算，需计入这部分热量。呼吸热的计算式如下。

$$Q_{呼} = m \cdot H \cdot t \tag{3-4}$$

式中　$Q_{呼}$——果蔬呼吸时的耗冷量，kJ；

m——果蔬开始冷却时的质量，kg；

H——果蔬的呼吸热，kJ/（kg·h）；

t——冷却需要的时间，h。

因此果蔬冷却时所需的耗冷量可用式（3－5）计算。

$$Q_{呼} = mc\ (T_{初} - T_{终})\ + m \cdot H \cdot t \qquad (3-5)$$

式中　$Q_{呼}$、m、H、t——同式（3－4）；

c、$T_{初}$、$T_{终}$——同式（3－2）。

第三节　食品的冻藏与解冻

冻结是将食品的温度降低到食品汁液的冻结点以下，使食品中的水分大部分冻结成冰。冻结温度在国际上推荐为－18℃。食品的冻藏是将食品贮存在低于－18℃温度下的食品保藏法。它能有效地抑制微生物、酶及O_2等不利因素的作用，较好地保持食品的质量，是一种应用广泛的食品保藏法。

一、冰晶体的形成机理和过程

水是所有生命细胞的基本组成，它是生化反应、溶质传递和细胞内 pH 调节的介质，也是许多生物化学反应的反应物之一，并对各种宏观分子结构的稳定起重要作用。

图 3－3 所示为水的相图，图中 AO 线为液汽线，BO 线为固汽线，CO 线为固液线，O 点为水的三相点。由图可以看出，压力对水的冻结点有影响，真空（610Pa）下水的冻结点为 0.0099℃。在常压（101kPa）下水中会溶解有一定量的空气，这些空气的存在使水的冻结点下降，冻结点变为 0.0024℃。一般情况下，水只有被冷却到低于冻结点的某一温度时才开始冻结，这种现象被称为过冷。低于冻结点的这一温度被称为过冷点，冻结点和过冷点之间的温度差称为过冷度。

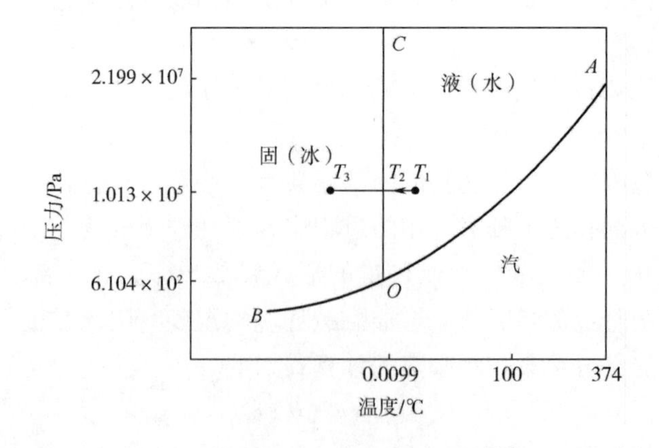

图 3－3　水的相图

水分冻结成冰包括晶核的形成和晶体的成长两个过程。当水的温度降到冰点以下，水分子的热运动减慢，并开始形成称为生长点的分子集团，生长点很小，长大后就形成新相的先驱，称之为晶核，水分子开始形成的晶核并不稳定，可为其他水分子的热运动所分散。只有当温度降低到一定程度，水分子的热运动进一步减弱，才会形成稳定的晶核，这时稳定的晶核不会被水分子的热运动所破坏。晶核的形成是一些水分子以一定规律结合成颗粒型的微粒，晶核提供晶体成长的基础，冰晶的成长是水分子发生位移并有秩序地结合到晶核上面，使晶体不断增大形成冰晶体。

二、低共熔点

对于水溶液而言，溶液中溶质和水的相互作用使溶液的饱和水蒸气压较纯水的低，也使溶液的冻结点低于纯水的冻结点，此即溶液的冻结点下降现象。溶液的冻结点下降值与溶液中溶质的种类和数量（即溶液的浓度）有关。下面以一简单的二元溶液来说明溶液的冻结点下降情况。

图3－4曲线为不同浓度氯化钠水溶液的凝固温度曲线。图中左右各有一条曲线，左边曲线为溶液的冰点曲线，即冻结点曲线，右边曲线是析盐线，即氯化钠的溶解度曲线。由左边曲线可以看出，随着氯化钠溶液浓度的增加，溶液的凝固温度（冻结点）下降。一定浓度的氯化钠溶液经过过冷态开始冻结后，部分水分首先形成冰结晶，水分子形成冰结晶时会排斥非水分子的溶质分子，这样随着部分水分的冻结，原来溶解在这些水分中的溶质会转移到其他未冻结的水分中，使剩余溶液的浓度增加。剩余溶液浓度的增加又导致这些溶液的冻结点进一步下降，因此溶液的冻结并非在同一温度完成。一般所指的溶液或食品的冻结点是它的初始冻结温度。溶液或食品冻结时在初始冻结点开始冻结，随着冻结过程的进行，水分不断地转化为冰结晶，冻结点也随之降低，这样直至所有的水分都冻结，此时溶液中的溶质、水达到共同固化，这一状态点被称为低共熔点或冰盐合晶点，氯化钠水溶液的低共熔点的温度为－21.2℃，含盐量（质量分数）为23.1%。

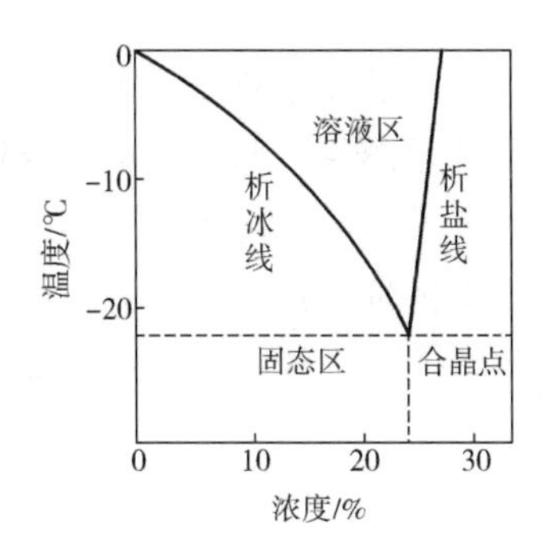

图3－4　氯化钠盐水溶液的凝固温度曲线

食品中所含的水分分为两种：一种是自由水，这些水分子能够自由地在液相区内移动，其冻结点在冰点温度（0℃）以下；另一种是结合水，这部分水分子被大分子物质（如蛋白质、碳水化合物等）规则地吸附着，其冻结点比自由水要低得多，即使在温度远低于初始冻结点的情况下，仍有部分水还是未冻结的。少数未冻结的高浓度溶液只有当温度降低到低共熔点时，才会全部结成冰。食品的低共熔点范围大致在－65～－55℃，食品的冻结冻藏温度一般在－30～－18℃，所以，冻藏食品中水分实际上并未完全冻结成冰。

食品由于溶质种类和浓度上的差异，其初始冻结点会不同。一些食品的初始冻结点往往表现为一个温度范围。表3－8所示为一些常见食品的初始冻结点。

表 3-8　一些食品的冻结点

种类	冻结点/℃	种类	冻结点/℃
苹果	-2.8～-1.4	胡萝卜	-2.4～-1.3
草莓	-1.2～-0.9	牛肉	-1.7～-0.6
香蕉	-3.9	猪肉	-2.8
青豆	-2.0～-1.1	鱼类	-2.0～-0.5
菠菜	-0.9	牛奶	-0.5

三、冻结曲线

食品的冻结过程是指食品降温到完全冻结的整个过程，冻结曲线就是描述冻结过程中食品的温度随时间变化的曲线。

（一）水的冻结曲线

纯水的冻结曲线见图 3-5，水从初温（T_1）开始降温，达到水的过冷点 S，由于冰结晶开始形成，释放的相变潜热使水的温度迅速回升到冻结点 T_2，然后水在这种不断除去相变潜热的平衡条件下继续形成冰结晶，温度保持在平衡冻结温度，形成一结晶平衡带，平衡带的长度（时间）表示全部水转化成冰所需的时间。当全部的水被冻结后，冰以较快的速率降温，并达到最终温度 T_3。

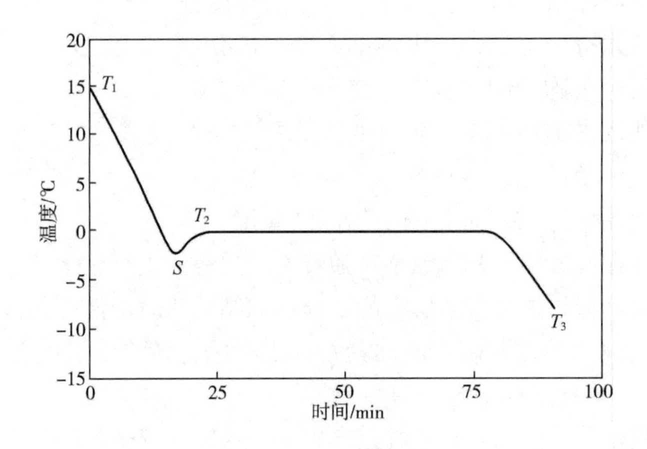

图 3-5　纯水的冻结曲线

（二）食品的冻结曲线

在低温环境介质中，随着冻结的进行，食品的温度逐渐下降，食品的冻结曲线如图 3-6 所示。无论是快速冻结还是缓慢冻结，食品的冻结过程一般都包括三个阶段，下面以缓慢冻结曲线为例加以说明。

第一阶段，食品的温度从初温降低至食品的冻结点，这时食品放出的热量是显热，此热量与全部放出的热量比较，其值较小，所以降温速度快，冻结曲线较陡。

第二阶段，食品的温度达到冻结点后，食品中大部分水分冻结成冰，水转变成冰过

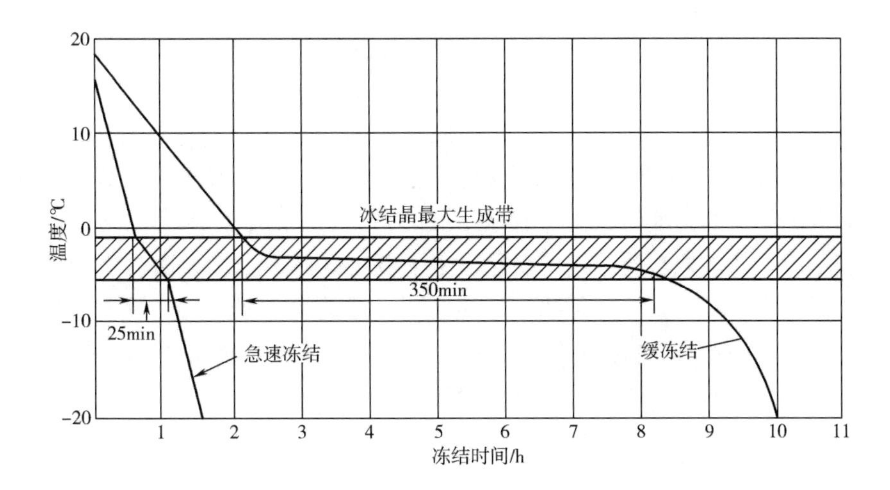

图 3－6　食品的冻结曲线

程中放出的相变潜热通常是显热的 50～60 倍，食品冻结过程中绝大部分的热量是在此阶段放出的，由于温度降不下来，曲线出现平坦段。

第三阶段，食品残留的水分继续结冰，已成冰的部分进一步降温至冻结终温。水变成冰后其比热容下降，冰进一步降温的显热减小，但因还有残留水分结冰放出冻结潜热，所以降温没有第一阶段快，曲线也没有第一阶段那样陡。

冻结曲线平坦段的长短与传热介质的传热快慢关系很大。若传热介质传热速度快，则第二阶段的曲线平坦段短，即为图 3－6 中的急速冻结曲线。生产中应尽量采用导热性能高的冷冻介质（如液态冷媒），缩短冻结时间。

图 3－6 所示为新鲜食品冻结曲线的一般模式，曲线中未将食品内水分的过冷现象表示出来，原因是实际生产中因食品表面微度潮湿，表面常落上霜点或有振动等现象，都使食品表面具有形成晶核的条件，因此无显著过冷现象。随后表面冻结层向内推进时，内层也很少会有过冷现象产生。所以在食品的冻结曲线上，通常无过冷的波折存在。

四、冻结率和最大冰晶生成带

食品冻结过程中，当温度降低到冻结点即开始冻结成冰时，随着温度不断降低，水分冻结数量会逐渐增多，但要使食品中的水分全部冻结，往往要使温度降低到－60℃以下，实际上只要使食品中的绝大部分水分冻结，就能达到冻藏的要求。从冷冻加工降低成本考虑，一般采用－30～－18℃温度即可。

食品冻结终了时水分冻结量通常用冻结率 w（%）表示，也就是在一定的冻结终温下所形成冰晶体的百分数，具体计算公式如下。

$$w = 1 - \frac{t_{冰}}{t_{终}} \tag{3-6}$$

式中　w——冻结率，%；

$t_{冰}$——食品的冻结点温度，℃；

$t_{终}$——食品的冻结终温,℃。

根据上式和食品的冻结点，就可以得出其冻结温度与水分冻结率的关系曲线。从图3－7所示的青豆冻结率曲线可以看出，冻结率与冻结终了温度直接相关。例如，青豆的结冻点是－1.1℃，冻结终温为－18℃时的冻结率为93.9%，若冻结终温是－30℃时，冻结率提高到96.3%，均可达到冻藏的要求。从图中曲线还可看出，冻结过程中大部分水分是在靠近冻结点的温度区域内形成冰结晶的，而到了后期，水分冻结率随温度降低变化的程度不大。通常把水分冻结率变化最大的温度区域称为最大冰晶生成带，此温度区域对应的温度为－5～－1℃。某些果品如葡萄、樱桃因含糖量高，最大冰晶生成带为－15～－3℃。研究表明，对保证冷冻产品品质这是最重要的温度区间。所以应以最快的冻结速度通过最大冰晶生成带，以保证冷冻食品的质量。

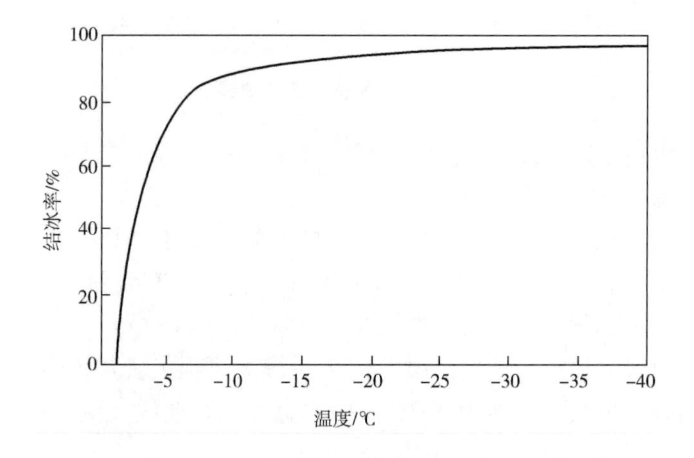

图3－7　青豆冻结过程中冻结率与温度的关系

五、 冻结速度与冰结晶分布

（一）冻结速度

冻结速度与冻结物料的特性和表示的方法等有关，目前用于表示冻结速度的方法有以下几种。

1. 温度时间法

一般以降温过程中食品内部温度最高点，即热中心的温度表示食品的温度。但由于在整个冻结过程中食品的温度变化相差较大，选择的温度范围一般是最大冰晶生成带，常用热中心温度从－1℃降低到－5℃这一温度范围的时间来表示。若通过此温度区间的时间少于30min，称为快速冻结；大于30min，称为缓慢冻结。这种表示方法使用起来较为方便，多应用于肉类冻结。但这种方法也有不足：一是对于某些食品而言，其最大冰晶生成带的温度区间较宽（甚至可以延伸至－15～－10℃）；二是此法不能反映食品的形态、几何尺寸和包装情况等，因此在用这种方法时一般还应标注样品的大小等。

2. 冰峰前进速度

冰峰前进速度是指单位时间内－5℃的冻结层从食品表面伸向内部的距离，单位cm/h。

这种方法最早是由德国学者普朗克提出，他将冻结速度分为三级：快速冻结为5～20cm/h；中速冻结为1～5cm/h；缓慢冻结为0.1～1cm/h。该方法的不足是实际应用中较难测量，而且不能应用于冻结速率很慢以至产生连续冻结界面的情况。

3. 国际制冷学会定义

国际制冷学会对冻结速度的定义是：食品表面与中心点温度间的最短距离与食品表面温度达到0℃后，食品中心温度降至比食品冻结点低10℃所需时间之比。该比值即食品冻结速度（v=距离/时间）。当冻结速度大于0.5 cm/h时为速冻。例如某食品的表面与中心温度点间的最短距离为8cm，食品的冻结点是-2℃，其中心温度降低比冻结点低10℃所需的时间为10h，其冻结速度$v=8/10=0.8$ cm/h。根据这一定义，食品中心温度点降温的计算值是随着食品冻结点而改变的，与前面所述冻结速度计算的温度下限为-5℃相比低得多，所以对冻结设备的设计、制造提出了更高的要求。

（二）冻结速度与冰结晶分布

食品中的水分存在于细胞间隙和细胞内原生质中，细胞内的水分与细胞间隙之间的水分由于其所含盐类等物质的浓度不同，冻结点也有差异，冻结过程中处于细胞间隙内低浓度溶液中的部分水分首先形成冰结晶。

当缓慢冻结时，由于食品组织内冰晶层推进速度小于细胞内水分向外转移的速度，冰结晶首先在细胞外的间隙中产生，此时细胞内的水分仍以液相形式存在。同温度下水的蒸汽压总是大于冰的蒸汽压，在蒸汽压差的作用下，细胞内的结合较弱的水会不断向细胞外间隙内的冰晶上移动，使之形成较大颗粒的冰晶，数量相对较小，且分布不均匀。这种大颗粒的冰结晶会刺伤细胞，破坏组织结构，解冻后汁液将会流失，失去了复原性，其质量将明显降低。细胞内大量水分向细胞间隙迁移，会导致细胞内溶液浓度增加，随着冻结温度逐渐下降，其水分外逸量又会进一步增加，致使细胞间隙内的冰晶体颗粒越长越大。

当快速冻结时，食品组织内冰层推进速度大于细胞内水分向外转移的速度，从而使得细胞内的水分可以在原地形成冰结晶，冰结晶分布接近天然食品中液态水分布情况，冰晶体积细小，呈针状，数量多，分布均匀，对食品组织不会造成损伤，最大程度保持了它的可逆性和质量，解冻后能基本保持其原有的品质。冻结速度与冰晶形成的关系见表3-9。

表3-9　冻结速度与冰晶形成的关系

冻结速度（通过-5～0℃的时间）	冰结晶				冰层伸展速度$V_{冰层}$与水分移动速度$V_{水分}$快慢关系
	位置	形状	大小（直径×长度）	数量	
数秒	细胞内	针状	（1～5）μm×（5～10）μm	无数	$V_{冰层} \geq V_{水分}$
1.5min	细胞内	杆状	（0～20）μm×（20～50）μm	多数	$V_{冰层} > V_{水分}$
40 min	细胞内	柱状	（50～100）μm×100μm以上	少数	$V_{冰层} < V_{水分}$
90 min	细胞外	块状	（50～200）μm×200μm以上	少数	$V_{冰层} \leq V_{水分}$

六、 食品的冻结方法

食品的冻结方法及装置多种多样，分类方式不尽相同。按冷却介质与食品接触的方式可分为空气冻结法、间接接触冻结法和直接接触冻结法三种。

（一）空气冻结法

用冷空气作为冷却介质对食品进行冻结是目前应用最广泛的一种冻结方法。在冻结过程中，冷空气以自然对流或强制对流的方式与食品进行换热。空气的热导率小，空气与食品之间的对流传热系数也小，因此食品在冷空气中冻结的时间较长，为3h～3d，视食品物料及其包装的大小、堆放情况以及冻结的工艺条件而异。通过增大风速能使对流传热系数提高，从而提高冻结速度，缩短冻结时间。而且，空气资源丰富，无任何毒副作用。用此法冻结的食品物料有肉类、禽类、盘装整条鱼等。空气冻结装置包括隧道式冻结装置、螺旋式冻结装置、流态化冻结装置和搁架式冻结装置。

隧道式冻结装置根据食品通过隧道的方式，可分为传送带式、吊篮式、推盘式冻结隧道等几种，它们的基本结构都是相似的，主要区别在于冻品的传送方式。隧道式冻结装置的特点是：冷空气在带有隔热层的隧道中循环，食品通过隧道时被冻结。该装置投资费用较低，通用性较强，自动化程度较高，不仅冻结时间短，效率高，还可大大节省劳动力。

螺旋式冻结装置的输送系统，主体部分为一螺旋塔，均匀分布在输送带上的冻品，随传送带做螺旋运动。螺旋式冻结装置的特点是生产连续化，结构紧凑，占地面积小，食品在移动中，受风速度均匀，冻结速度快，干耗比隧道式冻结装置要小，但它的生产量小，间歇生产时耗电量大，成本较高。主要适用于冻结单体不大的食品，如饺子、汤圆、肉丸、肉片、鱼片、水果和蔬菜等。

流态化冻结装置是实现食品单体快速冻结（IQF）的一种理想设备。与隧道式冻结装置比较，这种装置具有冻结速度快、冻结产品质量好、耗能低，易于冻结球状、圆柱状、片状及块状颗粒食品等优点。在冻结过程中，冻品放在网带（或多孔板上），低温空气自下而上强制通过孔板和料层，当空气流速达到一定值时，散粒状的冻品由于气流的推动，密实的料层逐渐变为悬浮状，使物料中的每一颗粒都被冷空气所包围，其传热与传质十分迅速，从而实现了单体快速冻结。由于流态化冻结装置具有冻结速度快、产品质量好和易于实现机械化连续生产等优点，近年来已在食品冷加工行业中得到广泛应用。食品流态化冻结装置属于强烈吹风快速冻结装置，按其机械传送方式可分带式流态化、振动流态化和斜槽式流态化冻结装置。

（二）间接接触冻结法

间接冻结法指的是把食品放在经制冷剂（或载冷剂）冷却的板、盘、带或其他冷壁上，与冷壁直接接触，但与制冷剂（或载冷剂）间接接触，其传热的方式为热传导，冻结效率跟金属板与食品物料接触的状态有关。冻结时间取决于制冷剂的温度、包装的大小、相互密切接触的程度和食品物料的种类等。

平板冻结装置主要适用于分割肉、鱼类、虾及其他小包装食品等外形规整食品物料的快速冻结。对于厚度小于50mm的食品来说，冻结速度快，干耗小，冻品质量高。

回转式冻结装置适用于冻结鱼片、块肉、虾、菜泥以及流态食品。该装置的特点是：占地面积小，结构紧凑，冻结速度快，干耗小，连续冻结生产率高。

钢带式冻结装置最适用于冻结对虾、鱼片、调味汁、酱汁、糖果产品及鱼肉汉堡饼等能与钢带很好接触的扁平状产品的单体快速冻结。传送带下部温度为 -40℃，上部冷风温度为 -40 ~ -35℃，冻结 20 ~ 25mm 厚的食品约需 30min，而 15mm 厚的只需 12min，产品的冻结速度很快。钢带式冻结装置的主要特点为：同平板式、回转式相比，带式冻结器构造简单，操作方便；改变带长和带速，可大幅度地调节产量。缺点是占地面积大。钢带式冻结装置见图 3 -8。

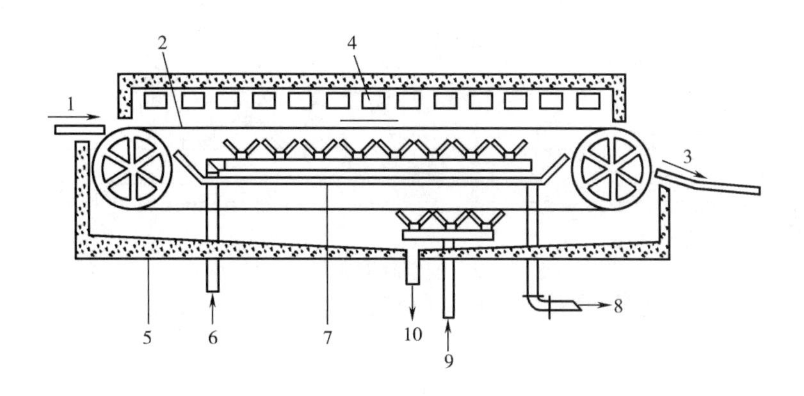

图 3 -8　钢带式冻结装置

1—进料口　2—钢质传送带　3—出料口　4—空气冷却器　5—隔热外壳
6—盐水入口　7—盐水收集器　8—盐水出口　9—洗涤水入口　10—洗涤水出口

（三）直接接触冻结法

该方法要求食品（包装或不包装）与不冻液直接接触，食品在与不冻液换热后，迅速降温冻结。食品与不冻液接触的方法有喷淋、浸渍法，或者两种方法同时使用。直接接触冻结法由于要求食品与不冻液直接接触，所以对不冻液有一定的限制，特别是与未包装的食品接触时尤其如此。这些限制包括要求无毒、纯净、无异味、不易燃、不易爆等。另外，不冻液与食品接触后，不应改变食品原有的成分和性质。

载冷剂接触冻结，载冷剂经制冷系统降温后与食品接触，使食品降温冻结。常用的载冷剂有盐水、糖溶液和多元醇 - 水混合物等。所用的盐水浓度应使其冻结点低于或等于 -18℃，盐水通常为 NaCl 或 $CaCl_2$ 的水溶液。当温度低于盐水的低共熔点时，盐和水的混合物会从溶液中冻析，所以盐水有一个实际的最低冻结温度，例如，NaCl 盐水的实际最低冻结温度为 -21.2℃。盐水不能用于不应变成咸味的未包装食品，目前盐水主要用于冻结海鱼。

液氮喷淋冻结是使食品直接与喷淋的液氮接触而冻结。液氮的汽化潜热为 198.6kJ/kg，比热容为 1.033kJ/（kg · K），沸点为 -95.8℃。每 1kg 液氮与食品接触时可吸收 198.6kJ 的蒸发潜热，如再升温至 -20℃，则还可以再吸收 181.6kJ 的显热，两者合计可吸收 380.2kJ 的热量。5cm 厚的食品经过 10 ~ 30min 即可完成冻结，其表

面温度为 -30℃，中心温度达 -20℃，冻结每 1kg 食品的液氮耗用量为 0.9 ~ 2kg。这种冻结装置的优点是：冻结质量好，冻结食品解冻时汁液流失少；冻结速度快，比空气冻结装置快 20 倍，比平板冻结装置快 5 ~ 6 倍；冻结干耗小；冻结设备简单、操作方便、维修保养费用低。液氮的冻结速度极快，在食品表面与中心会产生极大的瞬时温差，造成食品龟裂，所以过厚的食品不宜采用，厚度一般应小于 10cm。液氮喷淋冻结装置见图 3 -9。

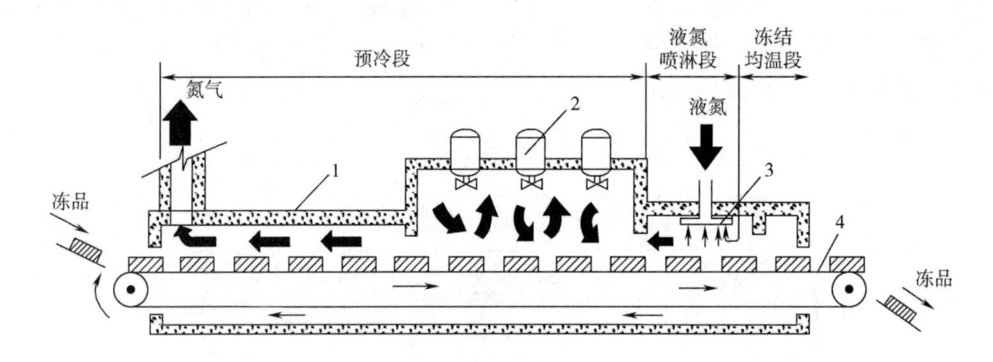

图 3 -9　液氮喷淋冻结装置

1—隔热箱体　2—搅拌风机　3—液氮喷嘴　4—传送带

七、 食品的冻结与冻藏工艺

食品在冻结过程中所含水分要结冰，鱼、肉、禽等动物性食品若不经前处理直接冻结，解冻后的感官品质变化不大，但水果、蔬菜类植物性食品若不经前处理直接冻结，解冻后的感官品质就会明显恶化。所以，蔬菜冻前须进行热烫，水果要进行加糖或糖液等预处理后再冻结。如何把食品冻结过程中水变成冰结晶及低温造成的影响减小或抑制到最低程度，是冻结工序中必须考虑的技术关键。

（一）冻结前食品物料的前处理

1. 热烫处理

主要是针对蔬菜，又称为杀青、预煮。热烫的主要目的是钝化其中的过氧化物酶和多酚氧化酶。这些酶在果蔬冻结与冻藏中，尤其在解冻升温时极易引起果蔬变色、变味等质量问题。热烫可在热水（75 ~ 95℃）或蒸汽（95 ~ 105℃）中进行，热烫时间 1 ~ 3min。无论采用哪种方法，热烫必须彻底又不能过度。热烫后的果蔬要迅速冷却，沥干表面附着水后即可冻结。

2. 加糖加酸处理

加糖加酸处理也是果蔬预处理的常用方法，尤其对水果的预处理更常见。对于水果，为控制酶促氧化作用，防止褐变，不能采用热烫处理时，往往采用糖液或维生素 C 液进行浸渍处理。水果经糖液（浓度为 30% ~ 50%）浸渍后，果品甜度增加，质地柔软，同时也可部分抑制不良的生化反应。为了更好地保持果品的鲜艳颜色和特有风味，目前多在糖液中添加少量的维生素 C、柠檬酸、苹果酸等。

3. 加盐处理

主要针对水产品和肉类，加入盐分也可减少食品物料和氧的接触，降低氧化作用。这种处理多用于海产品，如海产鱼卵、海藻和植物等均可经过食盐腌制后进行冻结，食盐对这类食品物料的风味影响较小。

4. 浓缩处理

主要用于液态食品，如果汁等。液态食品在不经浓缩而进行冻结时，会产生大量的冰结晶，使液体的浓度增加，导致蛋白质等物质的变性、失稳等不良结果。浓缩后液态食品的冻结点大为降低，冻结时结晶的水分量减少，对胶体物质的影响小，解冻后易复原。

5. 加抗氧化剂处理

主要针对水产品，此类产品在冻结时容易氧化而变色、变味，可以加入水溶性或脂溶性的抗氧化剂，以减少水溶性物质或脂质的氧化。

6. 冰衣处理

在冻结、冻藏食品表面形成一层冰膜，可起到包装的作用，这种处理形式被称为包冰衣。净水形成冰衣质脆、易脱落，常用一些增稠物质（如海藻酸钠等）作糊料，提高冰衣在食品物料表面的附着性和完整性，还可以在冰衣液中加入抗氧化剂或防腐剂，以提高贮藏的效果。

7. 包装处理

为了减少食品物料的氧化、水分蒸发和微生物污染等，可采用不透气的包装材料。

（二）果蔬的冻结与冻藏工艺

多数果蔬经过冻结与冻藏后将失去生命的正常代谢能力，由有生命体变为无生命体，没有后熟过程。这一点与果蔬冷却冷藏截然不同。因此，对采用冻结与冻藏的果蔬，应在其完熟阶段采摘，即果蔬达到色、香、味俱佳状态时采摘。果蔬细胞质膜由弹性较差的细胞壁包裹，冻结过程对细胞的机械损伤和溶质损伤较为突出。因此，果蔬冻结多采用速冻工艺，以提高解冻后果蔬的质量。

由于果蔬品种、组织成分、成熟度等的不同，对低温冻结的承受能力差别很大。如质地柔软的西红柿，不但要求有较低的冻结与冻藏温度，而且解冻后质量也较差。而质地较硬的果蔬，如豆类，解冻后与未冻结时几乎无差别，这类果蔬比较适合冻藏。选择适合冻结与冻藏的果蔬品种是冻结冻藏工艺的第一步。在冻结与冻藏前，多数蔬菜要经过热烫处理，而水果更常用糖处理或酸处理。

水果与蔬菜的冻结工艺相似，都要求速冻以获得较佳的产品。为此，通常采用流态化冻结，在高速冷风中呈沸腾悬浮状，达到了充分换热、快速冻结的目的。如青豌豆，世界各国多用带式流态化冻结装置进行单体快速冻结，冻结时青豌豆悬浮在不锈钢网孔传送带上，以 -30℃以下垂直向上 7 ~ 8m/s 的风速将青豌豆吹起，形成悬浮状态，在 5 ~ 10min 能够将青豌豆冻至 -18℃，然后装袋装箱送去冻藏。此外，也采用金属平板接触式冻结或低温液体浸渍或喷淋的冻结方法。冻结温度视果蔬品种而定，对一般质地柔软的水果，含有机酸、糖类等成分多的蔬菜，冻结温度应低一些。

（三）肉类的冻结与冻藏工艺

1. 肉类的冻结

（1）一次冻结工艺　一次冻结是将屠宰后的肉胴体在一个冻结间内完成全部冻结过程。冻结间进货前应对冷风机进行冲霜并降温，待库温降至 -15℃以下时才开始进货。在高温季节里，且进货时间又要超过半小时的，应采取边进货边降温的方法，以避免库内墙面滴水产生冻融循环而损坏冷库。在冻结期间，为了充分发挥冷风机的工作效率，保证冻结质量，要求在肉温降到0℃时再进行一次冲霜。一次冻结工艺具有冻结时间短、干耗低、耗电量少、节约建筑面积和劳动力的优点。缺点是易使牛、羊肉产生寒冷收缩。我国目前的冷库大多采用一次冻结工艺。

（2）两阶段冻结工艺　两阶段冻结工艺是将肉的冷却过程和冻结过程分开，先将屠宰后的肉胴体在冷却间内用冷空气冷却（或称预冻），温度一般从 37 ~ 40℃降至 0 ~ 4℃，然后将冷却后的肉移送到冻结间进行冻结，冻结间温度为 -25 ~ -23℃，空气相对湿度90%为宜，空气流速为 2 ~ 3m/s，将冷却白条肉由 0 ~ 4℃冻结到 -15℃（指后退中心温度），所需时间 20 ~ 24h。两阶段冻结工艺对牛、羊肉不易产生寒冷收缩现象，解冻后肉的保水能力好，汁液流失少，肉的嫩度好。

为了改善肉的品质，也可以采用介于上述两种方法之间的冻结工艺，即先将屠宰后的鲜肉冷却至 10 ~ 15℃，然后再冻结至冻藏温度。

2. 肉类的冻藏

将冻结后的肉送入低温条件下的冻藏库中进行长期贮存是肉类冷加工的最终目的。冻藏间的温度是以冻结后的肉体最终温度决定的，需要长期贮藏的肉类进入冻藏间前体温必须在 -15℃以下。冻藏库内空气温度不得高于 -18℃，因为在这样的温度条件下，微生物的发育几乎完全停止，肉体内部的生物化学受到了抑制，表面水分蒸发量也较小，能够保持较好的质量。

冻藏间的温度应保持稳定，其波动范围要求不超过 ±1℃。冻藏间的空气相对湿度要求愈高愈好，并且要求稳定，以尽量减少水分蒸发。一般要求空气相对湿度保持在 95% ~ 98%。同时，冻藏间的空气只允许有微弱的自然循环。

（四）鱼类的冻结与冻藏工艺

鲜鱼在冻结前，必须先进行整理，按品种大小分类，把有机械损伤、品质不好的鱼及杂鱼、有毒鱼剔除，然后在低温（3 ~ 4℃）的清洁水里清洗干净。洗净后过滤，若是块冻的鱼，立即装盘过秤；如果是单冻的，则应及时冻结。

鱼类的冻结方法很多，一般有空气冻结、盐水浸渍冻结和接触式冻结三种。我国绝大多数采用空气冻结方法。鱼冻结完成后，应立即出冻、脱盘、包装，送入冻藏间冻藏，冻鱼在冻藏中，冻藏温度应低于 -18℃。

八、食品冻结冻藏过程中的变化

（一）体积膨胀与机械损伤

水在4℃时体积最小，当0℃的水冻结后其体积会增大9%。食品冻结后体积膨胀的程度较纯水小，体积约增加6%。结冰后随着温度的下降，冰的体积虽然也有所收缩，但是微乎其微，只有几万分之一。即使温度降低至 -18℃，也远比 4℃时水的体积要大得多，所以含水分多的食品冻结时体积会膨胀。比如牛肉的含水量为 70%，水分冻结率为 95%，则牛肉的冻结膨胀率为 6.0%。

食品冻结时表面水分首先冻结成冰，然后冰层逐渐向内部延伸。当内部的水分冻结膨胀时会受到外部冻结层的阻碍，于是产生内压，对食品造成机械损伤。当外层承受不了这样的内压时就会破裂。采用温度很低的液氮冻结，食品的厚度较大时产生的龟裂就是此内压造成的。食品通过 -5 ~ -1℃冰结晶最大生成带时，冻结膨胀压升高到最大值。当食品抵抗不住此压力时会产生龟裂，食品厚度大、含水率高、表面温度下降极快时均易产生龟裂。机械损伤对脆弱的食品组织，如水果蔬菜的损伤较大。

（二）汁液流失

冷冻食品在解冻过程中，内部的冰晶融化成水，但此时的水不能完全被组织吸收，因而流出于组织之外称为汁液流失。一般所说的汁液流失是指解冻时和解冻后自然流出的汁液，称为自然流失。在自然流失之外，再加以 98 ~ 1682kPa 的压力所流出的汁液称为压榨流失，这两者总称为汁液流失。汁液流失的总量以及自然流失和压榨流失之间的比例，与冻结前的处理、原料的种类和形态、冻结的湿度、冻结速度、冻结冻藏的时间及期间的温度管理、解冻方法等有关，汁液流失还会造成食品营养和风味的损失。

一般来说，如果食品原料新鲜，冻结速度快，冻藏温度低且波动小，冻藏期短，则解冻时汁液流失少。若水分含量多，汁液流失亦多。如肉和鱼比，鱼的含水量高，故汁液流失也多。叶菜类和豆类相比，叶菜类汁液流失多。经冻结前处理如加盐、糖、磷酸盐等处理后汁液流失少。食品原料切得越细小，汁液流失亦越多。

（三）干耗

在食品冻结过程中，食品表面水蒸气压大于冷却空气中的水蒸气压。在此压力差的推动下，食品表面蒸发出来的水蒸气向冷却空气中扩散，并由冷却空气带至冷风机中，空气中的水蒸气凝结在蒸发器表面，减湿后处于不饱和状态的空气继续循环，从而导致了冻结冻藏过程中食品的干耗。干耗造成食品表面呈多孔层。这种多孔层大大地增加了食品与空气中氧的接触面积，使脂肪、色素等物质迅速氧化，造成食品变色、变味、脂肪酸败、芳香物质挥发损失、蛋白质变性和持水能力下降等后果。

影响食品干耗的因素很多，其中主要有库内空气的温度和相对湿度、流速和食品表面与空气的接触情况。冻结室中的空气温度和风速对食品干耗有较大影响。空气温度低，相对湿度高，蒸气压差小，食品的干耗也小。一般风速越大，干耗也越大。但如果冻结室是高湿、低温，加大风速可提高冻结速度，缩短冻结时间，食品也不会过分干耗。食品堆装的紧密度越大，冻藏食品的干耗量越小，而且干耗主要发生在货堆周围的外露部分。还有就是对冻藏食品包冰衣或用不透蒸汽的塑料袋包装，可显著减小冻藏食品的干耗量。

（四）重结晶

重结晶是指冷冻食品在冷链流通中由于温度波动，导致在温度升高阶段，部分冰晶融化，然后在降温阶段这部分水重新冻结的现象。冻藏室内的温度波动是产生重结晶的原因。当冻藏温度上升时，细胞内的冻结点较低部分的冰结晶首先融化，经细胞膜扩散到细胞间隙内，当冻藏温度下降时，这些外渗的水分就在未融化的冰结晶周围再次结晶，使冰晶体长大。重结晶的程度取决于单位时间内冻藏温度波动的次数和程度。波动幅度越大，波动次数越多，则重结晶的现象就越严重。因此，速冻食品若冻藏条件不好，冰晶体会迅速长大，而数量迅速变少，这样会严重破坏食品的组织结构。

即使食品冻藏条件良好，温度的波动也难以完全避免。在 -18℃的冻藏室，温度波动范围即使只有3℃之差，对食品的品质仍然会有损害。在正常的冻藏条件下，食品内部的冰结晶仍会发生长大的情况。

（五）蛋白质变性

蛋白质的冷冻变性、酶失活和相关的功能性损失是冷冻鱼、肉、禽、鸡蛋和面制品的常见现象。食品冻结后，往往会出现肌动球蛋白凝固、蛋白质变性，从而使食品的质量、风味下降。蛋白质的冷冻变性主要归因于组织或蛋白质溶液中的冰晶的形成、脱水作用以及溶质的浓缩，另外蛋白质的变性与新鲜度、冻藏温度、水分含量、pH、脂肪氧化、氧化三甲胺还原产生的二甲胺和甲醛等因素密切相关。

冰晶生成时，无机盐浓缩，盐析作用或盐类直接作用可使蛋白质变性，溶解性下降。盐类中钙盐、镁盐等水溶性盐类能促进蛋白质变性，而磷酸盐等则能减缓蛋白质变性。按此原理，在制作鱼丸时将鱼肉搅碎后水洗以除去水溶性的钙盐、镁盐，然后再加0.5%磷酸盐溶液、5%葡萄糖溶液，调节 pH 至6.5～7.2 后进行速冻，效果较好。冰结晶生成时蛋白质分子失去结合水，也会使蛋白质分子受压后集中，互相凝聚。蛋白质变性可用肌球蛋白对5% NaCl 溶液的溶解度来表示，溶解度小则变性程度大。

（六）变色

凡是在常温下能够发生的变色现象，在长期的冻藏过程中都会发生，只是进行的速度十分缓慢。多脂肪鱼类如带鱼、沙丁鱼、大马哈鱼等，在冻藏过程中会发生黄褐变，这主要是由于鱼体中的脂肪含有的高度不饱和脂肪酸易被空气中的氧所氧化。金枪鱼在冻藏过程中会发生褐变，这是因为含有 Fe^{2+} 的肌红蛋白和氧合肌红蛋白在空气中氧的作用下，氧化生成含有 Fe^{3+} 的氧化肌红蛋白。箭鱼的鱼肉在冻藏过程中会发生绿变，这是由于鱼类鲜度降低时会产生硫化氢，硫化氢与肌肉中的肌红蛋白、血液中的血红蛋白起反应，生成硫肌红蛋白和硫血红蛋白。虾类在冻藏过程中会发生黑变，主要原因是氧化酶（酚酶）在低温下仍有一定的活性，使酪氨酸变成黑色素。速冻蔬菜在冻结前应进行热烫处理，若热烫处理不够，在冻藏过程中会变成黄褐色。这种变色是由未被钝化的多酚氧化酶、叶绿素酶或过氧化物酶所引起。

（七）冻害

冻害是果蔬产品贮藏温度低于其冰点时，由于结冰而产生的伤害。冻害主要是导致细胞结冰破裂，组织损伤，出现萎蔫、变色和死亡。蔬菜冻害后一般表现为水泡状，组织透明或半透明，有的组织产生褐变，解冻后有异味。果蔬的冰点低于0℃，一般在 -1.5～-0.7℃，这是由于细胞液中有一些可溶性物质（主要是糖）存在，一般含水量越高的果蔬也越易产生冻害，果蔬的冻害温度也因种类和品种而异。如莴苣在 -0.2℃下就产生冻害，果实含糖量达21%的黑紫色甜樱桃其冻害温度在 -3℃以下。

九、食品冻结过程中耗冷量的计算

食品在冻结过程中的耗冷量就是食品在冻结过程中所放出的热量，由三部分组成。

1. 冻结前食品冷却时的放热量

冻结前食品冷却时的放热量，即食品从初温冷却到食品冻结点温度时的放热量计算公式如下。

$$Q_1 = mc_1 \ (T_{初} - T_{冻}) \tag{3-7}$$

式中　Q_1——冻结前食品冷却时的放热量，kJ；

m——食品的质量，kg；

c_1——冻结点以上食品的比热容，kJ/（kg·K）；

$T_{初}$——食品的初温，K；

$T_{冻}$——食品的冻结点温度，K。

2. 形成冰晶体时食品的放热量

形成冰晶体时食品的放热量，即食品中的水分冻结而释放出的相变潜热，计算公式如下。

$$Q_2 = mwr\omega \tag{3-8}$$

式中　Q_2——食品中的水分因形成冰结晶所放出的潜热，kJ；

w——食品中的水分含量，%；

r——水变成冰时的潜热，335kJ/kg；

ω——水分冻结率，%。

3. 冻结食品因温度下降而放出的热量

冻结食品因温度下降而放出的热量，即冻结食品从冻结点温度下降到最终温度时所放出的热量，计算公式如下。

$$Q_3 = mc_2 \ (T_{冻} - T_{终}) \tag{3-9}$$

式中　Q_3——冻结食品因温度下降而放出的热量，kJ；

c_2——冻结点以下食品的比热容，kJ/（kg·K）；

$T_{终}$——食品的冻结终温，K。

食品在冻结过程中的总放热量，计算公式如下。

$$Q = Q_1 + Q_2 + Q_3 \tag{3-10}$$

总热量的计算也可以用焓差法来表示，计算公式如下。

$$Q = m \ (H_1 - H_2) \ (\text{kJ}) \tag{3-11}$$

式中　H_1——食品初始状态的焓值，kJ/kg；

H_2——食品冻结终了时的焓值，kJ/kg。

一般冷库工艺设计时，计算耗冷量都用焓差，这样较简便。

冻结过程中所放出的三部分热量并不相等，以第二部分水结冰时放出的热量为最大，因为水结冰的相变潜热为335kJ/kg，且食品中含水量一般都大于50%，因此，$Q_2 > Q_1 + Q_3$。

上述冻结过程中各温度时的比热容应根据食品中干物质、水分和冰的比热容并按照各自成分在其中所占的比例推算确定。比热容是单位质量的物体温度升高或降低 1K（或1℃）所吸收或放出的热量。比热容与物质含水量关系很大，含水多的食品比热容值大，含水少的肉、蛋食品比热容值小。在一定压力下水的比热容为 4.184 kJ/（kg·K），冰的比热容为 2.092 kJ/（kg·K），因此食品的比热容在冻结点以上和冻结点以下是不一样的。

十、食品的解冻

冻结食品在消费或加工之前必须解冻，解冻可分为半解冻（-5～-3℃）和完全解冻两种，一般根据解冻后的用途来进行选择。冻结食品的解冻是将冻品中的冰结晶融化成水，力求恢复到原先未冻结的状态。从温度时间的角度看，解冻过程可以简单地被看作是冻结过程的逆过程。但由于食品物料在冻结过程的状态和解冻过程的状态不同，解冻过程并不是冻结过程的简单逆过程。

小型包装的速冻食品如蔬菜、肉类的解冻，还常和烹调加工结合在一起同时进行。食品加工单位，如罐头厂、肠制品加工厂、果汁加工厂以及公共食堂等，使用冻制食品前需先解冻，才能进一步加工，为此，解冻时必须尽最大努力保存加工时必要的品质，使品质的变化或数量上的损耗都减少到最小的程度。

（一）食品的解冻原理

将某个冻结食品放在温度高于其自身温度的解冻介质中，解冻过程即开始进行。如果将食品整个解冻过程中冻结食品的温度随时间变化的关系在坐标图中描绘出来，即得到食品的解冻曲线。典型的食品解冻曲线见图 3-10。食品解冻时将冻结时食品中所形成的冰结晶融化成水，必须从外界供给热能，其大部分用来融化冻品中的冰。热量传递在解冻过程中与冻结过程一样，都是从产品表面开始，冻品表层的冰首先融化成水，随着解冻的进行，融解部分逐渐向内部延伸。由于水的导热系数为 0.58W/（m·K），冰的导热系数为 2.32 W/（m·K），融解层的导热系数比冻结层的小 4 倍，具有导热性能差的特征。因此，随着解冻的进行，产品内部的热阻逐渐增加，解冻速率就逐渐下降，和冻结过程恰好相反，产品的中心温度上升最慢。被解冻品的厚度越大，表层和内部的温差就越大，形成解冻的滞后。一般的，解冻所需时间比相应的冻结所需时间要长。从图上看出，从 -5℃到 0℃温度上升非常缓慢。通常 -5～0℃温度带由于结冰，易发生蛋白质变性，停留时间过长使食品变色，产生异味、臭味。因此，在解冻过程中要求能快速通过此温度带，一般趋向于采用快速解冻。

上述的解冻曲线只是针对解冻时的传热是以热传导为主的情况，而不适合微波解冻，以及解冻后食品物料成为可流动的液态的情况。

（二）食品的解冻方法

解冻后，食品的品质主要受两方面的影响：一是食品冻结前的质量；二是冻藏和解冻过程对食品质量的影响。即使冻藏过程相同，也会因解冻方法不同而有较大的差异。好的解冻方法，不仅解冻时间短，而且解冻均匀，以使食品汁液流失少，脂肪氧化率（TBA 值）、鲜度（*K* 值）、质地特性、细菌总数等指标均较好。不同食品应考虑选用适合其本身特性的解冻方法，至今还没有一种适用于所有食品的解冻方法。

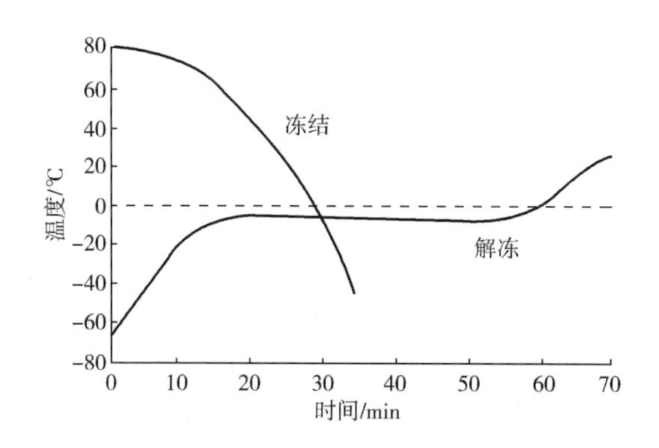

图 3－10　食品的冻结和解冻曲线

1. 空气解冻法

空气解冻以空气为传热介质，通过产品表面的空气层把热量传递给冻结产品，热量传递的速度取决于空气流速、空气温度、食品与空气之间的温差等多种因素。通过改变空气的温度、相对湿度、风速、风向达到不同解冻工艺的要求。空气解冻是目前应用最广泛的解冻方法，它适用于任何产品的解冻，主要包括静止空气解冻、流动空气解冻、低温高湿空气解冻和加压空气解冻几种方法。空气的温度不同，物料的解冻速度也不同，0～4℃的空气为缓慢解冻，20～25℃则可以达到较快速的解冻。用风机使空气流动能使解冻时间缩短，但会使食品产生干耗，因此宜在送风解冻装置中增加调节温度和湿度的设备，以改善解冻效果。

静止空气解冻是一种自然缓慢解冻方法，只在小批量原料解冻中使用，适合于解冻加工原料。在解冻中食品温度上升缓慢且温度比较均匀，冰晶体边融化边扩散边被吸收，汁液流失较少，原料风味好，有时也可解冻至半解冻状态即可进行后道工序的加工。一般空气温度不超过 15℃，自然流动，冻结原料放在工作台上或架子上。

流动空气解冻中，冻结食品可以采用吊挂方式轨道输送，也可将冻结食品放在有多层搁架的小车上推入解冻间。流动空气解冻一般用 0～5℃、相对湿度 90% 左右的湿空气（可另加加湿器），利用冷风机使气体以 1m/s 左右的速度流过冻品，解冻时间一般为 14～24h。

采用低温高湿空气解冻时，空气的湿度一般不低于 98%，空气的温度在 －3～20℃，空气流速一般为 3m/s。但使用高湿空气时，应注意防止空气中的水分在食品物料表面冷凝。高湿空气解冻的优点是解冻质量高、干耗小，同时色泽光亮、能保持原有风味。但在使用高湿空气时，应注意防止空气中的水分在食品物料表面冷凝析出。

加压空气解冻是一种将加压和流动空气相结合的解冻方式，这种方法是将冻结食品放入钢制的耐压容器内，通入压缩空气，压力为 0.2～0.3MPa，容器内温度 15～20℃，空气流速为 1～2m/s。由于容器内压力的升高，冻结食品的冰点将会降低，在同样的解冻介质温度下，冻结食品就容易融化。加压空气解冻时间短、解冻质量好，但占地面积大，投资费用也较高。

2. 水解冻法

水的热容量大，放热系数高，用水作为解冻介质，传热性能好、解冻速度快、时间短。水解冻适合于带皮或带包装食品的解冻，多用于鱼、虾的解冻，有时也用于小包装肉类食品的解冻。不带皮或未包装的食品用水解冻时，水溶性营养物质会被溶出，并容易受到水中微生物的污染，故而一般不用此法解冻。水解冻有静水浸渍解冻、低温流水浸渍解冻、水喷淋解冻和减压水解冻等方法。

减压水解冻也称为真空解冻，是在真空条件下，把蒸汽冷凝时所放出的热量传递给冻品使之解冻的方法。在低压下，水在低温即会沸腾，产生的水蒸气遇到更低温度的冻品时，就会在其表面凝结成水珠，这个过程会放出凝结潜热。该热量被解冻品吸收，使其温度升高而解冻。

真空解冻对于较薄的原料（厚度小于 5cm）是非常合适的，解冻速度非常快。但当原料的厚度逐渐增加时，其解冻速度快的优点将越来越不明显。真空解冻的主要缺点是解冻后产品非常潮湿，因此，除了鱼以外，它只用于需进一步加工的原料解冻。

这种方法对于水果、蔬菜、肉、蛋、鱼及浓缩状食品均可适用。

3. 电解冻法

空气解冻和水解冻热量均由解冻介质传递到冻品表面，再由表面传递到内部。因此，解冻速度受到传热速率的控制。利用电阻、电加热、超声波、红外辐射等内部加热方式，其解冻速度能避免由于食品的导热系数方面所受到的限制，它借助于振荡电磁场的作用传递能量，这种能量因食品内分子间碰撞、旋转、振动而转化为热量，解冻速度要快得多。电解冻方法有低频解冻、高频解冻、微波解冻、红外辐射解冻、高压静电解冻等。

低频解冻又称欧姆加热解冻、电阻解冻，是将电能转变为热能，通电后使电流贯穿冻品容器时，按容积转化为热量，其加热的穿透深度不受冻品厚度的影响。这种方法将冻品作为电阻，靠冻品的介电性质产生热量，电流逐渐流经内部，在内部发热，冻品就被解冻。用于解冻的电流一般为 50Hz 或 60Hz 的低频交流电。

微波解冻利用电磁波对冻品中的高分子和低分子极性基团起作用，使其发生高速振荡，同时分子间发生剧烈摩擦，由此产生热量。由于高频电磁波的强穿透性，解冻时食品物料内外可以同时受热，解冻所需时间很短，食品在色、香、味等方面的损失都很小，且汁液流失量也很少。例如 25kg 箱装瘦肉在切开之前从 -18℃ 升高到 -3℃ 左右仅需 5min。

高压静电解冻是将冻品放置于高压静电场中（电压 5000 ~ 10000V），电场设置于 0 ~ 3℃ 的低温环境中，利用电场效应，使食品解冻。目前日本已将高压静电技术应用于肉类解冻上。

（三）食品在解冻过程中的品质变化

解冻过程中，随着温度上升，细胞内冻结点较低的冰晶体首先融化，其后细胞间隙内冻结点较高的晶体才融化。由于细胞外溶液浓度较细胞内低，因此随着晶体的融化，水分逐渐向细胞内扩散和渗透，并且按照细胞亲水胶体的可逆性程度重新吸收。食品在解冻过程中常出现的质量问题是汁液流失，其次是微生物的繁殖和酶促或非酶促等不良反应。汁液流失的多少成为衡量冻藏食品质量的重要指标。食品在解冻时，由于温度升高和冰晶融化，微生物和酶的活动逐渐加强，加上空气中氧的作用，将使食品质量发生不同程度的恶化。例如未加糖冻结的水果，解冻之后酸味增加，质地变软，产生大量的汁液流失，且易受微生物的侵袭。不经烫漂的淀粉含量少的蔬菜，解冻时汁液流失较多，且损失大量的B族维生素、维生素C和矿物质等营养素。动物性食品解冻后质地及色泽都会变差，汁液流失增加，而且肉类还可能出现解冻僵硬的变质现象。

汁液流失量与食品的切分程度、冻结方法、冻藏条件、解冻方法、解冻温度等有关。由于流出的液滴中含有水溶性蛋白质、维生素、酸类的盐类的浸出物，因此汁液流失不仅使冻品的质量损失，同时使食品的风味、营养价值变差，品质下降。一般认为缓慢解冻可减少汁液流失，其原因是细胞间隙的水分向细胞内转移和蛋白质胶体对水分的吸附是一个缓慢的过程，需要在一定的时间内才能完成。缓慢解冻可使冰晶体融化速度与水分转移及被吸附的速度相协调，从而减少汁液的损失；如果快速解冻，大量冰晶体同时融化，来不及转移和被吸收，必然造成大量汁液外流。缓慢解冻虽然具有汁液流失较少的优点，但缓慢解冻会使食品物料在解冻过程中长时间地处于较高的温度环境中，给微生物的繁殖、酶和非酶反应创造了较好的条件，对食品的品质有一定影响。一般来说，凡是采用快速冻结且较薄的冻结食品，宜采用快速解冻，而冻结畜肉和体积较大的冻结鱼类则采用低温缓慢解冻为宜。

第四节　食品的冷链

食品冷藏链（Food cold chain，简称冷链）是指易腐食品在加工、贮藏、运输、销售直到消费前的各个环节中始终处于低温状态的物流网络。它是随着科学技术的进步、制冷技术的发展而建立起来的，是以冷冻工艺学为基础、以制冷技术为手段的低温物流过程。食品冷藏链由低温加工、低温贮藏、低温运输和低温销售四个环节组成。完整的冷藏链是保证食品安全的重要保障。

一、食品冷藏链发展概述

1884年，美国人巴尔里尔和英国人莱迪齐分别提出食品依托冷链流通的方法。到20世纪30年代，美国和欧洲的食品冷藏链已经初步建立。1958年美国人阿萨德提出了保证冷冻食品品质的3T原则，即食品最终质量取决于食品在冷藏链中贮藏和流通的时间（time）、温度（temperature）和耐藏性（tolerance），用以衡量在冷藏链中食品的品质变化，并可根据不同环节及条件下冷藏食品品质的下降情况，确定食品在整个冷藏链中的贮藏期限。随后美国的左尔补充提出了冷冻食品品质保证的3P原则：原料（product）、处理工艺（processing）、包装（package）。之后又有人提出了冷却（cool）、清洁（clean）、小心（care）的3C原则。这些原则不仅成为低温食品加工流通与冷链设施建设所遵循的理论技术依据，同时也奠定了低温食品与食品冷链发展的理论基础。

我国的冷链产生于20世纪50年代初的肉食品外贸出口。20世纪90年代后发展迅速，我国先后引进日本、美国技术，使商用冷藏柜生产有了相当数量和规模、产品的品种、形式，也逐步适应了实际销售环节的需要，为完善食品冷藏链起了巨大作用。虽然近些年我国食品冷冻、冷藏行业得到快速增长，但当前我国冷藏链发展面临着设备相对落后、物流成本较高、管理不规范、冷链不完善导致的食品安全隐患等问题。据统计，我国年运输易腐货物大约4000万t，其中铁路运输率为10%，公路运输率为80%，水路运输率为0.1%。除上述低温运输外，其余的易腐货物均采用普通棚、敞车运送。由于冷藏流通设备不足、运输效率低，造成食品损耗高，我国每年有20%～25%的果品和30%的蔬菜在中转运输和存放中腐烂损坏，易腐食品的损耗每年高达几百亿元。而美国在20世纪60年代就已经普及冷藏链技术，日本自20世纪60年代开始推行冷链技术，80年代完成了现代化冷藏链系统的建设。目前，欧、美、加、日等发达国家的肉禽冷链流通率已达100%，蔬菜、水果冷链流通率也达95%以上。

二、食品冷藏链主要环节及组成

食品冷藏链中的主要环节有：原料前处理环节、预冷环节、速冻环节、冷藏环节、流通运输环节、销售分配环节等。原料前处理、预冷、速冻均为食品冷加工环节，是冷藏链中的“前端环节”；冷藏环节，主要指冷却物冷藏和冻结物冷藏，是冷藏链的“中端环节”；销售分配环节，是冷藏链的“末端环节”；流通运输贯穿于冷藏链的各个环节。其中，前端环节对冷藏链中冷却和冻结食品的质量影响较大。食品冷藏链中所涉及的主要环节及设备如图3－11所示。

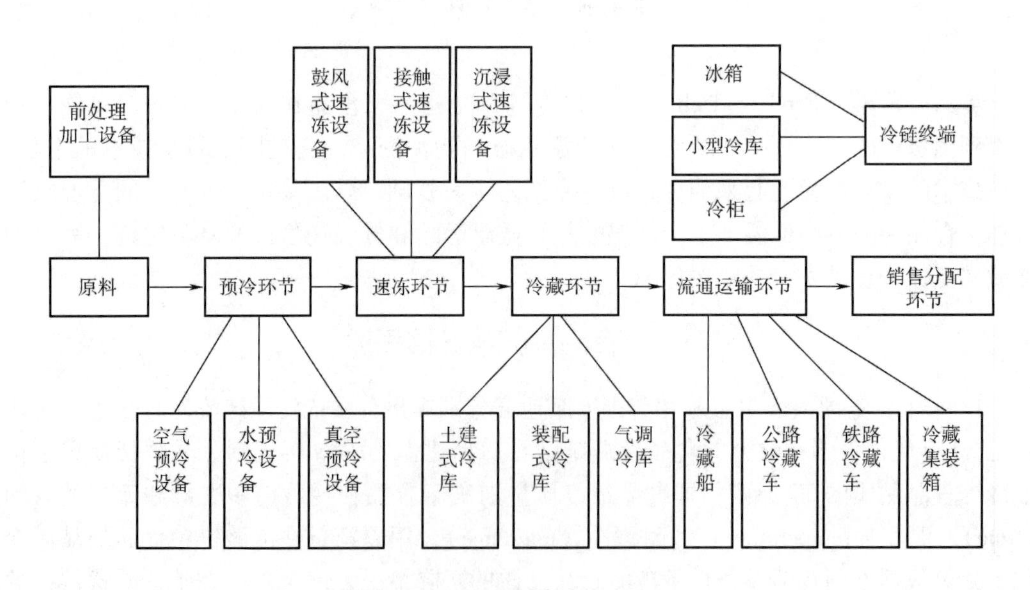

图3－11　食品冷藏链的环节及组成

三、食品冷藏运输设备

冷藏运输设备是指本身能形成并维持一定的低温环境，并能运输低温食品的设施及装置，包括冷藏汽车、铁路冷藏车、冷藏船和冷藏集装箱等。

虽然冷藏运输设备的使用条件不尽相同，但一般应满足以下的技术要求。

（1）能够产生并维持一定的低温环境，并能够保持食品的品温；

（2）隔热性好，尽量减少外界传入的热量；

（3）可根据食品种类或环境变化调节温度；

（4）应具有一定的通风换气设备，并配备一定的装卸器具，以实现食品合理装卸，保证良好的贮运环境；

（5）应配有可靠的检测、监视、记录设备，并进行故障预报和事故报警；

（6）易清洗、杀菌、除味；

（7）制冷装置在设备内所占空间要尽可能小，质量要轻，安装稳定，不易出现故障。

（一）冷藏汽车

冷藏汽车具有使用灵活、建造投资少、操作管理与调度方便的特点，它是食品冷藏链中重要的、不可缺少的运输工具之一。它既可以单独进行易腐食品的短途运输，也可以配合铁路冷藏车、冷藏船进行短途转运。冷藏汽车也称作冷藏保温汽车，它有冷藏汽车和保温汽车两大类。保温汽车是指具有隔热车厢，适用于食品短途保温运输的汽车；冷藏汽车是指具有隔热车厢，并设有制冷装置的汽车。

冷藏汽车按制冷装置的制冷方式可分为机械冷藏汽车、液氮冷藏汽车、蓄冷板冷藏汽车、干冰冷藏汽车等。其中机械冷藏汽车是冷藏汽车中的主要车型。

1. 机械冷藏汽车

机械冷藏汽车上配置的机械制冷系统主要包括发动机（或电动机）、压缩机、冷风机（蒸发器与风机组合）、冷凝器及节流阀等部件，其工作原理类似于单级蒸汽压缩式制冷循环。机械冷藏汽车采用直接吹风冷却，车内温度实现自动控制，很适合短、中、长途或特殊冷藏货物的运输。图 3－12 所示为机械冷藏汽车基本结构。该冷藏汽车属分装机组式，由汽车发动机通过传动带带动制冷压缩机，通过管路与车顶的冷凝器和车内的蒸发器及有关阀件组成制冷循环系统，向车内供冷。机械冷藏汽车使用温度可以在较大范围内调节，而且可在驾驶室内进行全部操作控制，并得到温度记录、显示数据或异常警报声光信号。

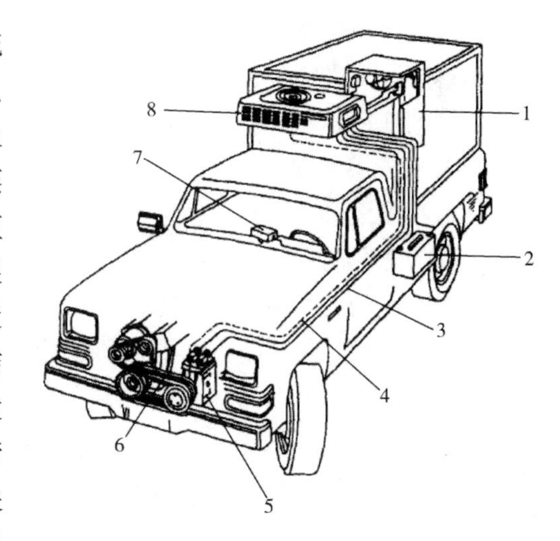

图 3－12　机械冷藏汽车基本结构

1—冷风机　2—蓄电池箱　3—制冷管路　4—电器线路　5—压缩机　6—传动带　7—显示控制器　8—冷凝器

2. 液氮冷藏汽车

液氮冷藏汽车主要由汽车底盘、隔热车厢和液氮制冷装置等构成。液氮冷藏汽车基本结构见图 3-13。

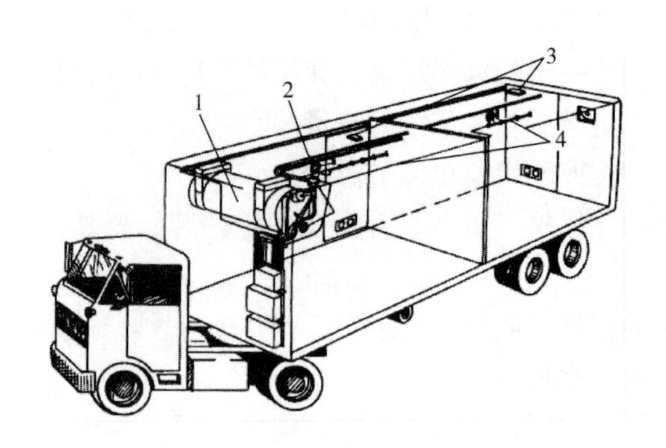

图 3-13 液氮冷藏汽车基本结构

1—液氮罐 2—液氮喷嘴 3—门开关 4—安全开关

冷藏汽车装好货物后，通过控制器设定车厢内要保持的温度，而感温器则把测得的实际温度传回温度控制器，当实际温度高于设定温度时，则自动打开液氮管道上的电磁阀，液氮从喷嘴喷出降温，当实际温度降到设定温度后，电磁阀自动关闭。液氮由喷嘴喷出后，立即吸热汽化，体积膨胀高达 600 倍，即使货堆密实，没有通风设施，N_2也能进入货堆内。冷的 N_2下沉时，在车厢内形成自然对流，使温度更加均匀。为了防止液氮汽化时引起车厢内压力过高，车厢上部装有安全排气阀，有的还装有安全排气门。

液氮冷藏汽车的优点是装置简单，初期投资少，与机械制冷装置相比质量大大减小，降温速度很快，能够较好地保持食品的质量。其缺点是液氮成本较高，长途运输时必须装备大的液氮容器，使货物有效载货量下降，而且运输途中液氮补给困难。

3. 蓄冷板冷藏汽车

蓄冷板冷藏汽车利用蓄冷板中充注的低温共晶溶液蓄冷和放冷，实现冷藏汽车的降温。常用的低温共晶溶液有乙二醇、丙二醇的水溶液及氯化钙、氯化钠的水溶液。不同的共晶溶液有不同的共晶点，蓄冷板内充注的共晶溶液可根据冷藏温度要求选择。所选择的低共晶溶液的冰点，应比车厢内货物冷藏温度低 8~10℃。通常，蓄冷板冷藏汽车的冷藏温度分 5℃、-5℃和-18℃三级，分别适用于保鲜货、冷藏货和冻结货的运输。

蓄冷板一般厚 50~150mm，外表面是钢板壳体，其内腔充注蓄冷用的低温共晶溶液，内装有充冷用的盘管，即制冷蒸发器。制冷剂在蒸发盘管内气化时，使共晶溶液冻结，完成对蓄冷板的“充冷”。当蓄冷板装入汽车车厢后，冻结的共晶体即不断吸热，进行“放冷”，使车内降温，并维持与共晶溶液凝固点相当的冷藏温度。在蓄冷板内，共晶体吸热全部融化后，可再一次充冷，以备下一次继续使用。图 3-14 所示为蓄冷板冷藏车结构示意图。

蓄冷板冷藏汽车的优点是：设备费用比机械制冷少；可以利用夜间廉价的电力为冷冻板蓄冷；降低运输成本；无噪声而且故障少。缺点是蓄冷能力有限，冷却速度慢，不适合较长距离运输冻结食品。

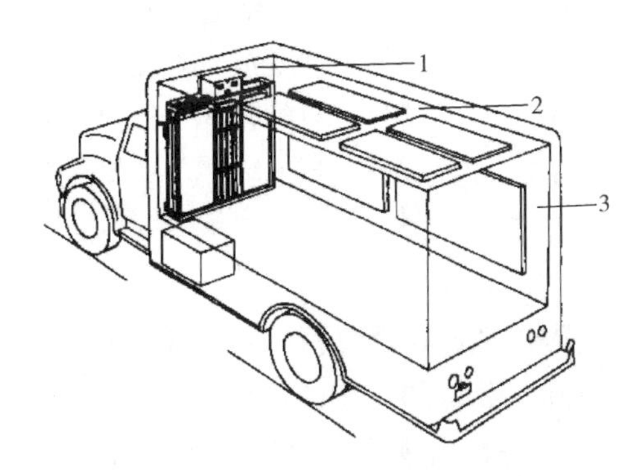

图3-14 蓄冷板冷藏车结构示意图

1—前壁 2—厢顶 3—侧壁

（二）铁路冷藏车

在食品冷藏运输中，铁路冷藏车具有运输量大、速度快的特点，它在食品冷藏运输中占有重要地位。良好的铁路冷藏车应具有良好的隔热性能，并设有制冷、通风和加热装置。它能适应铁路沿线和各个地区的气候条件变化，保持车内食品必要的贮运条件，在要求的时间完成食品运送任务。

铁路冷藏车分为机械冷藏车、冰冷藏车、蓄冷板式冷藏车、液氮和干冰冷藏车等，其中机械冷藏车与冰冷藏车在我国使用最为广泛。

1. 铁路机械冷藏车

铁路机械冷藏车是以机械式制冷装置为冷源的冷藏车，它是目前铁路冷藏运输中的主要工具之一。铁路机械冷藏车具有制冷快、温度调节范围大、车内温度分布均匀和运送迅速等特点。在运输易腐食品时，工况要求是：对未预冷的果蔬，能从25～30℃冷却到4～6℃；在0～6℃的温度下运送冷却物；在-12～-6℃的温度下运送冻结物；在11～13℃的温度下运送香蕉等货物。铁路机械冷藏车适应性强，能实现制冷、加热、通风换气，以及融霜的自动化。新型机械冷藏车还设有温度自动检测、记录和安全报警装置。

2. 加冰铁路冷藏车

加冰铁路冷藏车具有一般铁路棚车相似的车体结构，但设有车壁、车顶和地板隔热、防潮结构，装有气密性好的车门。一般其车壁用厚170mm，车顶用厚196mm的聚苯乙烯或聚氨酯泡沫塑料隔热防潮，地板采用玻璃棉及油毡复合结构隔热防潮，还设有较强的承载地板和镀锌铁皮防水及离水格栅等设施。加冰铁路冷藏车是以冰或冰盐作为冷源，利用冰或冰盐混合物的融解热，使内温度降低，冷藏车内获得0℃及0℃以下的低温。加冰铁路冷藏车结构简单、造价低，冰和盐的冷源价廉易购，但车内温度波动较大，温度调节困难，使用局限性较大，近年已被机械冷藏车等逐步取代。

（三）冷藏船

冷藏船主要用于渔业，尤其是远洋渔业。远洋渔业的作业时间很长，有的长达半年以上，必须用冷藏船将捕捞物及时冷冻加工和冷藏。此外，由海陆运输易腐食品也必须用冷藏船。现在国际上的冷藏船分为3种：冷冻母船、冷冻运输船、冷冻渔船。

冷冻母船是万吨以上的大型船，有冷却、冻结装置，可进行冷藏运输。冷冻运输船包括集装箱船，它的隔热保温要求很严格，温度波动不超过±5℃。冷冻渔船一般是指备有低温装置的远洋捕鱼船或船队中较大型的船。冷藏船包括带冷藏货舱的普通货船和只有冷藏货舱的专业冷藏船，此外还有专门运输冷藏集装箱的船和特殊货物冷藏运输船。

（四）冷藏集装箱

冷藏集装箱是具有一定隔热性能、能保持一定低温、适用于各类食品冷藏贮运而进行特殊设计的集装箱，是国际上公认的一种经济合理的运输工具。在陆、海、空运输中占有重要地位和作用。冷藏集装箱出现于20世纪60年代后期，其具有钢质轻型骨架，内外贴有钢板或轻金属板，两板之间充填玻璃棉、聚苯乙烯和发泡聚氨酯等隔热材料。用冷藏集装箱运输的优点是：更换运输工具时，不需要重新装卸食品；箱内温度可以在一定的范围内调节，箱体上还设有换气孔，因此能适应各种易腐食品的冷藏运输要求，而且温差可以控制在±1℃之内，避免了温度波动对食品质量的影响；集装箱装卸速度很快，使整个运输时间明显缩短，降低了运输费用。

四、典型食品冷藏链

（一）蔬菜冷藏链

由于蔬菜的品种、产地、不同的生长期等都会影响到冷藏链的设置，所以蔬菜所需的冷藏链的要求较为复杂。冷藏链采用的技术主要手段包括预冷却、包装、环境控制、运输传送平台、配送和冷藏。运输是蔬菜冷链流通中连接蔬菜产销和推动冷链畅通的重要工作环节，一般应选择有利于保护产品、运输效率高、成本低廉的运输方式。由于运输受环境变化的影响大，所以要求运输快，还应采取必要的控温措施和技术处理。最佳运输时间要根据温度、运途长短和蔬菜的产品质量状况来确定。目前，我国大多采用机械冷藏库的方法贮藏蔬菜。在贮藏期间，应确定和控制好每种蔬菜的贮藏温度和相对湿度，并确定贮藏期限。叶菜类冷藏链见图3－15。

（二）冷却肉冷藏链

冷却肉冷藏链就是保证冷却肉屠宰、加工、运输等各个环节都能维持低温状态（0～4℃），从而实现冷却肉冷链不间断，提高冷却肉的品质及安全性。推荐的冷却肉冷藏链工艺条件如下：屠宰后的猪胴体在冷却间2～4℃环境下胴体冷却排酸24h。冷却肉出厂运输时，先根据运输车辆情况将月台封闭滑升门升起到相应位置，连接车辆密封对接装置，将冷却后的猪胴体通过冷却间月台连接廊输送到冷藏车前，调节轨道提升装置到合适位置，将吊挂的猪胴体装入冷藏运输车，要求月台连接廊温度控制在8～10℃，停留时间不超过0.5～1h；通过冷藏运输车将冷却肉运输到分割配送中心，对该环节冷链的要求是冷藏输送车控制温度在8～10℃，运输时间最好不超过5h；连接轨道提升装置，将吊挂的猪胴体输送存放于冷藏间，然后在分割车间（不超过4℃）进行分割、包装，最终成品出厂。终端销售平台的要求为0～4℃贮藏和销售陈列。冷却肉冷藏链见图3－16。

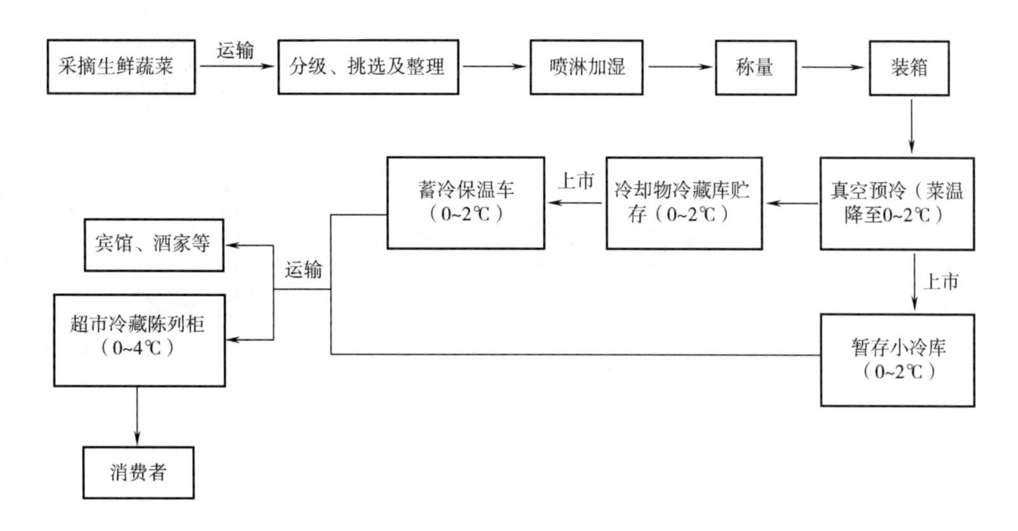

图3-15 叶菜类冷藏链

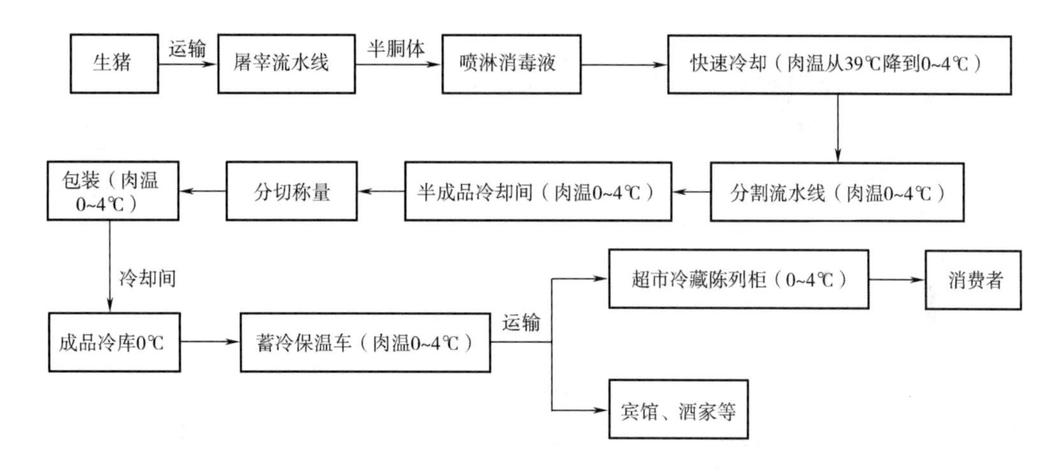

图3-16 冷却肉冷藏链

思考题

1. 食品的冷却方法有哪些？各适合于哪些食品的冷却？
2. 食品冷却冷藏过程中的变化有哪些？
3. 冻结速度与冰结晶分布之间有怎样的关系？
4. 食品在解冻过程中会产生哪些品质变化？
5. 简述实施食品冷链的意义及与食品安全之间的关系。

CHAPTER 4

第四章 食品的热处理技术

第一节 热处理技术原理

【学习目标】

1. 掌握热处理技术原理。
2. 熟悉典型热处理方法。
3. 理解商业无菌。

【基础知识】

一、热处理技术

热处理技术是食品加工与保藏中最重要的处理方法之一。热处理过程可杀灭微生物，使酶失去活性，并改善食物性质如颜色、风味、质地等，还能破坏食物中某些抗营养因素如胰蛋白酶抑制剂等，进而提高食品中营养成分的可利用率和可消化性等。但若热处理温度过高或时间过长，热处理也会造成食品营养成分的损失以及色、香、味、质构等感官质量因素的不良变化。因此，热杀菌处理的最高境界是既达到杀菌及钝化酶活性的要求，又尽可能使食品的质量因素少发生变化。常见的热处理加工方式及作用见表4－1。

表4－1 常用的热处理过程及其效果

热处理		产品	工艺参数	预期变化	不良变化
保藏处理	热烫	蔬菜、水果	蒸汽或热水加热到90～100℃	钝化酶，除氧，减菌，减少生苦味，改变质构	营养损失、流失，色泽变化
	巴氏杀菌	乳、啤酒、果汁、肉、蛋、面包、即食食品	加热到75～95℃	杀灭致病菌	色泽变化，营养变化，感官变化

续表

热处理		产品	工艺参数	预期变化	不良变化
保藏处理	杀菌	乳、肉制品、水果、蔬菜	加热到 >100℃	杀灭微生物及其孢子	色泽变化，营养变化，感官变化
转化处理	蒸煮	蔬菜、肉、鱼	蒸汽或热水加热到 90~100℃	钝化酶，改变质构，蛋白质变性，杀菌，降低水分	营养损失、流失，水分损失
	烧烤	肉、鱼	干空气或湿空气加热到 >215℃	改变色泽，形成外壳，蛋白质变性，杀菌，降低水分	营养损失，有诱变性物质
		面包		形成外壳，淀粉糊化，结构和体积变化，水分减少，色泽变化	
	油炸	肉、鱼、土豆	油中加热到 150~180℃	形成外壳，色泽变化，蛋白质变性，淀粉糊化	营养素损失、流失

二、典型的热处理方法

食品热处理的作用因热处理方法的不同而异。典型的食品热处理方法主要包括热烫和热杀菌等，其中热杀菌主要包括巴氏杀菌和商业杀菌。而对于某种热处理，为达到同样的热处理目的，它也可以根据热处理的对象、加热介质和加热设备等而采取不同的热处理方法。

（一）热烫

热烫（Blanching），又称烫漂、杀青、预煮，在食品加工上的用途非常多，许多加工的前处理都有热烫的程序，通常应用于蔬菜和水果等固体食品物料。

热烫的首要作用是破坏和钝化食品中的酶类，使其失去活性，处理的目标酶随产品而异。食品在冷藏和冻藏前钝化酶活力是必不可少的，因为水果和蔬菜中的许多酶在低温贮藏时仍然保持活性，造成产品质量的败坏。许多干制食品在脱水前也需要进行热烫，因为脱水时的温度不足以使食品内部的酶失活，仅仅是水分含量的减少并不能控制酶的活性。热烫还应用于更强烈的热处理过程如果蔬类罐头等的商业杀菌之前，此时，热烫可以防止物料在商业杀菌之前的预处理阶段以及商业杀菌的升温过程中因酶促活动而造成的质量下降。其次，热烫还具有一定的杀菌和洗涤作用，不同强度的热烫可以不同程度地破坏食品中的微生物，减少微生物营养细胞的数量，特别是残留在产品表面的微生物，对后续防腐处理有辅助作用。在蔬菜和水果的加工中，热烫也有助于清洗产品，与去皮等后序工序相结合，以节省能源。此外，热烫可以排除食品组织中的气体，使食品装罐后形成良好的真空度及减少氧化作用。热烫还能软化食品组织，以利于食品向容器中装填。热烫也起到一定的预热作用，有利于装罐后缩短杀菌升温所需的时间。

热烫处理就是将食品与加热介质相接触，以使食品中心的温度快速上升至某一预定的温度，并恒温保持一段时间，然后被迅速冷却至室温，以保持果蔬的脆嫩度。根据热烫加热介质的种类和加热方式的不同，可分为热水热烫、蒸汽热烫和微波热烫等，其中又以热水热烫和蒸汽热烫较为常用。表 4-2 所示为部分蔬菜热水热烫的工艺条件。

表 4-2 部分蔬菜热水热烫的条件

品种	温度/℃	时间/min	品种	温度/℃	时间/min
菜豆	95 ~ 100	2 ~ 3	花菜	93 ~ 96	1 ~ 2
豌豆	96 ~ 100	1.5 ~ 3	茎柳菜	93 ~ 96	1 ~ 2
蚕豆	95 ~ 100	1.5 ~ 2.5	芦笋	90 ~ 95	1.5 ~ 3
毛豆	93 ~ 96	1.5 ~ 2.5	蘑菇	96 ~ 98	4 ~ 6
青刀豆	90 ~ 93	1.5 ~ 2.5	马铃薯	95 ~ 100	2 ~ 3
胡萝卜	93 ~ 96	1 ~ 3	甜玉米	96 ~ 100	3 ~ 4

热烫温度根据处理的物料而变化，通常是以食品中耐热性酶的活力消失作为判断热烫成败的标志。例如，在大多数蔬菜中发现的两种耐热酶是过氧化氢酶和过氧化物酶，尽管两者不会引起贮藏期的腐败，但常把它们视为热烫成败的标志性酶，其中过氧化物酶尤其耐热，因此若剩余的过氧化物酶活力消失，则表示其他较不耐热的酶已被破坏。

（二）巴氏杀菌

巴氏杀菌（Pasteurization）又称低温杀菌，是以 100℃以下温度的加热方式，主要目的为杀灭致病性微生物，包括病原菌与无芽孢菌等。此方法由于是法国微生物学家路易斯·巴斯德最早用于牛乳的杀菌故加以命名。经巴氏杀菌后的食品中仍会含有腐败菌，因此必须辅以其他保藏方式，如冷藏、降低 pH（≤4.6）、高糖度或盐分等条件贮存才能确保安全。巴氏杀菌主要用于酒精饮料、牛乳、果汁等液体食品。

一般根据加热温度高低，又将巴氏杀菌分为低温长时杀菌法（low temperature long time，LTLT）与高温短时杀菌法（high temperature short time，HTST）两种。

1. 低温长时杀菌法

以牛乳为例，最早的低温长时杀菌法是用 62℃、保持 30min 的杀菌条件，其目的主要是杀死肺结核杆菌。由于牛乳中有许多致病性微生物，其中可使人与牛都感染的病原菌中，最耐热者为肺结核杆菌（*Mycobacterium tuberculosis*），因此在此条件杀菌可以将所有人、牛感染的致病微生物杀灭，确保食用此杀菌后的牛乳不会致病。后来发现，牛乳中有一种立克次体（Rickettsia）比肺结核杆菌更耐热，称为贝纳特氏立克次体（*Coxiella burnetii*），此种立克次体会引起 Q 热（Q fever），为一种人畜共同感染的急性热病，典型症状包括突发性高烧、头痛（尤其后脑部位）、虚弱、身体不适、肌肉痛、喉咙痛和盗汗。因此，将牛乳的巴氏杀菌条件改为 63℃，保持 30min。

低温长时杀菌法属于间歇式操作，其特点为设备简单、方便，能完全杀死致病菌。

缺点为不能杀死耐热性细菌、孢子，以及会残存一些酶，同时设备较大，杀菌时间较长，因属批式加工，易造成加工瓶颈。

2. 高温短时杀菌法

高温短时杀菌法是相对于低温长时杀菌法的一种巴氏杀菌法。以市售鲜乳为例，牛乳的高温短时杀菌条件为72～75℃、保持15～20s。由于高温短时杀菌时间较短，因此可以进行连续式的加工。

高温短时杀菌法的特点为所需空间少（仅为低温长时杀菌法的20%左右）、处理量大、可连续化生产、可在密闭条件下进行操作，减少污染的机会。另外，加热时间短，营养成分损失少，较无蒸煮味。工业上高温短时杀菌法由于需要快速有效的热传导，通常采用刮板式或管式换热器。

低温长时杀菌法和高温短时杀菌法并非一成不变，其条件取决于食品成品与pH等因素。如冰淇淋原料的杀菌条件就与市售鲜乳不同，其低温长时杀菌条件为70℃、保持30min，高温短时杀菌条件为80～85℃、保持15～20s。不同食品巴氏杀菌的目的和条件见表4－3。检验牛乳巴氏杀菌是否完全或已杀菌鲜乳是否受到未杀菌生乳的污染，可分析其碱性磷酸酶（alkaline phosphotase）的活性。

表4－3　　不同食品巴氏杀菌的目的及条件

食品		主要目的	次要目的	作用条件
pH≤4.6	果汁	杀灭酶（果胶酶和聚半乳糖醛酸酶）	杀死腐败菌（酵母菌和霉菌）	65℃，30min； 77℃，1min
	啤酒	杀死腐败菌（野生酵母、乳杆菌和残存酵母）		88℃，15s； 65～68℃，20min； 72～75℃，1～4min
pH >4.6	牛乳	杀死致病菌（普鲁士菌、结核杆菌）	杀死腐败菌及灭酶	63℃，30min； 71.5℃，15s
	液态蛋	杀死致病菌（沙门氏菌）	杀死腐败菌	64.4℃，2.5min； 60℃，3.5min
	冰淇淋	杀死致病菌	杀死腐败菌	65℃，30min； 71℃，10min； 80℃，15s

（三）商业杀菌

商业杀菌（commercially sterilization）相对于巴氏杀菌是一种较强烈的热处理形式，加热温度超过100℃，常用的加热温度为121℃。商业杀菌可使所有的病原性微生物、产生毒素的微生物以及其他可能在通常的贮存条件下繁殖并导致食品腐败的微生物完全被破坏，这种热处理强度也足以钝化酶，使杀菌后的食品符合货架期的要求，但这种效果只有密封在容器内的食物才能获得（以避免食物再次受到污染）。经商业杀菌处理的食品并非达到完全无菌，只是杀菌后食品中不含致病菌，可能仍然存在一些抗热性的细菌孢子，但这些细菌孢子在常温无冷藏状态下不再繁殖，且无有害人体健康的活性微生物或孢子存在，产品仍具有商品价值，这种无菌程度被称为商业无菌。

商业杀菌多数用于罐头的加工，且通常用于低酸性食品，其针对的微生物为肉毒杆菌（*Clostridium botulinum*），罐头食品经商业杀菌后，往往可保存两年以上。

（四）灭菌

灭菌（sterilization）也称为绝对灭菌，是将所有微生物及孢子完全杀灭的加热处理方法。食品到达完全无菌的程度，必须使其每一部分都接受121℃高温、保持15min以上（加热温度与商业杀菌相同，但时间长很多）或更高温而等杀菌值的时间。有些罐头食品的内容物传热速度相当慢，可能需要数小时才能达到完全无菌，因此一旦经过灭菌处理后，食品品质（质地、颜色、香味）可能已变劣至无商品价值。

第二节　热处理对食品的影响

【学习目标】

1. 掌握微生物热致死反应的特点和规律。
2. 熟悉热处理对微生物、酶和食品成分的影响。
3. 理解安全界值。

【基础知识】

一、 食品热处理的反应动力学

要控制食品热处理的程度，必须了解热处理时食品中各成分（微生物、酶、营养成分和质量因素等）的变化规律，主要包括：①在某一热处理条件下食品成分的热处理破坏反应的反应速率；②温度对这些反应的影响。食品中各成分的热破坏反应一般都遵循一级反应动力学，即各成分的热破坏反应速率与反应物的浓度呈正比关系，在足以达到热灭活或热破坏的温度下，单位时间内食品成分被灭活或被破坏的比例是恒定的。相对于食品成分，食品中的微生物破坏较为复杂，下面以微生物的热致死为例说明热破坏反应的动力学。

1. 热力致死速率曲线与 D 值

将某种细菌的营养细胞（或孢子）置于缓冲液或食品中，在某一热致死温度下，随着时间的推移，其残存数量逐步减少。以热处理时间为横坐标，以残存微生物数量的对数为纵坐标，就可以得到一条直线，即热力致死速率曲线（thermal death rate curve），表示某一种特定的微生物在特定的温度和条件下，其总数量随时间的延续所发生的变化，见图4-1。

如图4-1所示，对微生物的破坏是按对数比例的速度进行，因此，致死速率是以

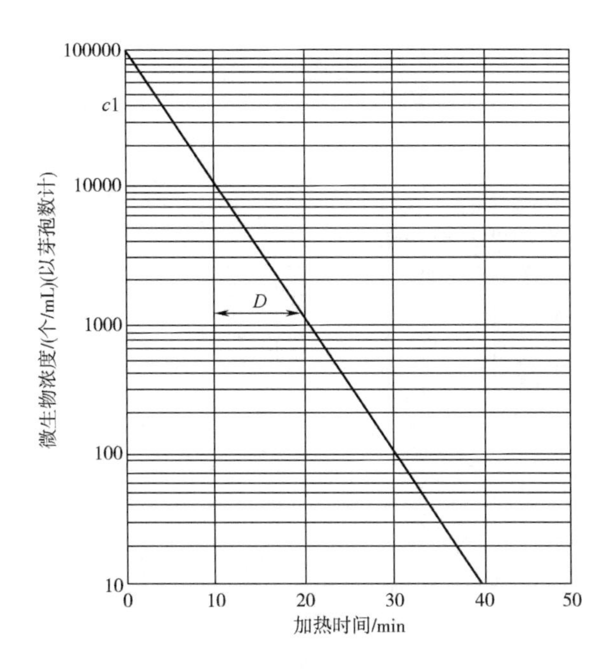

图 4-1　热力致死速率曲线

微生物的残存数量来表示。D 值（D-value）表示在一定的处理环境中和在一定的热力致死温度条件下杀死 90% 原有特定的微生物所需要的时间，称为指数递减时间。很显然，D 值的大小可以反映微生物的耐热性。在同一温度下比较不同微生物的 D 值时，D 值愈大，表示在该温度下杀死 90% 微生物所需的时间愈长，即该微生物愈耐热。D 值随热处理温度、菌种、细菌或芽孢所处的环境和其他因素而异。由于上述致死速率曲线是在一定的热处理温度下得出的，为了区分不同温度下微生物的 D 值，一般热处理的温度 T 作为下标，标注在 D 值上，即为 D_T。

2. 热力致死时间曲线与 Z 值

从热力致死速率曲线中也可看出，在恒定的温度下经一定时间的热处理后，食品中残存微生物的活菌数与食品中初始的微生物活菌数有关。为此人们提出热力致死时间（thermal death time，TDT）值的概念。热力致死时间是指在某一恒定温度条件下，将食品中的某种微生物活菌（细菌和芽孢）恰好全部杀死所需要的时间（min）。热力致死时间与环境条件、微生物的种类和数量等因素有关。

与热力致死速率曲线相类似，若以热处理温度为横坐标，以热力致死时间的对数为纵坐标，也可得到一条直线，即热力致死时间曲线（thermal death time curve），用以表示热力致死时间随热处理温度的变化规律，见图 4-2。

从热力致死时间曲线中可以清楚看出，使热力致死时间值降低一个对数周期（即热致死时间降低 10 倍）所需要升高的温度数，也就是热力致死时间变化 90% 所对应的温度变化值是相同的，该值即为 Z 值（Z-value）。

对于一个给定的食品，其中存在的不同种类微生物具有不同的 Z 值。同样地，不同食品中的某一特定微生物也具有不同的 Z 值。Z 值代表微生物对不同致死温度的相对抵

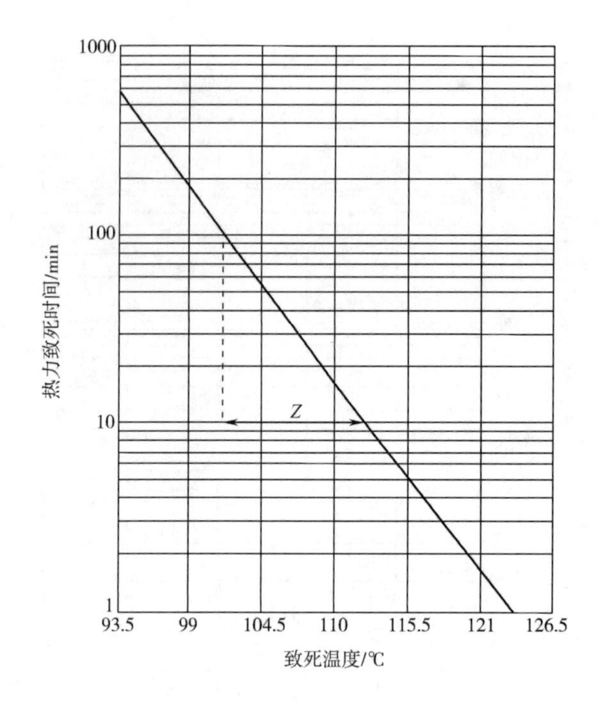

图 4-2　热力致死时间曲线

抗力。Z 值越大，表示耐热性越高；Z 值越小，表示对温度的敏感程度越高。要取得同样的热处理效果，在较高温度下所需的时间比在较低温度下的短，这也是高温短时（HTST）和超高温瞬时杀菌（UHT）的理论依据。不同的微生物对温度的敏感程度不同，提高温度所增加的破坏效果不一样。

3. *F* 值

在特定温度下，杀死特定 Z 值的一定数量微生物所需的时间，称为 F 值（F - value），可用来测定热处理的杀菌能力，单位为时间。F_0是采用 121.1℃杀菌温度时的热力致死时间，单位为 min，即 $TDT_{121.1}$。不同的杀菌温度 - 时间组合间可以进行比较。为了方便进行比较，公认 121.1℃（250℉）为标准杀菌温度。对于其他的杀菌温度，也常见用 F_T表示，即将温度标示于下标。F_0值与菌种、菌量及环境条件有关。显然，F_0值越大，菌的耐热性越强。利用热力致死时间曲线，可将各种杀菌温度 - 时间组合换算成 121.1℃时的杀菌时间：

$$F_0 = t\lg^{-1}[(\theta - 121.1)/Z] \tag{4-1}$$

反之，只要知道某种菌的 F_0值，也就可以算出在任意温度 θ 时的杀菌时间 t（即 TDT_T值或 F_T值）：

$$t = F_0\lg^{-1}[(121.1 - \theta)/Z] \tag{4-2}$$

4. 安全界值

食品应加热到何种程度，须视加热处理前食品中微生物含量及预期达到的残留微生物含量而定，其关系为：

$$F = D(\lg a - \lg b) \tag{4-3}$$

若罐头初始污染量为10^9（a），预期杀菌后使微生物污染量降至10^0（b），则加热杀菌时间F值需要$9D$的时间。

为安全起见，罐头工厂对低酸性食物中的肉毒杆菌孢子会使用$12D$时间的热处理，即将每1g含10^{12}个孢子减至1个孢子（10^0）。由于即使是高度腐败的食品，其含菌量超过100万个/罐的可能性也很小，所以$12D$的热处理足以将罐内的微生物全部杀死。若一批罐装食品的起始含菌量为1亿/罐，那么从统计的角度来看，经$12D$的热处理，每1000罐中可能有1罐还有1个活的微生物或孢子存在，而其他的999罐是无菌的。若每罐中的起始含菌量为100万（超过正常值），那么经$12D$的热处理，每100万罐中将有999999罐是完全无菌的。由于$12D$热处理是基于杀死肉毒梭状芽孢杆菌设计的，那么其他食品中可能存在的耐热性较差的孢子形成体、不形成孢子的病原体或腐败菌，这样的热处理强度是绰绰有余的。

对于低酸性食品来说，如果把生芽孢梭状芽孢杆菌PA3679作为对象菌，$5D$热处理的强度与以肉毒梭状杆菌为对象菌时$12D$的热处理强度是等价的，而且$5D$的热处理足以使产品中的病原体全部死亡，产品在放置过程中也不会出现由微生物引起的腐败。对于易被平酸菌腐败的罐头，因嗜热脂肪芽孢杆菌的D值高达3~4min，若仍取$12D$，则因加热时间过长，食品的感官品质不佳，所以一般取4~$5D$，最多为$6D$。一般还要比较肉毒杆菌的$12D$和其他嗜热菌的4~$6D$，哪个更大就取哪个为目标F_0。

上述的D值和Z值不仅能表示微生物在热处理时的变化情况，也可用于反映食品中的酶、营养成分和食品感官指标的热破坏情况。

二、热处理对微生物的影响

食品中的微生物是导致食品不耐贮藏的主要原因，微生物的耐热性主要受下列因素的影响。

（一）微生物的种类和数量

不同微生物的最适生长温度不同，见表4-4。大多数微生物以常温或稍高于常温为最适生长温度，当温度高于微生物的最适生长温度时，微生物的生长就会受到抑制，而当温度高到足以使微生物体内的蛋白质发生变性时，微生物即会出现死亡现象。

表4-4　微生物的适应生长温度　单位：℃

微生物类群		最低生长温度	最适生长温度	最高生长温度	举例
嗜热菌		30~45	50~70	70~90	温泉、堆肥中微生物
嗜温菌	中温菌	5~15	30~45	45~55	腐败菌、病原菌
	低温菌	-5~5	25~30	30~35	
嗜冷菌		-10~5	12~15	15~25	水和冷库中的微生物

一般认为，微生物细胞内蛋白质受热凝固而失去新陈代谢的能力是加热导致微生物死亡的原因。因此，细胞内蛋白质受热凝固的难易程度直接关系到微生物的耐热性。

微生物的菌种不同，耐热的程度不同。细菌、酵母和霉菌都可能引起食品的变质，其中细菌是引起食品腐败变质的主要微生物，细菌中非芽孢细菌在自然界中存在的种类最多，污染食品的可能性也最大，但这些菌的耐热性并不强，巴氏杀菌即可将其杀死。细菌中耐热性最强的是芽孢菌，各种芽孢中，嗜热菌的芽孢耐热性最强，厌氧菌的芽孢次之，需氧菌的芽孢最弱，厌氧芽孢菌中的肉毒梭状芽孢杆菌常作为罐头杀菌的对象菌。表4－5所示为食品中一些典型芽孢菌的耐热性参数。酵母菌和霉菌引起的变质多发生在酸性较高的食品中，它们的耐热性都不是很高，酵母（包括酵母孢子）在100℃以下的温度也容易被杀死。

表4－5　　食品中一些典型芽孢菌的耐热性参数

芽孢菌	D_{121}/min	Z/℃	食品
嗜热脂肪芽孢杆菌	4.0	10	蔬菜、乳
嗜热解糖梭状芽孢杆菌	3.0～4.0	7.2～10	蔬菜
生芽孢梭状芽孢杆菌（PA3679）	0.8～1.5	8.8～11.1	肉
枯草芽孢杆菌	0.5～0.76	4.1～7.2	乳制品
肉毒梭状芽孢杆菌A和B型	0.1～0.3	5.5	低酸性食品
肉毒梭状芽孢杆菌E型	3.0（D_{60}）	10	低酸性食品

另外，即使是同一菌种，其耐热性也会因热处理前菌龄、培养条件、贮藏环境的不同而异。金黄色葡萄球菌、粪链球菌、桑夫顿堡沙门氏菌等的耐热性随发育进程而发生变化，稳定期细胞的耐热性要比对数期细胞的耐热性强。芽孢也有这种趋向，成熟芽孢的耐热性比未成熟的芽孢强。不管是细菌的芽孢还是营养细胞，一般情况下，培养温度越高，所培养的细胞及芽孢的耐热性就越强。培养基的组成成分对微生物的耐热性也会产生较大的影响，例如，在含有磷酸或镁的培养基中生长出的芽孢具有较强的耐热性，在含有碳水化合物和氨基酸的环境中培养的芽孢耐热性也有所增强。

食品在热处理前，其中可能被各种各样的微生物污染，微生物的种类及数量取决于原料的状况（来源及贮运过程）、工厂的环境卫生、车间卫生、机器设备和工器具的卫生、生产操作工艺条件、操作人员个人卫生等因素。腐败菌或芽孢全部死亡所需要的时间随原始菌数而异，原始菌数越多，全部死亡所需要的时间越长。因此罐头食品杀菌前被污染的菌数和杀菌效果有直接的关系。如表4－6所示，在对甜玉米罐头的杀菌试验中，加入辅料糖的卫生质量对试验结果产生了决定性的影响。正因为如此，食品工厂的卫生状况直接影响到产品的质量，并且是评判工厂产品质量是否合格的指标之一。

表4－6　　原始菌数和玉米罐头杀菌效果的关系

121℃时的杀菌时间/min	发生平盖酸败的比例/%		
	无糖	60个芽孢/10g糖	2500个芽孢/10g糖
70	0	0	95.8
80	0	0	75.0
90	0	0	54.2

（二）热处理温度

在微生物最高生长温度以上的温度就可以导致微生物的死亡。显然，微生物种类不同，其最低热致死温度也不同。对于规定种类、规定数量的微生物，选择了某一个热致死温度，微生物的死亡就取决于在这个温度下维持的时间。如表4－7所示的枯草芽孢杆菌的一次试验数据表明，提高温度可以减少致死时间，热处理温度越高，热处理时间越短。

表4－7 杀菌温度与致死时间

温度/℃	100	105	110	115	120	125
致死时间/min	124	110	80	70	40	30

（三）食品成分的影响

1. pH

在食品各种成分中，pH对微生物耐热性的影响较为突出。这是因为微生物繁殖、酶反应及细胞的表层构造、机能都会直接受到食品pH的影响，并对各代谢系统产生作用。足够强度的酸使细菌蛋白质变性，如同食品蛋白质变性一样，直接影响到食品的杀菌和安全。另一方面，食品的pH大致都在2～7。多数微生物生长于中性或偏碱性的环境中，过酸或过碱的环境都有削弱其耐热性的趋势。

大多数芽孢杆菌在中性范围内耐热性最强，pH <5时芽孢就不耐热，此时耐热性的强弱常受其他因素的影响。某些酵母的耐热性在pH 4～5最强。表4－8所示为几种细菌耐热性最强时测到的pH。Xezones和Hutchings在pH 4.0～7.0范围内对肉毒杆菌62A在110～118.3℃时的耐热性进行了研究，这种条件下，采用各种食品为供试材料，研究结果表明，无论在多高温度条件下，*D*值随pH的降低而下降，越是低温加热，其下降幅度越大。

表4－8 细菌耐热性最强时的pH

微生物种类	耐热性最强时的pH
粪链球菌	6.8
金黄色葡萄球菌	6.5
枯草芽孢杆菌芽孢	7.0～7.5
多粘芽孢杆菌芽孢	7.0
肉毒杆菌33A	6.7～7.0
鼠伤寒沙门氏菌	6.0
生芽孢梭状芽孢杆菌（PA3679）	7.0

从食品安全和人类健康的角度，一般将食品按酸度（pH）分为酸性食品（pH≤4.6）和低酸性食品（pH >4.6）两大类。这是根据肉毒梭状芽孢杆菌的生长习性来决定的。

肉毒梭状芽孢杆菌是嗜温厌氧性细菌，目前已发现有A、B、C、D、E、F和G七种类型，其中C、D和G型不产生毒素，E和F型主要存在于海洋、湖泊等环境，A和B型广泛存在于土壤中。食品热处理中易污染的产毒素菌型为A、B和E型，其中E型在加热到100℃时即会死亡，而A和B型较耐热。肉毒杆菌在生长的过程中会产生致命的肉毒素（因首先在香肠中发现，故命名），据统计，多达65%的摄入此种毒素者遭遇了不幸。在包装容器中密封的低酸性食品给肉毒杆菌提供了一个生长和产毒的理想环境。试验证明，肉毒杆菌在pH≤4.6时不会生长，也就不会产生毒素，其芽孢也受到强烈的抑制，所以pH 4.6被确定为低酸性食品和酸性食品的分界线。

对番茄、梨、菠萝及其汁类，pH <4.7，对无花果，pH≤4.9，我们一般也称之为酸性食品。在pH≤4.6的酸性条件下，肉毒杆菌不能生长，其他多种产芽孢细菌、酵母及霉菌则可能造成食品的败坏。但这些微生物的耐热性远低于肉毒杆菌，因此不需要如此高强度的热处理过程。

最终平衡pH >4.6，A_W >0.85的食品，包括酸化而降低pH的低酸性水果、蔬菜制品，都必须接受基于肉毒杆菌耐热性所要求的最低热处理量。

有些低酸性食品物料因为感官品质的需要，不宜进行高强度的加热，这时可以采取加入酸或酸性物质的办法，将食品的最终平衡pH控制在4.6以下，这类产品称为酸化食品。酸化食品就可以按照酸性食品的杀菌要求来进行处理。常见的产品有：水果如菠萝和梨，蔬菜如黄瓜、卷心菜和花菜，以及某些鱼类产品等，它们分别加入了柠檬酸、醋酸和番茄酱。

在加工食品时，可以通过适当的加酸来提高食品的酸度，以控制微生物（通常以肉毒杆菌芽孢为主）的生长，降低或缩短杀菌的温度或时间。酸与热的组合对微生物更具破坏性。表4-9所示为破坏产毒素的厌氧性肉毒杆菌孢子的要求。

表4-9　不同pH下破坏食品中肉毒杆菌孢子所需要的时间

食品种类	食品的pH	时间/min				
		90℃	95℃	100℃	105℃	108℃
去皮玉米粒	6.95	600	495	345	34	20
玉米	6.45	555	465	255	30	15
菠菜	5.10	510	345	225	20	10
青刀豆	5.10	510	345	225	20	10
南瓜	4.21	195	120	45	15	10
梨	3.75	135	75	30	10	5
李干	3.60	60	20	—	—	—

2. 盐

食品中天然含有的无机盐种类很多，生产上为了工艺目的常常会加入食盐。一般认为低浓度盐可以使微生物细胞适量脱水而蛋白质难以凝固；高浓度的盐则可使微生物细胞大量脱水，蛋白质变性，导致微生物的死亡。并且高浓度盐造成的水分活度的下降也会强烈地抑制微生物的生长。

通常食盐的浓度在2%以下时，对芽孢的耐热性有一定的保护作用，而4%以上浓度时，则可削弱其耐热性。如果浓度高于14%时，一般细菌将无法生长。盐浓度的这种保护和削弱作用的程度，常随腐败菌的种类而异。例如在115℃对加盐的青豆罐头做细菌残存率试验，（表4－10），当盐浓度为0～0.5%时，芽孢的耐热性有增强的趋势，当盐浓度为1%～2.5%时芽孢的耐热性最强，而当盐浓度增至4%时，影响甚微。

表4－10　　青豆罐头汤汁中食盐浓度与细菌残存率

食盐浓度/%	0	0.5	1.0	1.5	2.0	2.5	3.0	4.0
细菌残存率/%	15.0	37.8	86.7	73.3	75.6	78.9	40.0	13.0

3. 糖

糖的存在也会影响细菌芽孢的耐热性，食品中糖浓度的提高会增强芽孢的耐热性，糖的浓度越高，越难以杀死食品中的微生物。高浓度的蔗糖对受热处理的细菌芽孢有保护作用，这是由于高浓度的糖液会导致细菌细胞中的原生质脱水，从而降低了蛋白质的凝固速度，以致增强了芽孢的耐热性。例如酵母菌在蒸馏水中加热到100℃，几乎立即杀灭，而在43.8%的糖液中需要6min，在66.9%的糖液中需要28min。

当蔗糖浓度很低时对细菌芽孢的耐热性影响很小，而高浓度的糖液一方面会提高微生物的耐热性，另一方面又会因强烈的脱水作用（使A_W变小）而抑制食品中微生物的生长。除蔗糖外，其他糖（如葡萄糖、果糖、乳糖、麦芽糖等）的影响作用并不相同。

4. 脂肪

脂肪含量高则细菌的耐热性会增强，这是因为食品中的脂肪和蛋白质的接触会在微生物表面形成凝结层。凝结层既妨碍水分的渗透，又是热的不良导体，所以增加了微生物的耐热性。例如大肠杆菌和沙门氏菌在水中加热到60～65℃时即死亡，而在油中加热到100℃需经30min才能死亡。所以对于脂肪含量高的罐头，其杀菌强度要加大，如油浸青鱼罐头需118℃、60min，而红烧青鱼罐头则为115℃、60min。

5. 蛋白质

蛋白质或其相关物质对微生物有一定的保护作用，如明胶、血清等能增加芽孢的耐热性。试验证明，食品中蛋白质含量在5%左右时，对微生物有保护作用，蛋白质含量达15%以上时（如鱼罐头），则对耐热性没有什么影响。例如将某种芽孢放在pH 6.9的磷酸盐缓冲液中，含有1%～2%明胶的比不加明胶的耐热性要增加2倍，但其作用机制尚不十分清楚。

6. 植物杀菌素

有些植物的汁液以及它们分泌的挥发性物质对微生物有抑制或杀灭作用，这类物质就称为植物杀菌素。罐头中用到的含有植物杀菌素的原料有葱、姜、蒜、辣椒、芥末、丁香和胡椒等。如果食品中含有这些原料，就可以对杀菌有促进和协同作用，也就意味着减弱了微生物的耐热性。不过植物杀菌素因品种、器官部位、生长期等的不同而效率变化很大。

三、 热处理对酶的影响

酶的存在会导致食品在加工和保藏过程中的质量下降，主要反映在食品的感官和营养方面的质量降低。这些酶主要是氧化酶类和水解酶类，包括过氧化物酶、多酚氧化酶、脂肪氧合酶、抗坏血酸氧化酶等。如表4－11所示为与食品质量降低有关的酶类及其作用。

表4－11　与食品质量降低有关的酶类及其作用

酶的种类	酶的作用
过氧化物酶类（Peroxidases）	导致蔬菜变味、水果褐变
多酚氧化酶（Polyphenol oxidase）	导致蔬菜和水果的变色、变味以及维生素的损失
脂肪氧合酶（Lipoxygenase）	破坏蔬菜中必需脂肪和维生素A，导致变味
脂肪酶（Lipase）	导致油、乳和乳制品的水解酸败以及燕麦饼过度褐变、麸皮褐变等
多聚半乳糖醛酸酶类（Polygalacturonases）	破坏和分离果胶物质，导致果汁失稳或果实过度软烂
蛋白酶类（Proteases）	影响鲜蛋和干蛋制品的贮藏，影响面团的体积和质构
抗坏血酸氧化酶（Ascorbic acid oxidase）	破坏蔬菜和水果中的抗坏血酸（维生素C）
硫胺素酶（Thiaminase）	破坏肉、鱼中的硫胺素（维生素 B_1）
叶绿素酶类（Chlorophyllases）	破坏叶绿素，导致绿色蔬菜褪色

影响酶的耐热性主要有两种因素。

1. 酶的种类和来源

酶的种类及来源不同，耐热性相差会很大，如表4－12所示。酶对热的敏感性与酶分子的大小和结构复杂性有关，一般来说，酶的分子愈大和结构越复杂，它对高温就愈敏感。同一种酶，若来源不同，其耐热性也可能有很大的差异。

表4－12　来源不同的氧化酶的耐热性

酶	来源	pH	D_T/min
过氧化物酶	豌豆	自然	（D_{121}）3.0
过氧化物酶	芦笋	自然	（D_{90}）0.20（不耐热部分） （D_{90}）350（耐热部分）
过氧化物酶	黄豆（带荚）	自然	（D_{100}）1.14
过氧化物酶	黄豆（不带荚）	自然	（D_{95}）0.75
脂肪氧合酶	黄豆（带荚）	7.0	（D_{100}）0.32
脂肪氧合酶	黄豆（带荚）	9.0	（D_{100}）0.5
脂肪氧合酶	黄豆（不带荚）	7.0	（D_{95}）0.39
多酚氧化酶	土豆	自然	（D_{100}）2.5

食品中的过氧化物酶在加工过程中值得关注，由于它的活力与果蔬产品的质量有关，还因为过氧化物酶的耐热性较高，它的钝化常作为热处理对酶破坏程度的指标。当食品中过氧化物酶在热处理中失活时，其他酶以活性形式存在的可能性很小。表4－13所示为不同果蔬中过氧化物酶的耐热性特征。

表4－13 不同果蔬中过氧化物酶的耐热性

酶的来源	Z/℃	说明
辣根	17	不耐热部分
	27	耐热部分
菠菜	13	pH 6，分离酶
	17.5～18.0	pH 4～8，粗提取液
甘蓝	14.3	丙酮粉水提取液，不耐热部分占58%～60%
	9.6	丙酮粉水提取液，耐热部分占40%～42%
青刀豆	7.8～15.3	不同的品种；pH 5.8～6.3；热处理6s，105.8～133.6℃完全失活
茄子	11.8	pH 5.03；热处理6s，温度117.2℃完全失活
樱桃	6.8	pH 3.46；匀浆；热处理6s，温度77.2℃完全失活

2. 热处理的条件

pH、水分含量、加热等热处理的条件参数也会影响酶的失活。从上述酶的耐热性参数可以看出，热处理时的pH直接影响着酶的耐热性。一般食品的水分含量愈低，酶的耐热性愈高，这意味着食品在干热条件下灭酶效果比较差。有些酶的失活可能是可逆的，如在果蔬中的过氧化物酶和乳中的碱性磷酸酶等，在某一条件下热处理时被钝化，在食品贮藏过程中会部分得到再生。但如果热处理的温度足够高的话，所有酶的变性都将是不可逆的，这时热处理后酶也不会再生。食品的热处理向高温短时特别是超高温短时(121～150℃）方向发展后，食品贮藏过程中常出现因酶的活动而引起的变质问题，微生物虽然全部被杀死，但某些酶的活力却依然存在。加热速率影响到部分酶（例如过氧化物酶）的再生，加热速率愈快，热处理后酶活力再生的就愈多。因此采用高温短时（HTST）的方法对食品进行热处理时，应注意酶活力的再生。

四、 热处理对食品营养成分和感官品质的影响

热处理是引起食品营养性质变化的首要原因，加热对食品成分的影响可以产生有益的结果。热处理可改善营养素的可利用率，如淀粉的糊化和蛋白质的变性可提高其在体内的可消化性；热处理还能破坏食品中的抗营养成分，如禽类蛋白中的抗生物素蛋白、豆科植物中的胰蛋白酶抑制素；热处理也可改善食品的感官品质，如美化口味、改善组织状态、产生鲜艳的色泽等。

但是，热处理对食品成分产生的不良后果也是很明显的，主要体现在食品中热敏性营养成分的损失和感官品质的劣化。如热处理会改变或破坏食品形成自身风味、色泽、

味道或质地的成分，使一些热敏性成分及维生素受到破坏，降低蛋白质的生物价值（由于对氨基酸的破坏或美拉德反应的破坏），加速脂质氧化，从而降低食品的质量和价值。

食品营养成分和感官品质指标对热的敏感性也主要取决于营养素和感官指标的种类、食品的种类，以及 pH、水分、氧气含量和缓冲盐类等一些热处理时的条件。表 4 - 14 所示为一些食品成分及品质指标的热破坏参数。

表 4 - 14　　一些食品成分及品质指标的热破坏参数

食品成分	来源	pH	Z/℃	D_{121}/min	温度范围/℃
维生素 B_1	胡萝卜泥	5.9	25	158	109 ~ 149
维生素 B_1	豌豆泥	天然	27	247	121 ~ 138
维生素 B_1	羊肉泥	6.2	25	120	109 ~ 149
维生素 B_2	—	—	31.1	—	—
维生素 C	液态复合维生素制剂	3.2	27.8	1.12 天	3.9 ~ 70
维生素 B_{12}	液态复合维生素制剂	3.2	27.8	1.94 天	3.9 ~ 70
维生素 A	液态复合维生素制剂	3.2	40	12.4 天	3.9 ~ 70
叶酸	液态复合维生素制剂	3.2	36.7	1.95 天	3.9 ~ 70
d - 泛酸	液态复合维生素制剂	3.2	31.1	4.46 天	3.9 ~ 70
甲硫胺酸	柠檬酸钠缓冲液	6.0	18.6	8.4	81.1 ~ 100
赖氨酸	大豆	—	21	786	100 ~ 127
肌苷酸	缓冲液	3	18.9	—	60 ~ 97.8
叶绿素 a	菠菜	6.5	51	13.0	127 ~ 149
叶绿素 a	菠菜	天然	45	34.1	100 ~ 130
叶绿素 b	菠菜	6.5	79	14.7	127 ~ 149
叶绿素 b	菠菜	天然	59	48	100 ~ 130
类胡萝卜素	红辣椒	天然	18.9	0.038	52 ~ 65
色泽（ - a/b）	青豆	天然	39.4	25.0	79.4 ~ 148.9
美拉德反应	苹果汁	天然	25	4.52h	37.8 ~ 130
非酶褐变	苹果汁	天然	30.5	4.75h	37.8 ~ 130
品尝质量	玉米	天然	31.7	6.0	79.4 ~ 148.9
品尝质量	整青刀豆	天然	28.9	4.0	79.4 ~ 148.9
质构和烹调品质	青豆	天然	32.2	1.4	76.7 ~ 93.3
质构和烹调品质	南瓜	天然	25.6	1.5	83.5 ~ 115.5
质构和烹调品质	土豆	天然	23.3	1.2	71.7 ~ 115.5
质构和烹调品质	甜菜	天然	18.9	2.0	82.2 ~ 115.5
胰蛋白酶抑制素	豆奶	—	37.5	13.3	93.3 ~ 121.1

幸运的是，可以利用这些成分与微生物或酶之间的 D 值的差异，在热处理中使用较

高的温度和较短的时间可以更好地保持食品的营养和感官性质。

第三节　食品热处理条件的选择与确定

【学习目标】

1. 掌握热能在食品中的传递方式和特点。
2. 熟悉确定食品热杀菌条件的流程。
3. 理解加热杀菌条件的评价方法——比奇洛法。

【基础知识】

食品热处理的作用效果不仅与热处理种类有关，而且与热处理方法有关。也就是说，满足同一热处理目的的不同热处理方法所产生的处理效果可能会有差异。以液态食品杀菌为例，低温长时杀菌和高温短时杀菌可以达到同样的效果（巴氏杀菌），但两种杀菌方法对食品中的酶和食品成分的破坏效果却可能不同。

杀菌温度的提高虽然会加快微生物、酶和食品成分的破坏速率，但三者的破坏速率增加并不一样，其中微生物的破坏速率在高温下较大。因此采用高温短时的杀菌方法对食品成分的保存较为有利，尤其在超高温瞬时灭菌条件下更显著，但此时酶的破坏程度也会减小。此外，热处理过程还需考虑热的传递速率及其效果，以便合理选择实际行之有效的温度及时间条件。

选择热杀菌方法和条件时应遵循下列基本原则。首先，热处理应达到相应的热处理目的。以加工为主的，热处理后食品应满足热加工的要求；以保藏为主的，热处理后的食品应达到相应的杀菌、钝化酶等目的。其次，应尽量减少热处理造成的食品营养成分的破坏和损失。热处理过程不应产生有害物质，应满足食品卫生的要求。热处理过程还要重视热能在食品中的传递特征与实际效果。

一、热能在食品中的传递

对食品进行热处理时，热量通过温差而发生转移的传递方式有传导、对流和辐射三种。传导，是热量通过质点之间的接触来传递，热传递按直线或近似直线方向进行。这种传热方式是由组成物质的分子之间的热运动引起的，是固体中或紧密相接触的物体间相互传热的主要形式。对流，是液体物质所特有的传热方式，当液体或气体中存在着某种程度的温差时，温度不同的两个部分就会通过其密度差而发生混合，在这些流体物质中，这种混合要比通过传导更容易使温度均匀一致。辐射，是指任何物体都相应地从表面散发着热能，辐射出的热能到达另一物体时，一部分被其表面反射，一部分被该物体吸收转化为热量使物体的温度提高，另一部分则透过物体而散失。在这些传热形式中，有时热量是单独以某一种形式进行传递，但多数情况下是以两种或两种以上的形式同时进行。食品的内容物因有包装材料的阻隔，可以认为不存在辐射传热形式，传导和对流是主要的传热形式。

对于食品的热杀菌而言，具体的热处理过程可以通过两种方法完成。一种是通过热交换将食品杀菌并达到商业无菌的要求，然后装入经过杀菌的容器中密封；另一种是先将食品装入容器，然后再进行密封和杀菌。前一种方法多用于流态食品，由于热处理是在热交换器中进行，传热过程可以通过一定的方法进行强化，传热也呈稳态传热；后一种方法是传统的罐头食品加工方法，传热过程中热能必须通过容器后才能传给食品，容器内各点的温度随热处理的时间而变，属非稳态传热，而且传热的方式与食品的状态有关，传热的过程较为复杂。下面主要是以后一种情况为主，研究热能在食品中的传递。

（一）传热方式

在进行热处理时，食品不断从加热介质（如蒸汽、沸水等）吸收热量，食品内各部位的温度因热量的积聚而上升，食品中部常成为接受热量最缓慢的部位。为能准确地评价食品在热处理中的受热程度，必须找出能代表食品内温度变化的温度点，通常人们选食品内温度变化最慢的点（cold point）温度，即加热时该点的温度最低（此时又称最低加热温度点，slowest heating point），冷却时该点的温度最高，因此该点被称为冷点。每种食品冷点的位置可通过热敏电偶实际测定来确定。食品热处理时，若其冷点位置达到了热处理的要求，则其他各处肯定也达到或超过了要求的热处理程度。食品中冷点温度的变化与热处理时的传热方式密切相关。

1. 传导

传导传热时，包装材料内的食品处于静止状态，且没有任何形式的循环将冷、热食品混合。由于传热的过程是从包装材料外壁传向食品的中心处，所以食品的冷点位置在食品的几何中心，如图 4－3 所示。固态的、黏稠度高的食品，在加热或冷却过程中不能流动的食品主要以传导的方式进行热量传递，其热穿透的速率较慢，例如午餐肉、烧鹅、火腿等肉制品的传热形式主要为传导。

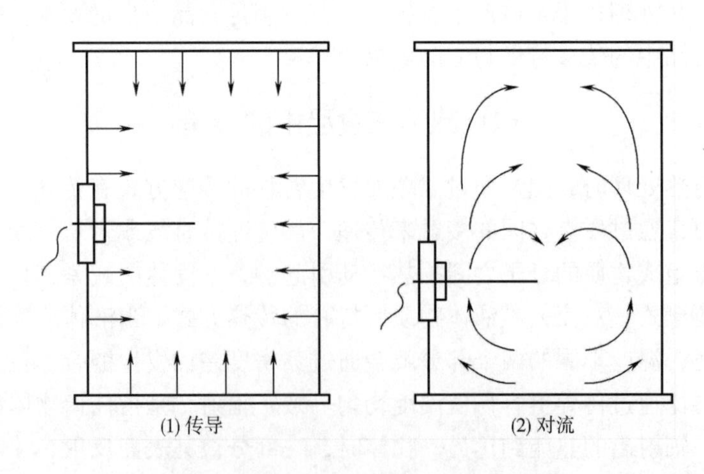

图 4－3　传导和对流时罐头的冷点位置

2. 对流

液态食品在加热介质影响下，部分物料受热迅速膨胀，密度降低，将热能在运动过程中传递给相邻分子，形成了液体循环流动，因而在加热和冷却过程中食品内各点温度比较接近，温差很小。对流传热型食品的冷点处在中心轴偏下的部分，如图 4－3 所示。对流传热型热处理需要的加热和冷却时间比较短。在生产实践中还可以进一步划分为对流迅速加热和缓慢加热两类，不同食品的热量传递方式见表 4－15。

在自然对流中，食品中受热部分因相对密度减轻而相对上浮，从而形成罐内循环，并使得罐装食品整体温度上升的速度加快。用机械的方式强迫形成的循环则称为强制对流，例如可以通过旋转或搅拌罐头来加强，如旋转式杀菌设备。

表 4－15　　不同食品的热量传递方式

热传递方式	食品种类
对流传热型加热速度快的食品	果汁、蔬菜汁、肉汁、稀汤汁等
对流传热型加热速度慢的食品	有汁液的水果小片、蔬菜、肉制品、鱼肉制品，有汁液和少量淀粉的蔬菜丝（条）等
呈先对流后传导型或先传导后对流型带有转折点的食品	汤汁鸡蛋面制品、什锦菜、糖水番薯、奶油玉米、果酱等
传导型加热的食品	含水量高，但汁液很少或不含汁液的固体包装食品，如南瓜、烤制苹果之类的畸形包装制品；火腿之类的肉制品等

3. 对流传导结合式

食品传热时对流和传导同时存在，或先后相继出现，分为先对流后传导型和先传导后对流型。先对流后传导型，在受热后吸水膨胀的物料（如甜玉米）等含有丰富的淀粉质食品中较常见，冷却时只有传导传热。先传导后对流型，在受热熔化的物料（如果酱）等食品中较多，冷却时以对流方式冷却。例如苹果沙司罐头就属于先传导后对流型，加热初期，沉积在罐底上的固体食品占容积的 2/3，因而最初以传导方式加热；当液体对流的力量足以使它悬浮于液体中并随液体循环流动时，它就以对流方式传热。

传导型食品的冷点在其几何中心点上，对流型食品的冷点位置下移，通常在容器几何中心之下的某一位置。而传导和对流混合传热的罐头，其冷点在上述两者之间。

（二）影响传热的因素

食品内部达到的温度是真正杀灭微生物的温度，食品在热处理时各部位的温度是不同的，因此我们应该了解影响食品温度变化快慢（即传热速率）的各项因素。

1. 食品的物理性质

由于食品的状态、块形大小、黏稠度和相对密度等的差异，传热速度也将随之不同，且这几项物理性质之间往往有相互的关系。如前所述，加热杀菌时固态或高黏度食品在包装容器内一般处于不流动状态，以传导方式传热，速度较缓慢。再如带汤汁的食品，其固形物的粒度、形状和装罐方式都会对传热速率有影响，小块食品要快于大块食品，颗粒状或薄片状要快于粗条状或大块状，竖条装罐要快于层片装罐。有些黏度较厚的食品如番茄酱、茄子酱、果酱、水果沙司等加热时，它们的黏度虽有降低的趋势，但流动性仍然较低，均属于热传导占优势而对流很缓慢的食品。

2. 食品初温

食品初温指的是装入杀菌锅后开始杀菌前的温度。显然，初温越高，杀菌操作温度与食品物料间温度的差值越小，罐内温度达到或逼近杀菌操作温度的时间越短。传导型加热的食品初温对加热时间的影响极为显著，从到达杀菌温度的时间来看，初温高的明显比初温低的短。如有两罐玉米罐头同时在 121.1℃ 温度中加热杀菌，它们加热到 115.6℃时，初温为 21.1℃的罐头需要的加热时间为 80 min，而初温为 71.1℃的则仅需要 40 min，为前者之半。对流型食品，食品初温对加热时间影响很小。以葡萄汁为例，初温为 16℃和 70℃的罐头加热到杀菌温度需要的时间都在 29min 以内。

3. 容器

对于食品热处理时的传热，这里主要考虑容器的材料、容积和几何尺寸的影响。容器的热阻对传热速度有一定的影响，它取决于容器材料的厚度（δ）与热导率（λ），可用 δ/λ 值表示。因此容器材料愈厚，热导率愈小，则热阻愈大。铁与玻璃容器的厚度、热导率及热阻见表 4－16，由表中可以看出：玻璃罐的热导率比铁罐小得多而厚度大得多，故玻璃罐的热阻也大得多。从热导率和厚度对比关系来看，铁罐罐壁厚度的变化对热阻的影响远不及玻璃罐罐壁厚度的大。但是加热杀菌时食品传递热量的方式会改变容器热阻对食品传热速度或加热时间的影响。传导加热型食品热处理时，加热时间决定于食品的导热性而不决定于罐壁热阻，而对流传热型食品热处理时却决定于容器的热阻。

表 4－16　铁罐和玻璃罐的热阻

容器	厚度 δ/mm	热导率 λ/［W/（m·K）］	热阻 δ/λ/（m^2·K/W）
铁罐	$2.4\times10^{-1}\sim3.6\times10^{-1}$	602.5～677.8	$3.98\times10^{-7}\sim5.98\times10^{-7}$
玻璃罐	2～6	7.531～12.05	$2.66\times10^{-4}\sim7.97\times10^{-4}$

容器的容积和几何尺寸对传热也有影响。容积越大，所需的加热时间越长，即容积小的罐头传热快。容器的几何尺寸，对于常见的圆罐，指罐高与罐径之比（H/D）。当容积相同时，H/D 为 0.25 时，加热时间最短。所以，对于内部传热困难的干装类食品，尽量选用扁平罐型。

4. 杀菌设备的形式

静置式杀菌锅（尤其是卧式杀菌锅）的锅内温度可能不均匀。食品在锅内的位置不同，传热效果也不同，一般来说离蒸汽入口越远，其受热状况越差。因此，杀菌锅内的温度分布是否均匀，是衡量卧式杀菌锅质量的一个重要指标。此外，对于卧式静置式杀菌锅，若杀菌操作时没有充分的排气，残存空气会在锅内的某些气流不顺畅的位置滞留，形成所谓的“空气袋”，则处于空气袋处的罐头受热效果极差。

若采用回转式杀菌锅，因整个锅体在杀菌过程中处于运动状态，因此锅内温度分布均匀，不同位置的食品受热情况相同。对于黏稠类的食品（如八宝粥罐头）和带汤汁的食品（如糖水水果和清水蔬菜罐头），锅体不断地运动对食品内容物有搅动作用，可以强化传热效果。对于全固体食品（如午餐肉罐头）则不存在这种搅动强化传热的效应。

二、食品热处理条件的确定

为了知道食品热处理后是否达到热处理的目的，热处理后的食品必须经过测试，检验食品中微生物、酶和营养成分的破坏情况以及食品质量因素（色、香、味和质感）的变化。如果测试的结果表明热处理的目的已达到，则相应的热处理条件即可确定。现在也可以采用数学模型的方法通过计算来确定热处理的条件，但这一技术尚不能完全取代传统的实验法，因为计算法的误差需要通过实验才能校正，而且作为数学计算法的基础，热处理对象的耐热性和热处理时的传热参数都需要通过实验取得。下面以罐头食品的热杀菌为主，介绍热处理条件的确定方法。

（一）确定食品热杀菌条件的过程

确定食品热杀菌条件时，应考虑影响热杀菌的各种因素。食品的热杀菌以杀菌和抑酶为主要目的，应基于微生物和酶的耐热性，并根据实际热处理时的传热情况，确定达到杀菌和抑酶的最小热处理程度。确定食品热杀菌条件的过程如图4－4所示。

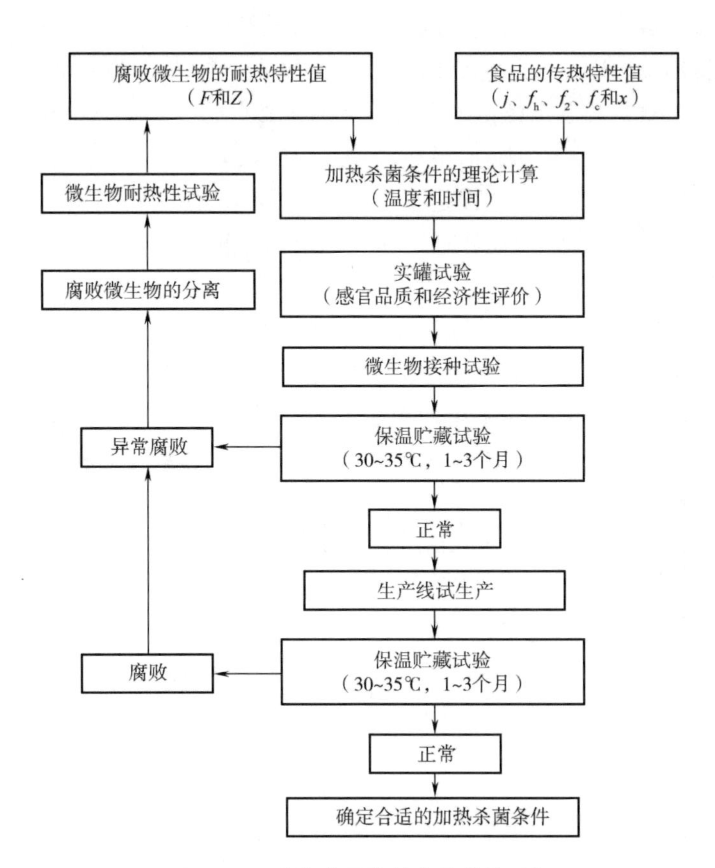

图4－4 确定食品热杀菌条件的过程

（二）热杀菌条件的计算

1920年，比奇洛（Bigelow）最早根据细菌致死率和罐藏食品传热曲线创建了罐藏食品杀菌理论，现被称为基本推算法；其后鲍尔（Ball）在1923年根据加热杀菌过程中罐头足以受热效果，研究出用积分法计算杀菌效果的方法，被称为公式法，这种计算杀菌工艺条件的鲍尔理论在罐头工业中得到了广泛应用。为了进一步简化这种计算方法，1939 年奥尔森（Olson）和史蒂文斯（Stevens）及舒尔茨（Schultz）提出了改进的计算法。1948 年，斯塔博（Stumbo）和希克斯（Hicks）进一步提出了罐头食品杀菌的理论基础 F 值，从而使罐藏技术趋于完善。所有推算方法实际上是比奇洛基本推算方法的进一步改进和提高。因此，我们仅介绍比奇洛基本法。

比奇洛基本法推算实际杀菌时间的基础，是食品冷点的温度曲线和对象菌的热力致死时间曲线。在实际的杀菌过程中，食品内冷点的温度不可能始终等于杀菌操作温度（对于某些固体食品，甚至直到杀菌结束，冷点温度仍未达到操作温度），冷点温度只要上升到对象菌的最高生长温度以上，就具有杀菌效果。可以把整个杀菌过程看成是在不同杀菌温度下停留一段时间所取得的杀菌效果的总和。比奇洛首先提出了部分杀菌量（partial sterility）的概念。

比奇洛将杀菌时食品冷点的传热曲线分割成若干小段，每个温度段各自的平均温度为 θ_i，对应的热力致死时间为 $\tau_i$min，在该温度段停留的时间为 t_i，热力致死时间 τ_i的倒数 $1/\tau_i$为在温度 θ_i杀菌 1min 所取得的效果占全部杀菌效果的比值，称为致死率；而 t_i/τ_i即为该小段取得的杀菌效果占全部杀菌效果的比值 A_i，称为“部分杀菌值”。将各段的部分杀菌值相加，就得到总杀菌值 A（或称累积杀菌值）。

$$A = \sum A_i = \sum t_i/\tau_i \qquad (4-4)$$

当 $A=1$ 时，表示整个杀菌过程达到了 100% 的杀菌量，食品内微生物被完全杀死；当 $A<1$ 时，表示杀菌不足；$A>1$ 时，则表示杀菌过度。由此可以推算出所需的杀菌时间。

例如，在对某一种罐头产品进行杀菌实验时，获得的数据如表 4-17 所示：第一列为按顺序测得的罐头冷点温度 θ_i，第二列为在该温度下维持的时间 t。表中的第三列则给出了在不同的杀菌温度下彻底杀灭对象菌所需要的时间 τ。按照该温度时相应热处理时间计算所得的各致死量和它们的累积量，试评价该杀菌试验是否达到了杀菌要求。

表 4-17　各热处理温度时的致死量及其累积量

冷点温度 θ_i/℃	该温度时维持时间 t/min	该温度时的热力致死时间 τ/min	致死率 $1/\tau$	部分杀菌值 $A=t/\tau$	累积杀菌值 A
98.9	2	200	0.005	0.010	0.01
104	3	100	0.010	0.030	0.04
110	5	50	0.020	0.100	0.14
113	4	20	0.050	0.200	0.34
115.6	6	10	0.100	0.600	0.94
110	5	50	0.020	0.100	1.04

采用比奇洛基本法进行计算：求出各温度下的致死率 $1/\tau$，填入表中第四列；用公式 $A_i=t_i/\tau_i$求出各温度段所取得的部分杀菌值，填入表中第五列；利用公式 $A=\sum A_i$计

算累积杀菌值，并填入表中第六列。杀菌完成后，累积杀菌值 = 1.04 > 1，说明达到了杀菌的要求。为了不致过度加热，理论上可以计算出需要减少的恒温时间，但在实际应用中，考虑到生产条件的波动，这点超量是可以接受的。

比奇洛基本法的特点：①方法直观易懂，当杀菌温度间隔取得小时，计算结果与实际效果很接近；②不管传热情况是否符合一定模型，用此法可以求得任何情况下的正确杀菌时间；③计算量和实验量较大，需要分别经实验确定杀菌过程中各温度下的 TDT（热力致死时间）值，再计算出致死率。

（三）实罐接种的杀菌试验

到目前为止，已经讨论的许多变量使得仅仅通过计算来确定安全热处理的条件显得相当困难，尤其是应用于一种新产品时，通过热致死曲线、传热速率和具体杀菌锅的特性而得的数学公式通常只用作一个安全热处理的粗略界定，而其结果需采用实罐接种的杀菌试验。将一些罐头腐败的常见细菌或芽孢定量接种在罐头内，在所选定的杀菌温度中进行不同时间的杀菌，再保温检查其腐败率。常采用将耐热性强的腐败菌接种于数量较少的罐头内进行杀菌试验，借以确证杀菌条件的安全程度。

通常低酸性食品用耐热性高于肉毒杆菌的生芽孢梭状杆菌（*Clostridium sporogenses*）PA3679 芽孢，pH 3.7 以下的酸性食品用巴氏固氮梭状芽孢杆菌（*Clostridium pasteurianum*）或凝结芽孢杆菌（*Bacillus coagulans*）芽孢，高酸性食品则用乳酸菌、酵母作试验对象菌。

（四）保温贮藏试验

接种实罐试验后的试样要在恒温下进行保温试验，培养温度依据试验菌的不同而不同，并且要保存一段时间。例如 PA3679 菌的保温时间至少 3 个月，在最后 1 个月中尚未有胀罐的罐头不取出，继续保温，也有保温 1 年以上的。梭状厌氧菌、酸母或乳（酪）酸菌，至少保温 1 个月，如 1 周内全部胀罐，可不再继续培养。嗜热菌要 10 ~ 21d，高温培养时间不要过长，这是因为可能加剧腐蚀而影响产品的质量。

（五）生产线试生产

接种实罐试验和保温试验结果都正常的罐头加热杀菌条件，就可以进入生产线的实罐试验做最后验证。试样量至少 100 罐以上，试验时必须对热烫温度与时间、装罐温度、装罐量（固形物、汤汁量）、黏稠度、顶隙、食品的 pH、食品的水分活性、封罐机蒸汽喷射条件、封罐机真空度、封罐时食品的温度、加热前食品平均含菌量、杀菌条件、杀菌锅参数、罐头密封性检查等进行测定并做好记录。生产线试生产的实罐试样也要经历保温试验，希望保温 3 ~ 6 个月，当保温试验开罐后检验结果显示内容物全部正常，即可将此杀菌条件作为生产上使用。如果发现试样中有腐败菌，则要进行原因菌的分离试验，并重复上述步骤。

第四节　典型食品热处理技术

【学习目标】

1. 掌握罐藏食品加工基本工序作用及要求。
2. 熟悉罐藏食品的腐败现象及控制方法。

【基础知识】

一、食品罐藏基本工序

食品的罐藏就是将经过一定处理的食品装入金属罐、玻璃罐或其他包装容器中，经密封杀菌，使罐内食品与外界隔绝而不再被微生物污染，同时又使罐内绝大部分微生物致死并使酶失活，获得室温下长期贮藏的保藏方法。这种密封在容器中并经杀菌而在室温下能够较长时保存的食品称为罐藏食品，俗称罐头。

罐藏食品的生产过程由预处理（拣选、洗涤、去皮、除核、修整、预煮、漂洗、切割、调味、抽空等工序）、装罐、排气、密封、杀菌、冷却和后处理（包括保温、擦罐、贴标、装箱、仓储、运输）等工序组成。预处理的工序组合和装罐的工艺要求可根据产品和原料有所不同，但排气、密封和杀菌为罐藏食品必需和特有工序，因此也是罐藏食品生产的基本工序，任何一道工序以及工序之间的相互影响共同决定最终产品的质量。

下面简要介绍排气、密封、杀菌、冷却、检验等工序。

（一）排气

排气是在密封前将罐内空气尽可能去除的操作，经排气密封后罐内真空度一般可达到26.66～53.32kPa。

1. 排气目的

防止需氧性微生物生长繁殖，同时良好的排气可作为打检（判断罐头内容物是否正常的方法）识别的参考；防止罐内壁的腐蚀，防止和减轻营养成分的破坏及色、香、味成分的不良变化；降低杀菌时罐内压力，防止高温时罐头出现变形、裂罐、胀袋等现象。

2. 影响真空度的因素

（1）罐头内容物的性质　食物组织含有气体，气体会在加热过程中释放，使罐内压力增高。热烫、排气和预热可去除这些气体。食物本身在加热过程中也会膨胀，其膨胀系数与食品性质有关，水分含量越高，则其体积增加越接近水的增加量，压力增加不大；水分少则加热引起压力的变化较大。

（2）顶隙　顶隙指罐盖内表面到食品内容物上表面之间的距离，一般为3～8mm。保留适当的顶隙可保证罐内经排气后产生真空。但真空度也不能太高，否则大型罐易产生瘪罐现象。

（3）加热排气温度与时间　加热所用蒸汽或热水温度越高、时间越长，则可排出的空气越多，真空度越大。排气后罐中心温度越高者，成品真空度也越大。

（4）内容物的 pH　罐头内容物 pH 低时会与马口铁发生作用，产生氢气，降低真空度。

（5）杀菌温度　高温杀菌的过程中物料内的气体外释以及某些成分在高温下的分解，所以杀菌温度越高，真空度越低。

（6）环境温度　环境温度越低，则罐内顶隙处的蒸汽分压越低，罐内真空度越高。

（7）环境气压　真空度 = 环境气压 - 罐内压力，所以环境气压越低，罐内真空度越低。需要考虑生产地与销售地的海拔高度差，以免造成真空度不足或瘪罐。

3. 排气方法

（1）热灌装法　将加热至一定温度的液态或半液态食品趁热装罐并立即密封，或先装固态食品于罐内，再加入热的汤汁并立即密封。密封前罐内中心温度一般控制在 80℃左右。特别适合于流体食品，也适合块状但汤汁含量高的食品。

（2）加热排气法　预封后的罐头在排气箱内经一定温度和时间的加热，使罐中心温度达到 80℃左右，立刻密封。特别适合组织中气体含量高的食品。

（3）蒸汽喷射排气法　在专用的封口机内设置蒸汽喷射装置，临封口时喷向罐顶隙处的蒸汽驱除了空气，密封后蒸汽冷凝形成真空。该法适合于原料组织内空气含量很低的食品，需要有较大的顶隙。

热力排气法形成真空的机理：利用饱和蒸汽压随温度的变化，是形成真空的主要原因；内容物体积随温度的变化，也是形成真空的原因之一。

（4）真空排气法　利用机械产生局部的真空环境，并在这个环境中完成封口。该法的适用范围很广，尤其适用于固体物料。罐内必须有顶隙。

（二）密封

密封为罐藏食品可长期贮存的重要手段之一。密封能保持容器内的真空度，阻绝罐内外空气、水等流通，防止罐外微生物渗入罐内，从而防止罐藏食品变质、腐败而长期贮存。其密封不完全则所有杀菌、包装等操作将变得没有意义。密封依罐藏食品的包装材质不同而方法各异。

1. 金属罐密封

金属罐头的密封采用卷封法。在封口机械的作用下，将罐盖的卷曲部与罐身的罐缘啮合，经卷曲及压紧操作进行卷封。由于整个卷封过程是经由第一卷轮的卷入（窄而深，具有抱卷作用）与第二卷轮的压平作业（宽而浅，具有压紧作用），使密封胶填满完成罐头的密封作业，故称为“二重卷边”。其中，第一卷轮的动作是将罐盖轻轻扣住罐身，称为假卷封。卷封部的空隙由罐盖的封口胶充满，即得到完全的密封。罐头的叠接率（over lap percentage，OL%）为密封性能最重要的判断依据之一，叠接率太小，会导致卷边不良，因此，所有卷封叠接率不得低于 50%。

卷封一般在常压或真空状态进行。常压状态的卷封往往配合热充填排气；真空状态的卷封往往配合机械真空脱气，在第一重卷边之后，以机械脱气并立即进行第二重卷封。

罐头卷封要求二重卷边外观平服、光滑，不存在铁舌、垂唇、锐边、快口、跳封、假封、大塌边等现象。

2. 玻璃瓶密封

玻璃瓶一般分瓶口、瓶身和瓶底三个基本部分。瓶口部分和适当的瓶盖相配合，形成良好的密封。玻璃容器封口一般使用马口铁皮盖，借助垫圈或垫片保持密封。玻璃瓶密封根据瓶盖的不同分为卷封、旋封和套封等形式。以目前玻璃瓶主要的密封形式——旋封为例，旋封瓶口的侧面有几条凸起的斜线，用来嵌合与固定罐盖的内弯盖爪，封口时，将罐盖按顺时针方向旋转，让每个盖爪紧扣瓶口斜线，直到将罐盖固定在瓶口的作用；罐内真空度是保证罐盖始终紧压在瓶口上的主要因素，罐盖内面与瓶口上密封面之间的密封胶圈保证了容器的气密性。

3. 复合薄膜袋密封

复合薄膜袋分为带有铝箔的不透明蒸煮袋和不带铝箔的透明蒸煮袋两种，其封口是利用热熔原理，利用塑料薄膜在加热时会熔融粘接而密封。主要加热方法包括：

（1）加热法　又称热封法，使用镍铬合金线加热，使热封机加热板一直保持高温，再将杀菌软袋置于加热板间加热，使其熔融密封。

（2）瞬间电流加热法　又称瞬封法，使用瞬间电流加热机（也称瞬间热封机）进行密封。与加热法需要经常保持加热板高温不同，瞬间电流加热法只有使用时才加热。

（3）高频加热法　使用高频加热机（又称高频封口机）。加热原理为高频电子管振荡瞬间产生高频电磁波电流电场，利用塑胶、塑料等包装材料在高频电磁波电场内其内部分子产生极性化摩擦生热，加上一定的压力使所需要热合焊接的塑料、塑胶产品达到熔接封口作用。

（4）超声波加热法　利用超声波加热机将超声波振动施加于塑胶材料时，引起分子振动而发热熔融，利用此原理使包装膜密封。

（三）杀菌

杀菌是罐头制造的重要工序，通常以加热法使罐内微生物死亡或停止活动，以防止内容物的腐败。食品的热可以分为两大类：一类是对已包装的食品进行热杀菌处理，如图 4－5 所示；另一类则是进行加热再包装，如图 4－6 所示。

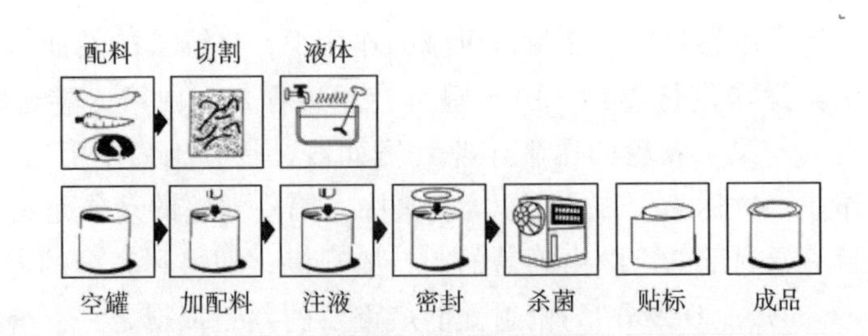

图 4－5　传统罐头加工（先充填后杀菌）示意图

后一类热保藏加工采用的方式称为无菌装罐，使食品在预杀菌过程中达到无菌要求，然后冷却至常温，在无菌的状态下装入经灭菌处理的无菌容器中并进行密封（装罐）。一般来说对食品质量产生的影响较小，尤其适用于那些容易进行快速热交换的食品体系（如液态食品和半液态食品）。预杀菌在热交换器中完成，时间短，但这种方式需要随后的灌装是在无菌或接近无菌的条件下进行，这样才能避免或者最大限度地减少对产品的再次污染。

与包装前加热相比，传统上的加热以包装食品的工艺较为简单，而且适用于大多数食品体系，生产的食品的质量也能为消费者所接受，下面以传统杀菌形式进行介绍。

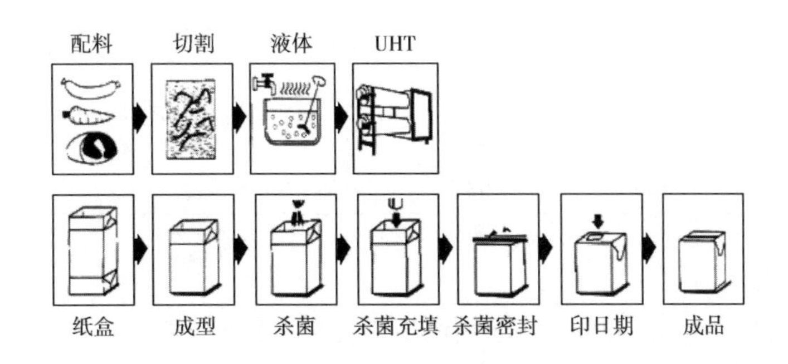

图 4-6　无菌加工（先杀菌后充填）示意图

1. 杀菌公式

根据食品的种类、包装的形式和大小，达到同样的杀菌目的可以有不同的温度-时间工艺组合。食品热杀菌的工艺条件主要是温度、时间和反压力三项因素，常用“杀菌公式”的形式来表示，即把杀菌的温度、时间及所采用的反压力排列成公式的形式，一般的杀菌公式如下。

$$\frac{t_1 - t_2 - t_3}{\theta}p$$

公式中的 t_1 为升温时间，表示杀菌锅内的传热介质由初温升高到规定的杀菌温度 θ 时所需要的时间，蒸汽杀菌时间就是指从进蒸汽开始至达到规定的杀菌温度时的时间，热水浴杀菌时间就是指通入蒸汽开始加热热水至水温达到规定的杀菌温度 θ 时的时间；t_2 为恒温杀菌时间，即杀菌锅内的传热介质达到规定的杀菌温度 θ 后在该温度下所持续的杀菌时间；t_3 为降温时间，表示恒温杀菌结束后，杀菌锅内的传热介质由该杀菌温度下降到出罐时的温度所需要的时间；θ 为规定的杀菌温度，即杀菌过程中杀菌锅达到的最高温度，一般用℃来表示；p 为反压力，即冷却过程中杀菌锅内需要施加的压力，一般用 Pa 来表示。

杀菌公式的省略表示：如果杀菌过程中不用反压，则 p 可以省略。一般情况下，冷却速度越快越好，因而冷却时间也往往可以忽略。所以，省略形式的杀菌公式通常表示如下。

$$\frac{t_1 - t_2}{\theta}$$

如表4-18所示为我国一些常见的罐头食品热杀菌的条件。

表4-18　　我国常见的罐头食品热杀菌条件

罐头品种	罐型	净重/g	杀菌条件
清蒸猪肉	8117	550	15′-80′-反压冷却/121℃（反压：166.6kPa）
	10124	1000	15′-100′-反压冷却/121℃（反压：147kPa）
红烧排骨	962	340	15′-75′-反压冷却/121℃（反压：166.6kPa）
茄汁沙丁鱼	603	340	15′-80′-20′/118℃，冷却
	604	198	15′-75′-20′/118℃，冷却
糖水苹果	781	300	5′-15′/100℃，冷却
山楂汁	5104	200	3′-4′/100℃，冷却
茄汁黄豆	7110	425	15′-75′-15′/121℃或10′-80′-10′/116℃，冷却
番茄酱	668	198	5′-25′/100℃，冷却

2. 杀菌方式

罐头食品可以采用常压热水、高压蒸汽和高压水等进行杀菌，按连续性可分为批式和连续式。批式杀菌装置以杀菌釜最为常用，又可分为静置式和搅动式。静置式是指杀菌篮中的罐头在杀菌过程中始终处于静止状态的杀菌釜结构，罐头内食品的传热全靠自然传导与对流，故传热速度慢，易造成食品品质不均。搅动式则指杀菌篮中的罐头在杀菌过程中处于搅动状态的杀菌釜结构。连续式则包括静水压式和水封式等。常见杀菌装置见图4-7～图4-12。

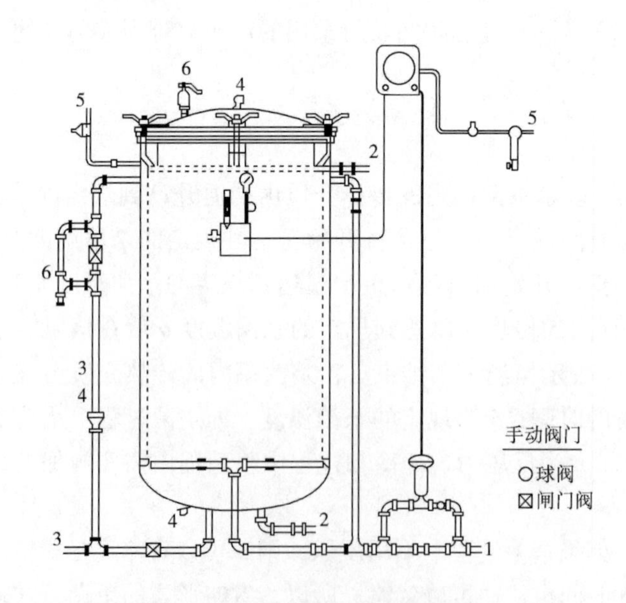

图4-7　标准立式杀菌釜结构图

1—蒸汽　2—水　3—排水孔

4—排气口　5—空气　6—安全阀

图4-8　立式杀菌釜

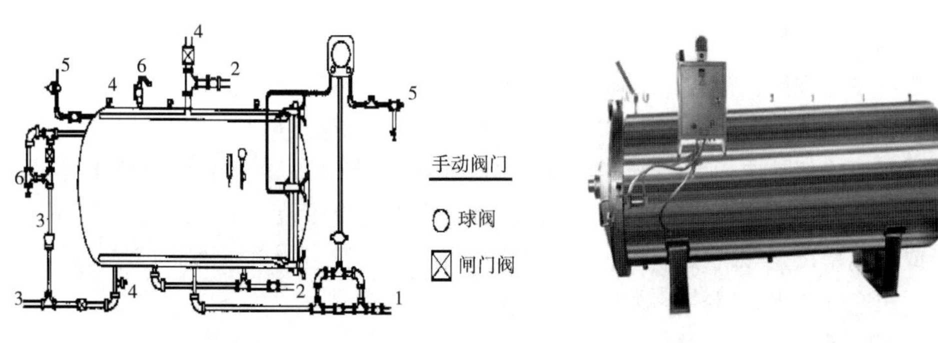

图 4－9　标准卧式杀菌釜结构图

1—蒸汽　2—水　3—排水

4—排气口　5—空气　6—安全阀

图 4－10　卧式杀菌釜

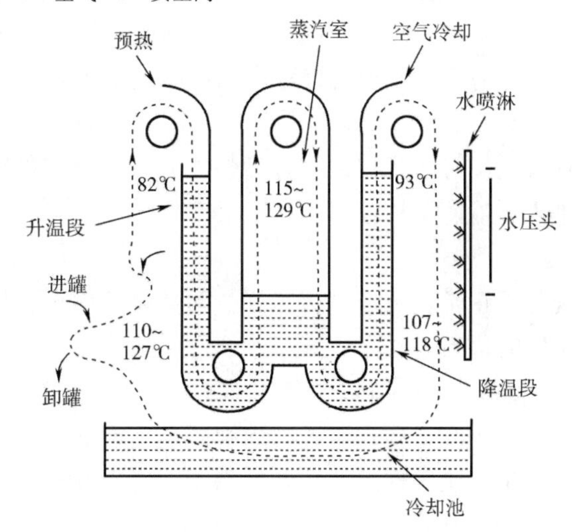

图 4－11　静水压式杀菌示意图

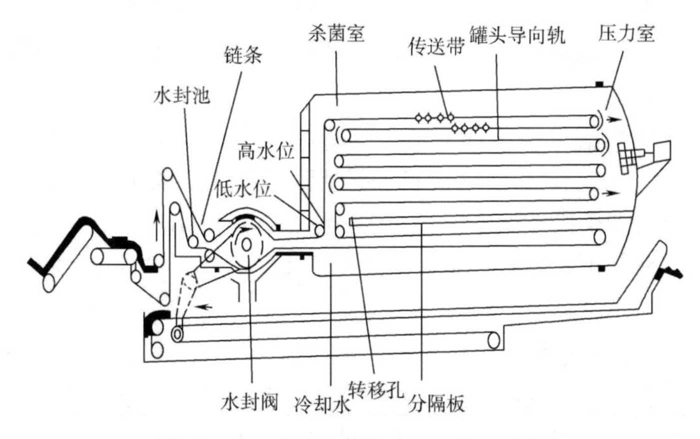

图 4－12　水封式连续高压杀菌示意图

（四）冷却

罐头杀菌后，应迅速进行冷却，冷却的目的是为避免余温继续加热，导致食物加热过度使产品变质（组织软化、变色、香味改变），同时避免嗜热性细菌孢子在高温下大量繁殖。

1. 冷却方法

罐头的冷却方法包括常压冷却法和反压（加压）冷却法。小型罐与常压杀菌罐头可使用常压冷却；杀菌温度高于110℃或特殊罐型的应采用反压冷却。

使用反压冷却的原因为冷却时因罐外温度迅速下降，使杀菌装置内部压力迅速下降，但罐内温度下降缓慢，因此压力降低缓慢，罐头内外压差增大，此时最容易造成罐头变形或玻璃罐跳盖等现象。这种现象尤其在大型罐中较为严重。因此必须在杀菌装置内通入高压空气或水，以控制罐内外压力差。

2. 冷却终点

冷却终点根据实际要求确定（如是否有风干或擦拭设备等）。一般以中心温度冷却至38～40℃为宜，高于40℃则耐热性孢子易生长繁殖造成腐败，低于35℃余温不足以使罐外壁水分蒸发，造成日后易锈罐。玻璃瓶由于遇到温差超过30℃时容易破裂，因此玻璃容器必须采取逐步冷却方式，其瓶内外温度不可超过27℃。

（五）检验

经冷却后的罐头只有在经过一系列的检查后，才能成为合格的产品，进入贴标、装箱、入成品库工序和进入运输、销售环节。

1. 外观检查

通过检查罐头外观是否正常，封口是否完好，两端是否内凹，判断罐头的好坏。外观检查常在进、出保温库时进行。

2. 保温检验（Incubation of the Can）

罐头制成后如果杀菌不足时，残存于罐内的细菌也不会立刻开始繁殖，常有一段停止发育的时间，有时不发生膨胀等现象，故外观属于正常罐并非全部不发生腐败，若贮存过程中某一时期罐内各种条件适合残存细菌的生长发育时，可能就会出现腐败现象。不同微生物停滞期时间不同，例如部分嗜热菌有的经过贮藏一年后才开始作用，因此要在短时间内检查有无此种罐头时，必须进行保温试验，将罐头放置在微生物的最适生长温度保存足够的时间，观察罐头有无胀罐和真空度下降等现象，借以判别杀菌是否充分，确保食品安全。

目前罐头企业使用的保温条件大多为：酸性罐头，37℃、保温14d；低酸性罐头，37℃、保温14d及55℃、保温14d两种同时进行。保温试验期间至少每天观察1次，并记录温度、相对湿度和罐头外观等情况，遇有膨胀罐应取出；检查期间终了时，取出放冷，并外观检查，分为正常罐、急跳罐、弹性罐及膨罐等，并做异常的原因调查。

3. 打检

打检，也称敲检，一般用打检棒敲击罐头，根据所发出声音的清、浊判断罐头是否发生变质。清，声音正常，罐头真空度高，质量一般无变化；浊，声音异常，罐头真空度下降，有腐败菌生长、产气。打检一般安排在出保温库时进行。

4. 真空度检查

用真空度计抽检罐头的真空度，看是否处于正常范围。

5. 开罐检查

（1）感官检验　对照罐头食品的产品标准，感官检验主要包括组织与形态检验、色泽检验、滋味和气味检验等内容。

(2) 重量检验　包括铁皮重及内容物重，内容物重有固形物重及液汁重。

(3) 可溶性固形物检验　在20℃用折光仪测量试验溶液的折光率，并用折光率与可溶性固形物含量换算表或折光计上直接读出可溶性固形物的含量，主要适用于黏稠制品、含悬浮物质的制品以及重糖制品。

(4) 罐内壁检查肉眼检查　罐内壁状态普通以肉眼检查其变色程度、腐蚀程度以及是否有脱锡情形，特别对于盖及底下其压印标志部分或罐身接缝部，就其异常状态详细检查。

二、罐藏食品的腐败及原因

(一) 罐藏食品腐败变质现象

1. 膨罐 (swell can)

也称胖听，罐藏食品腐败变质以后，底盖不像正常情况下那样呈平坦状或凹状，而是出现外凸的现象，形成胖罐。可分为假胀、氢胀和细菌性胀罐3种情况。

(1) 假胀　食品装得太满，导致顶隙过小或真空度太低。

(2) 氢胀　因罐内食品酸度高，罐内壁严重腐蚀并产生氢气，因此需要一段时间才出现胀罐现象。

(3) 细菌性胀罐　微生物在罐内生长使内容物腐败，产生大量气体（一般为氢气），故会出现胀罐现象，同时腐败的产品具有酸味和显著的pH下降。

2. 平盖酸败 (flat sour)

平酸是指食品发生酸败，而罐的外观仍属正常，盖和底不发生膨胀，呈平坦或内凹状。这是嗜热脂肪芽孢杆菌等微生物生长，造成产酸不产气的缘故。

3. 硫化黑变

在致黑梭状芽孢杆菌等微生物的作用下，含硫蛋白质被分解产生H_2S，与罐内壁铁质发生化学反应形成黑色化合物（FeS），沉积于罐内或壁或食品上，以致食品发黑并呈臭味。这类腐败的罐藏食品外观一般正常，有时也会出现隐胀或轻胀，是蘑菇罐头重要的腐败菌。

4. 霉变

相对来讲，这类腐败不太常见，只有容器裂漏或罐内真空度过低时，才有可能在低水分和高浓度糖分的食品表面出现霉变。生产实践中可能遇到因为原料不新鲜或没有及时加工，食品物料在密封杀菌前即已长霉的情况，微生物镜检时可发现残存的霉菌菌丝体。

(二) 造成罐藏食品腐败变质的主要原因

1. 初期腐败

罐头封口后等待杀菌的时间过长，罐内的微生物生长繁殖使得内容物腐败变质，杀菌冷却后可呈轻度胀罐，但经取样培养并不能检出活菌，镜检可见大量残余菌体。初期腐败可引起真空度下降而使容器在杀菌过程中变形甚至裂漏。因此，要科学地安排生产，封口后及时杀菌，同时要降低原料初始含菌量。

2. 杀菌不足

如果热杀菌没能杀灭在正常贮运条件下可以生长的微生物，则会出现腐败变质。在这种情况下，检测分离得到的腐败菌种较为单一，也较耐热。造成杀菌不足的原因，一是未正确制订该产品、该容器的杀菌公式，二是因机械设备或操作人员的问题未能严格执行这个杀菌公式。杀菌不足可能使肉毒杆菌等有害微生物生长而产生危险，因此要合理制订杀菌工艺，规范操作，并且要确保原料质量及生产过程和生产环境的卫生管理。

3. 杀菌后污染

俗称裂漏，罐藏食品经过杀菌后，由于密封性能不佳，发生漏罐，很容易造成微生物污染。通过漏罐发生微生物污染的重要污染源是冷却水，这是因为罐藏食品在热处理后要通过冷却水进行冷却，冷却水中的腐败菌就有可能随同冷却水通过漏洞而进入罐内；空气也可能是污染源。由裂漏而引起腐败的罐头进行微生物检验，会发现生长的微生物种类很杂，尤其是有不耐热微生物的存在或需氧微生物的存在（如霉菌）。因此，要提高包装材料的隔绝性，提高卷边质量，合理控制杀菌工艺和参数，控制冷却用水的质量，从而控制杀菌后污染情况的发生。

4. 嗜热菌生长

土壤中的某些芽孢杆菌可以在很高的温度范围内生长，甚至有的经过121℃、60min的杀菌还能存活。因此，若罐内污染有嗜热菌，则一般的杀菌处理很难将它们全部杀灭。嗜热菌虽然可使内容物腐败变质而失去食用价值，但都不会产生对人体有害的毒素。要控制嗜热菌生长，一是注意控制原料的污染，如青豆、玉米等主原料和砂糖、淀粉、香辛料等辅料，应分别仔细地加以处理；二是罐头杀菌后应立即冷却到40℃以下，并在不超过35℃的条件下贮运。

思考题

1. 试述食品热处理的种类和特点。
2. 热烫的主要目的为何？如何判断热烫是否有效？
3. 罐藏食品是否要达到绝对无菌的状态？
4. 试述微生物热致死反应的特点和规律。
5. 试述罐头食品内容物的pH对罐头杀菌条件的影响。
6. 试述食品成分对微生物的耐热性的影响。
7. 热能在食品中的传递方式有哪些？有何特点？
8. 影响罐头食品传热的因素有哪些？
9. 试述罐头食品热杀菌条件确定需要哪些步骤。
10. 试述罐藏食品加工基本工序。
11. 罐头为何要排气？常见的排气方法有哪些？
12. 大多数罐头杀菌冷却时都需要采用反压冷却，其原因何在？
13. 试述造成罐头腐败变质的原因，生产中应如何防止变质现象的发生。
14. 名词解释：热烫、巴氏杀菌、低温长时杀菌法、高温短时杀菌法、商业无菌、灭菌、*D*值、*Z*值、酸性食品、低酸性食品、酸化食品、冷点、传导、对流、致死率（比奇洛法）、顶隙、排气、杀菌公式、反压冷却、保温检验、打检。

CHAPTER 5

第五章 食品的非热加工技术

第一节　食品辐照技术

【学习目标】

1. 了解食品辐照技术的基本原理及特点。
2. 掌握辐照技术在食品加工中的应用。

【基础知识】

一、食品辐照技术概述

（一）食品辐照技术的概念

食品辐照技术是20世纪发展起来的一种新型、有效的食品处理技术，利用钴60（^{60}Co）、铯137（^{137}Cs）等放射源产生的γ射线，或是电子加速器产生低于10MeV的电子束，对食品进行照射处理，抑制食物发芽、推迟新鲜食物生理成熟、杀灭食物中的害虫和食品中的微生物，从而达到改进食品品质、防止食品腐败变质、延长食品保藏期的目的。运用此项技术处理后的食品，称为辐照食品（irradiated food），辐照食品的标识如图5-1所示。

辐照剂量是指每单位物质质量所接受的辐射能量，称为剂量。整个材料或者器件所接受到的辐照剂量的总和，即称为总剂量（TID）。在辐射加工过程中，受照物质吸收多少能量，用吸收剂量描述。吸收剂量定义为受照物质单位质量所吸收的能量，国际单位定义为戈瑞（Gray，简写为Gy），1戈瑞表示1千克（kg）物质吸收1焦耳（J）能量，1Gy=1J/kg。习惯上常用拉德（rad）表示，1拉德表示1克（g）物质吸收100尔格（erg）能量，1rad=100erg/g。所以，1Gy=100rad。辐射加工中常用千戈瑞（kGy）和兆拉德（Mrad）表示吸收剂量：10kGy=1Mrad。

（二）食品辐照技术的特点

图5-1　辐照食品的标识

食品辐照是一项安全、环保、低能耗、经济有效的食品保藏新技术。长期以来，人们采取加热、冷藏、干燥、浓缩、腌渍、烟熏以及化学防腐等方法来保存食品，采用加热、冷藏及冷冻手段来保藏食品，虽然解决了食品带菌污染或暂时抑制了细菌的繁殖，但会造成食品营养成分被破坏，使食品品质下降，能源消耗严重。而且随着大量使用能源，产生诸如环境污染及生态平衡被破坏等问题，而采用食品辐照技术可以克服现有食品保藏技术的一些缺点。

食品辐照技术具有如下一些特点：辐照过程不受温度、物态影响，任何温度、任何状态的物料都可以接受辐照；射线的穿透力强，食品可以在包装及不解冻情况下辐照，杀灭深藏在食品内部的害虫、寄生虫和微生物；辐照处理可以改进某些食品的工艺和质量，如经辐照处理的大豆更易消化，经辐照处理的牛肉更加嫩滑等；食品在受射线照射过程中的温度升高很小，是一种“冷处理”的方法，能够较好地保持食品的色、香、味，保持食品原有的新鲜状态和食用品质；辐照加工不污染食品，无残留，无感生放射性，卫生安全；辐照加工能耗低，节约能源。与传统的冷藏、热处理和干燥脱水相比，辐照处理可以节约70%～90%的能量。

经过杀菌剂量的辐照，一般情况下，酶不能完全被钝化。经辐照处理后，食品所发生的化学变化从量上来讲虽然是微乎其微，但敏感性强的食品和经高剂量辐照的食品可能会发生不愉快的感官性质变化，这些变化是因为游离基的作用而产生的，所以这种保藏方法不适合于所有的食品，要有选择性地应用。能够致死微生物的剂量对人体来说是相当高的，所以必须非常谨慎，应做好运输及处理食品的工作人员的安全防护工作。

截至2005年，我国辐照食品种类已达7大类56个品种，辐照食品产量已达世界辐照食品总量的三分之一。辐照食品应用广泛，发展迅速，已进入工业规模生产和商业化应用的阶段，我国辐照食品应用领域如表5-1所示。

表5-1　　我国辐照食品应用领域

应用领域	辐照产品
抑制发芽	新鲜根式蔬菜（如洋葱、大蒜、马铃薯、生姜等）

续表

应用领域	辐照产品
贮藏保鲜	延长新鲜水果、蔬菜、食用菌鲜品、鲜花的保存期（如苹果、草莓、梨、花菜、白灵菇、秀珍菇、高档鲜花等）
抑制后熟	推迟成熟、降低代谢（如蘑菇、竹荪、番茄、胡萝卜、冬笋、荔枝、葡萄、猕猴桃等）
延长货架期	脱水蔬菜、食用菌干品、营养和功能保健食品、海产品、大米、糖与巧克力类、休闲食品、烘焙食品、方便食品、月饼
灭虫	谷类、豆类及制品；干果、果脯类（如花生仁、桂圆、核桃、生杏仁、红枣、桃脯、杏脯、其他蜜饯食品）；香辛料类（如八角、花椒、五香粉等）
灭菌	熟畜禽肉类及其制品；冷冻包装畜禽肉类、海鲜、贝类；保健品及其原料

二、 食品辐照的原理

（一）原子能射线与物质的作用

原子能射线（γ 射线）都是高能电磁辐射线“光子”，与被照射物原子相遇，会产生不同的效应。

1. 电离作用

光子与被照射物质原子中的电子相遇，把全部能量交给电子（光子被吸收），使电子脱离原子成为光电子（e）。

2. 康普顿散射

如射线的光子与被照射物的电子发生弹性碰撞，当光子的能量略大于电子在原子中的结合时，光子把部分能量传递给电子，自身的运动方向发生偏转，朝着另一方向散射，获得能量的电子（也称次电子，康普顿电子）从原子中逸出，上述过程称康普顿散射（Compton scattering）。

3. 湮没辐射（电子对效应）

光子能量较高（>1.02MeV）时，光子在原子核库仑场的作用下会产生电子和正电子对（正电子和一个电子结合）而消失，产生湮没辐射。湮没辐射发出两个光子，每个光子能量为0.51MeV。光子的能量越大，电子对的形成越显著。

4. 感生放射

射线能量大于某一阈值，射线对某些原子核作用会射出中子或其他粒子，因而使被照射物产生了放射性（radio activity），称为感生放射性。能否产生感生放射性，取决于射线的能量和被辐照射物质的性质，举例如下所述。

10.5MeV 的 γ 射线对 ^{14}N 照射可使其射出中子，并产生 N 的放射性同位素；

18.8MeV 的 γ 射线对 ^{12}C 照射，可诱发产生放射线；

15.5MeV 的 γ 射线对 ^{16}O 照射，不可产生放射线。

因此，为了不引起感生放射作用，食品辐照源的能量水平一般不得超过10MeV。

辐照食品通常是用 γ 射线、电子射线或 X 射线照射食品，这些高能带电或不带电的射线会引起食品组分及存在于食品中的微生物、昆虫、寄生虫等发生一系列的物理、化学和生物学变化。食品辐照除可对食品进行杀菌外，还可以通过剂量的调节用于杀虫、抑制种子发芽及食品质量的改良等目的。

物质受到放射性照射时所发生的变化大致有以下几个过程：①吸收辐照能；②发生一系列辐照性化学变化；③发生一系列生物化学性变化；④细胞或个体死亡或出现遗传性变异等生物效应，剂量小时，辐照操作得到恢复。

（二）食品辐照的化学效应

辐照的化学效应是指被照射物质中的分子所发生的化学变化、离子对的形成、游离基与其他分子的反应、游离基的重新组合，以及在空气中辐照食品时由于臭氧和氮的氧化物的影响，都足以使食品产生化学变化。食品经辐照处理后，发生化学变化的物质除了食品本身以外，还包括包装材料以及附着在食品表面和内部的微生物、昆虫和寄生虫等生物体。

食品辐照引起食品中各成分物质发生化学变化比较复杂，一般认为电离辐照包括初级辐照和次级辐照。初级辐照是使物质形成离子、激发态分子或分子碎片，由激发态分子可进行单分子分解产生新的分子产物或自由基，而转化成较低的激发状态。次级辐照是初级辐照的产物相互作用，生成与原始物质不同的化合物。

辐照化学效应的强弱用 G 值表示，G 值就是介质中每吸收 100eV 能量时发生变化的分子数。例如，麦芽糖溶液经过辐照发生降解的 G 值为 4.0，则表示麦芽糖液每吸收 100eV 的辐照能，就有 4 个麦芽糖分子发生降解。不同介质的 G 值可能相差很大，G 值大的，辐照引起的化学效应较强烈，G 值相同者，吸收剂量大者所引起的化学效应较强烈。

大量研究表明，食品中的糖类、蛋白质、脂肪在辐照过程中仅发生微小的变化，维生素、必需氨基酸和矿物质元素的变化也很小。辐照对食品中的化学成分的效应与食品接受的辐照剂量、辐照条件和环境条件等因素有关，因此应根据食品种类和辐照工艺的不同，选择合适的辐照工艺来取得有益的效果。

1. 水分

水分对辐照很敏感，当它接受了射线的能量后，首先被激活，然后和食品中的其他成分发生反应。纯水辐照的化学效应可概括为：

$$H_2O \longrightarrow 2.7OH\cdot + 0.55H\cdot + 2.7e_{aq}^- + 0.45H_2 + 0.71H_2O_2 + 2.7H_3O^+$$

水分子经辐照后，由于水分子被激发和电离而产生的中间产物都是高活性的，导致食品和其他生物物质发生变化，称为水的间接作用。如过氧化氢是一种强氧化剂，对生物系统有毒性；羟基自由基（OH·）和过氧化基（HO_2·）可以将溶质氧化，它们为氧化性产物或强氧化性自由基；氢自由基（H·）和水化电子（e_{aq}^-）为强还原性自由基，常可以将溶质还原，这两类基团能在分子结构中或有机物内引起剧烈的变化。

羟基自由基（OH·）为辐照水的主要产物，一方面，羟基自由基可以加成到芳香族化合物或烯烃化合物上；另一方面，也可以从醇类、糖类、羧酸类、酯类、醛类、酮类等化合物中的碳氢键上夺取氢原子，又可以从硫代化合物的硫氢键上夺取氢原子，这几种反应的产物都是自由基。

水化电子（e_{aq}^-）比羟基自由基具有更多的选择性，它可以迅速地加成到含低位空轨道的化合物上，如大部分芳香族化合物、羧酸、醛、酮、硫代化合物以及二硫化物等。水化电子（e_{aq}^-）与蛋白质反应时可以加成到组氨酸、半胱氨酸或胱氨酸的残基上，也可以加成到其他氨基酸上，但水化电子与糖类和脂肪醇的反应不显著。由于大多数化合物含有成对电子，这些反应的产物通常也是一种自由基。水化电子与羟基自由基不同，它除可以和体系中的主要组分起反应外，还可以和维生素、色素等较少的组分起反应。

氢自由基（H·）可以加成到芳香族化合物或烃基化合物上，但反应速度比羟基自由基慢；也可发生类似于羟基化合物夺取氢原子的反应；氢自由基还可以与含硫化物中的二硫键迅速反应，生成巯基（—SH）和硫自由基（—S·）。另外，氢自由基还可以和蛋白质中含硫氨基酸和芳香氨基酸发生反应。

对于含水量很小的食品，有机分子的辐照直接作用是化学变化的主要原因。

2. 氨基酸和蛋白质

（1）氨基酸　辐照加工对结晶氨基酸只发生直接作用，而对氨基酸溶液则发生直接和间接两种作用。直接作用与氨基酸的浓度有关，浓度较高的溶液中直接作用要强一些。间接作用的反应速率一般由自由基的扩散速度控制，因而与其湿度有关。

各种氨基酸有其不同的结构，因而其水溶液的辐照降解产物也不同。例如，在无氧条件下辐照丙氨酸，可形成丙酸、甲烷、乙基胺、CO、丙酮酸、乙醛等；在有氧条件下，还会产生乙酸和甲酸。这说明辐照可使氨基酸溶液脱氨，而且碳链部分亦有分解。在进行大剂量的辐照时，胱氨酸溶液的辐照降解产物中有硫化氢气味，说明辐照降解发生在二硫键（—S—S—）的位置。甲硫氨酸的辐照降解产物中有硫酸，导致溶液有较强的烂白菜味道。

（2）蛋白质　蛋白质的辐照效应均来源于直接作用和间接作用的结合。至于哪一个作用更重要，取决于几个因素如浓度、氧的有效性、温度、蛋白质性质和其他杂质。干燥蛋白质的辐照几乎完全是直接作用。

实验表明，辐照能够使蛋白质的一些二硫键、氢键、盐键和醚键等断裂，从而使蛋白质的二级结构和三级结构发生变化，导致蛋白质变性。经变性后的蛋白质在溶解度、溶液的黏度、电泳性质及吸收光谱方面都发生变化，对酶的反应及其他免疫反应也产生变化。辐照也会促使蛋白质的一级结构发生变化，除了巯基（—SH）氧化外，还会发生脱氨基作用、脱羧基作用和氧化作用，以上这些变化统称为辐照降解。蛋白质经射线照射后会发生辐照交联，其主要原因是巯基氧化生成分子内或分子间的二硫键，也可以由酪氨酸和苯丙氨酸的苯环偶合而发生。辐照交联导致蛋白质发生凝聚作用，甚至出现一些不溶解的聚集体。蛋白质辐照可同时发生降解与交联作用，而往往是交联作用大于降解作用。

3. 酶

辐照对酶的影响与蛋白质的情况基本相似。在无氧条件下，干燥的酶经过辐照后，其失活程度在不同种酶之间差异不大；但在水溶液中，其失活过程因酶的种类不同而有差别。纯酶的稀溶液对辐照很敏感，若增加其浓度，也必须增加辐照剂量才能使酶产生同样的钝化作用。酶对放射线的敏感性由于其他物质存在而减弱，同时也受 pH、温度等外界条件变化的影响，例如，用 3MeV 的阴极射线照射胃蛋白酶水溶液时，D－异抗坏血酸钠有显著的保护效果。照射温度对胃蛋白酶失活也有显著影响。酶中所含的巯基（—SH）由于容易氧化，会增大酶对辐照的敏感性，但在复杂的食品体系中，由于其他物质的伴生存在而使酶得以保护，欲使酶钝化需要相当大的辐照剂量。

4. 糖类

辐照对于糖分子有水解和氧化降解作用，因而能引起多糖解聚，在短期内就可以使复杂的糖类成为简单的化合物。辐照过程中有气体混合物产生，它们主要是 H_2、CO_2 以及痕量的 CH_4、CO 和 H_2O，这些气体的相对含量和被辐照糖的类型以及辐照剂量有关。

当辐照糖的水溶液时，溶液显酸性，其 pH 为 4～5，主要是水的辐解产物对所形成的产物的性质有明显的影响所致。稀溶液中的葡萄糖经辐照后可生成葡萄糖醛酸、葡萄糖酸、糖二酸、乙二醛、阿拉伯糖、赤藓糖、甲醛和二羟丙酮。果糖经辐照后能分解成酮糖。低聚糖经辐照后可形成单糖和类似单糖的辐照分解产物。对于多糖类来说，辐照除引起熔点和旋光度降低外，主要是引起光谱和多糖结构的变化。例如淀粉和纤维素辐照后会发生糖苷键的断裂，形成更小单位的糖类，如葡萄糖和麦芽糖等。小麦、马铃薯、大米等的淀粉辐照后对 α－淀粉酶和 β－淀粉酶作用的灵敏性发生变化，而且辐照后直链淀粉比支链淀粉损伤更严重。

马铃薯直链淀粉辐照后的聚合度和黏度变化见表 5－2。用 20kGy 放射线照射直链淀粉，其平均聚合度由 1700 降为 350，支链淀粉的链长变为 15 个葡萄糖单位以下。

表 5－2　　辐照对马铃薯直链淀粉的聚合度和黏度的影响

剂量/kGy	特性黏度/（mL/g）	聚合度	剂量/kGy	特性黏度/（mL/g）	聚合度
0	230	1700	10	80	600
0.5	220	1650	20	50	350
1	150	1100	50	40	300
2	110	800	100	35	250
5	95	700			

5. 脂类

脂肪和脂肪酸被辐照时，饱和脂肪比较稳定，而不饱和脂肪容易氧化，出现脱羧、氢化、脱氨等作用。有氧存在时，由于会发生自动氧化作用，饱和脂肪也会被氧化。辐照促进自动氧化过程可能是由于促进自由基的形成和氢过氧化物的分解，并使抗氧化剂遭到破坏。辐照剂量、强度、温度、氧、脂肪组成、氧化促进剂、抗氧化剂等对自动氧化过程均有影响。

食品中的脂类组分受辐照而产生的化合物，除了有辐照诱导的自动氧化产物外，也有非氧化的分解产物。食品中的脂质经照射后产生碳氢化合物、酯类、酸类、过氧化物等。照射后产生的异味（主要是由脂肪引起的）对食品的感官品质有很大的影响，但在低温下辐照可以减弱脂肪类产品的辐照异味。

对不同性状的动物脂肪和植物脂肪的实验表明，某些脂肪对辐照表现出很高的稳定性。脂溶性维生素 A 对辐照和自动氧化过程比较敏感，一般把维生素 A 选为评判脂肪辐照程度的标准。此外，也可以用酸价和过氧化值的变化来评定。与植物脂肪相比较，动物脂肪更适宜辐照，因为它对自动氧化过程具有较高的抗性。大量试验表明，在剂量低于50kGy时，处于正常的辐照条件下的脂肪质量指标只发生非常微小的变化。

6. 维生素

（1）辐照对水溶性维生素的影响　在水溶性维生素中，维生素C对辐照敏感性最强，被破坏的作用也愈大。在水溶液中，维生素C可以与水辐照分解出的自由基发生反应。在辐照维生素C时有脱氧抗坏血酸形成，后者同样按抗坏血酸的途径被人所代谢，因此在评价辐照食品中的维生素C的营养损失时应同时考虑到这两者含量的损失。

低剂量和高剂量的γ射线对全脂乳粉中维生素B_1含量的影响研究表明，0.45kGy剂量辐照不引起感觉变化或维生素含量损失的剂量阈值，而0.5～10kGy剂量则产生5%～17%损失。用1.47kGy剂量辐照全脂牛奶，证明维生素B_1含量损失达35%，而20kGy剂量则使甜炼乳维生素B_1产生85%的损失。即使是相同剂量，不同食品维生素B_1损失量也不同。在氧中比在氮中辐照有较多的维生素B_1被破坏，而在－75℃辐照的肉中没有维生素B_1被破坏。其他水溶性维生素，如维生素B_2、泛酸、维生素B_6、叶酸等对辐照也比较敏感，而维生素B_5对辐照很不敏感。

（2）辐照对脂溶性维生素的影响　脂溶性维生素对辐照都比较敏感。与水溶性维生素一样，脂溶性维生素所在的环境条件，如浓度、介质中氧含量、有无竞争性自由基的其他化合物存在，以及溶剂的种类和性质等，对辐照作用的影响极为重要。

脂溶性维生素中维生素E对辐照高度敏感，在高脂肪含量的食品中辐照引起的维生素E损失很大。全脂牛奶经2.4kGy剂量辐照，维生素E损失达40%。维生素D在剂量低于50kGy时耐辐照。维生素A对辐照也很敏感，而作为维生素A源的β－胡萝卜素和类胡萝卜素对辐照处理相当稳定。牛肉在氮气中经20kGy剂量辐照，维生素A破坏率达66%。

维生素辐照损失数量受剂量、温度、氧气存在与食品类型等影响。一般来说，在无氧或低温条件下辐照可减少食品中任何维生素的损失。

（三）食品辐照的生物学效应

食品辐照的生物学效应与生物机体内的化学变化有关，对某些物质的辐照效应可分为直接作用和间接作用两种。由机体内含有的水分而产生的间接作用在辐照总反应中占重要部分，而在干燥的或冷冻组织中就很少有这种间接作用。

食品中的活体生物在接受一定剂量的辐照后表现出辐照效应，发生生理和遗传上的变化。辐照效应包括形态和结构的改变、代谢反应的改变、繁殖作用的改变。活体生物的辐照效应在接受辐照后的一定时间内表现出来，其表现的顺序和结果与辐照的剂量有关。

由于辐照效应与生物细胞体的特性，尤其是其复杂性有关，因此对所有生物的辐照效应不可能简单加以描述。不同生物的致死量范围见表5－3。

表 5-3　　不同生物的致死剂量范围

生物类型	剂量/kGy	生物类型	剂量/kGy
昆虫	0.1~1	芽孢细菌	10~50
非芽孢细菌	0.5~10	病毒	10~20

1. 微生物

辐照杀灭微生物一般以一定灭菌率所需用的 Gy 数来表示，通常以杀死微生物数量的 90% 计，用 D_{10}值表示。

当知道 D_{10}值时，就可以按下式确定辐照灭菌的剂量（D 值）。

$$\lg \frac{N}{N_0} = -\frac{D}{D_{10}} \tag{5-1}$$

式中　N_0——最初菌数；

N——使用 D 剂量后残留的菌数；

D——辐照的剂量，Gy；

D_{10}——菌残存数减到初始菌数的 10% 时的剂量，Gy。

微生物种类不同，对辐照敏感性也各不相同，因而 D_{10}值的差异也随之不同。

辐照对细菌的作用与受辐照的细菌种类和菌株、细菌浓度、介质的化学组成、介质的物理状况和辐照后的贮存环境有关。一般辐照剂量越高，对细菌杀灭率越高。

酵母菌和霉菌相比于芽孢细菌对辐照更为敏感，不同品系之间存在着巨大差异。对控制酵母菌引起的腐败所需的剂量为 4.65~20kGy，对霉菌剂量为 2.0~6.0kGy。例如，应用 2.0~3.0kGy 的辐照处理可以控制葡萄孢属霉菌对草莓果实的危害，在 10℃时可将草莓的货架期延长至 14d。酵母菌与霉菌对辐照的敏感性与非芽孢细菌相当，种类不同，其辐照敏感性也有差异。杀灭引起水果腐败和软化的霉菌所需的剂量常高于水果的耐辐照量，对酵母菌也有类似情况，通过热处理或其他方法再结合低剂量辐照则可克服上述缺陷。

病毒是最小的生物体，并且是一种具有严格专一性的细胞内寄生生物，自身没有代谢能力，但进入细胞后能改变细胞的代谢机能，产生新的病毒成分。食品辐照主要关心的问题是使现存的病毒失活，以保证食品的卫生和食物安全。从目前研究的结果看，辐照只有在高剂量下才能使病毒失活。研究表明，30kGy 的辐照剂量可使悬浮在溶液中的口蹄疫病毒失活，在干燥条件下失活则需要 40kGy。根据对多数食品原料的研究结果表明，能够产生对病毒灭活的辐照剂量对食品会产生一些不希望有的效应。由于病毒对热处理比较敏感，有时采用辐照处理和热处理相结合的方法。

2. 昆虫和寄生虫

辐照是控制食品中昆虫传播的一种有效手段，昆虫的辐照效应与细胞组成的变化密切相关。成虫的细胞对辐照敏感性较小，幼虫期的细胞比较敏感，虫卵对辐照最敏感。为了防止食品中昆虫的传播，将其立即杀死所需的剂量为 3~5kGy。1kGy 辐照足以使昆虫在数日内死亡；0.25kGy 可以使昆虫在数周内死亡，并使存活昆虫不育。一次给予足够的剂量比分次逐步增加的杀灭效果好。对某些昆虫而言，辐照前升高温度可增加它们对辐照的敏感性；而降低大气氧压，将会增加昆虫的耐辐照性。

辐照对寄生虫的作用随剂量率不同而不同。一般对于幼虫来说，随着辐照剂量的增加，出现的辐照效应依次为：雌性成虫不育、抑制正常的成熟、死亡。如使猪旋毛虫不育的剂量为0.12kGy，抑制其生长大概需要0.2～0.3kGy，使其死亡大概需要7.5kGy。由此可见，对于控制寄生虫的生长和生殖来说，需要的辐照剂量并不太大。

3. 果蔬

辐照处理能够调节果实的生理代谢，延缓成熟和衰老，并对水果的品质产生影响。对于有呼吸高峰期的水果来说，若在高峰出现前对果实进行辐照处理，由于辐照干扰了果实内乙烯的合成，就可抑制其高峰的出现，从而延长果实的贮存期。辐照能使水果化学成分发生变化，并影响果实的品质。水果经辐照后，原果胶转化成果胶和果胶酸，纤维素和淀粉发生降解，果实组织变软；果实色素发生变化，果实鲜红的颜色会变为淡红色或粉红色。

新鲜蔬菜的辐照效应包括呼吸速率的变化、细胞分裂受到抑制、正常生长和衰老受阻，以及化学成分的变化。作物收获后的发芽是食品变坏的一种方式，因此可以采用辐照对它们进行抑制，以延长产品的货架期。抑制发芽所需的剂量因作物种类和所期望的效应不同而异，应用0.15kGy甚至更低的辐照剂量就可以抑制马铃薯、干薯、洋葱、大蒜和板栗的发芽，而且这个效应是不可逆的。2～3kGy的辐照能够抑制蘑菇延迟打开菌盖。

三、影响食品辐照效果的因素

食品对放射线的敏感性是辐照处理的一个基础性问题，它受各种因素的影响，所涉及的条件包括辐照剂量的大小、食品本身的性质以及食品辐照后的贮藏条件等。

（一）放射线的种类

能用于食品的离子化放射线有高速电子流、γ射线及X射线。射线的种类不同，作用效果也会发生相应的变化。有试验认为γ射线与高速电子流照射虽然是两种不同的放射线，但杀菌效果是一样的。而其他的放射线，则会发生相当大的变化，无论哪种情况，电离密度越大，其杀菌效果越好。

γ射线是一种穿透力极强的电磁射线，当其透过生物机体时，会使机体中的水和其他物质发生电磁作用，产生游离基或离子，从而影响到机体的新陈代谢过程，严重时则杀死细胞。

（二）照射剂量和剂量率

根据各种食品的贮藏目的和各自的特点，射线的最适照射剂量是不同的，如用铯137的γ射线处理草莓，1kGy可保存5d，2kGy可保存9d。此外，辐照贮藏的效果还与剂量率有关，同等的辐照剂量，高剂量率辐照，照射时间就短；低剂量率辐照，照射时间就长。一般而言，在进行食品辐照时通常使用较高的剂量率进行辐照，贮藏效果更佳。由于照射时的剂量不同，作用也有差别，食品辐照的目的及所需剂量见表5－4。

表 5-4　　食品辐照的参考剂量范围

食品辐照处理目的		剂量/kGy	被辐照食品
低剂量辐照（1kGy 以下）	抑制发芽	0.05~0.15	马铃薯、洋葱、大蒜、生姜等
	杀灭害虫、寄生虫	0.15~0.50	粮谷类、水果、干果、干鱼和猪肉等
	延迟生理过程（如后熟）	0.5~1.0	新鲜水果和蔬菜
中剂量辐照（1~10kGy）	延长货架期	1.0~3.0	鲜鱼、草莓等
	抑制腐败菌和致病菌	1.0~7.0	新鲜或冷冻水产品，未加工的或冷冻的禽类或肉类等
	改良食品的工艺品质	2.0~7.0	葡萄（提高出汁率）、脱水蔬菜（减少烹调时间）等
高剂量辐照（10~50kGy）	商业性杀菌（同加热相结合）	30~50	肉类、家禽、海产品、加工食品、医院的无菌食品
	某些食品添加剂或成分的抗污染	10~50	调味品、酶制品、天然胶等

（三）食品本身的性质

食品本身的病菌污染程度（如微生物的多少、微生物生长状态）、寄生虫的多少、生长发育阶段、成熟度、呼吸代谢强度等，均对辐照处理贮藏效果有很大的影响。在微生物的生长周期中，处于稳定期和衰亡期的细菌对放射线有较强的抵抗性，而处于对数增长期的细菌则敏感性很强。另外，培养条件也影响微生物对放射线的敏感性，例如，与好气培养相比，厌氧培养的细菌或者低温度培养的细菌，对放射线的抵抗性大。如高峰型果实只有在呼吸峰之前辐照才能延缓成熟。又如，上等大米的变质剂量极限为0.5kGy，中下等大米的变质剂量极限为0.45kGy。在照射剂量相同的情况下，品质好的大米，食味变化小；品质差的大米，食味变化大。大量的试验资料表明，食品含水量高低对辐照敏感性影响很大，水分越少，辐照对食品品质的影响越低。

（四）温度

辐照杀菌中，在接近常温的范围内，温度对杀菌效果的影响不大。一般认为，在冰点以下，辐照不产生间接作用或间接作用不显著，因此，微生物的抗辐照性会增强。但是，在冻结工艺控制不当时，由于细胞膜受到损伤，微生物对辐照的敏感性也会增强。

辐照前后的工艺过程中所进行的热处理对辐照杀菌也有着重要的意义。因为在辐照过程中，要使存在于食品中的酶钝化就需要远比杀菌剂量高得多的剂量。在辐照杀菌后的贮藏过程中，还会因残存酶的作用而使食品质量下降。所以，就有必要在辐照前或后进行热处理。热处理的目的是破坏酶，因而辐照前或后进行都可以，但是辐照后进行热处理，比辐照前进行热处理杀死细菌芽孢的效果更好。

（五）氧气

在有氧气条件下，食品受到的辐照损伤或辐照效应较大，即在有氧气的情况下可提高产品的辐照敏感性。分子态氧的存在对杀菌效果有显著的影响，一般情况下，氧存在会增强杀菌效果。辐照时射线可以使空气中的氧电离，形成氧化性很强的臭氧。对于蛋白质和脂肪含量较高的鱼类和肉类食品，空气中氧的存在将会造成一定的氧化作用，特别是在中、高剂量照射的情况下更为严重。为了防止氧化生成过氧化物，在肉类食品辐照处理时就要采用真空包装或真空充氮包装以降低氧的含量，有助于提高产品的质量。

四、 辐照在食品中的应用

（一）辐照在果蔬类食品中的应用

辐照处理新鲜果蔬产品的作用包括：抑制呼吸作用和内源乙烯产生及过氧化物酶等活性而延缓成熟衰老，抑制发芽，杀灭害虫和寄生虫，抑制病原微生物的生长活动并由此而引起的腐烂，从而减少采后损失和延长产品的贮藏寿命。

在新鲜果蔬的辐照处理中，通常应用低剂量辐照，剂量一般在 10～1000Gy，主要目的是去除寄生虫和害虫，产生对新鲜果蔬产品有益的生理效应，抑制鳞茎和块根作物的发芽及延迟转跃期果实的成熟，而要控制新鲜果蔬中的病原菌和腐败微生物则需要 1kGy 以上更高的剂量。

草莓的辐照应在果实形成了应有的颜色和充分成熟前进行，否则辐照后果实不能形成正常的颜色。通常 0.75～1.0kGy 的剂量可取得显著的效果，但要通过防霉而获得满意的保鲜期，则可能要 1kGy 或更高的剂量。经 2～3kGy 辐照的草莓在 10℃保藏，可以使货架期延长到 14d。柑橘要完全控制霉菌的危害，辐照剂量一般为 0.3～0.5kGy。柑橘在剂量高达 2.8kGy 时，皮上会产生锈斑。采用辐照结合 53℃的热处理保持 5min，可以将柑橘的辐照剂量降至 1kGy，同时也可控制住霉菌及防止皮上锈斑的形成。广柑在 0℃的条件下用 1kGy 剂量照射处理，当库温为 0℃时，即使贮藏 3 个月也与新鲜广柑难以区分，未经辐照处理的腐烂率达到60%，经辐照处理的仅为2%。再如，桃是一种很难保存的鲜果，如果用2～3kGy 剂量进行辐照杀菌，就可以防止棕色溃烂和酒曲霉活动。未经辐照处理的桃在冷藏温度下保存，经两个星期就开始软化，而经处理的桃在室温下可保存 14d，在 4.4℃条件下可保存 30～45d。辐照延迟水果的后熟期，对香蕉等热带水果十分有效。对绿色香蕉的辐照剂量低于 0.5kGy 即可，但对有机械损伤的香蕉一般无效。用 2kGy 即可延迟木瓜的后熟，一般采用 1～1.5kGy。水果的辐照处理，除了能延长贮藏寿命外，辐照还可以促进水果中色素的合成，如桃、苹果等辐照后可促进胡萝卜素、花青素等的生成。辐照还能够增加水果榨汁产量，在 0.5～1kGy 的辐照剂量范围内葡萄汁的产量随辐照剂量成比例增加。辐照处理在一定程度上还会改进果实的品质，如京白梨经 0.25kGy 照射后，在 13～20℃室温贮藏 3 个月，好果率为 66.61%，总糖度提高 0.67%。

蔬菜中辐照效果最明显的是土豆、洋葱、大蒜、萝卜等的抑制发芽作用，同时也有延缓这些蔬菜新陈代谢的作用。辐照后，在常温下贮藏时，贮藏期可延长至 1 年以上。蘑菇经辐照后延长期限较短，一般十几天，目的是防止其开伞。蘑菇的辐照效应因辐照剂量和蘑菇的种类而有不同。低于 1kGy 的剂量能将食用蘑菇菌盖开裂及严重变色延迟数天，2～3kGy 的辐照剂量能够抑制蘑菇的菌盖开裂和菌柄的伸长，辐照后在 10℃保藏时可以使货架期至少延长 2 倍。

（二）辐照在畜禽肉类食品中的应用

一般来说，3kGy 以上的剂量能够保证辐照肉类的卫生安全性，延长肉类货架期的剂量范围通常在 1 ~ 2.5kGy，在通常条件下应尽可能应用低辐照剂量，过高的剂量会导致辐照异味的产生。

鲜肉类中主要的腐败微生物是假单胞菌属，此类微生物对辐照相对敏感，其 D_{10} 值为 20 ~ 50Gy。因此，相对小的辐照剂量 500 ~ 1000Gy 就能有效地将这种肉类污染物群体降到很低的水平。一些研究结果表明，感染了旋毛虫的猪肉经 0.15 ~ 0.30kGy 辐照后能够导致旋毛虫不育，使潜入的幼虫不能够发育成熟。感染了弓形虫的猪肉经 0.3 ~ 0.7kGy 辐照后能够使弓形虫失去生活力。

用高剂量辐照处理肉类产品之后不需要冷冻保藏。所用辐照剂量能破坏抗辐照性强的肉毒梭状芽孢杆菌菌株，对低盐、无酸的肉类需用剂量约 45kGy。产品必须密封包装，防止辐照后再受微生物的污染。为了抑制酶的活性，在辐照处理之前，先加热至 70℃，并保持 30min，使其蛋白分解酶完全钝化后再进行照射，其效果最好，否则辐照虽杀死了有害微生物，但酶的活动仍然可使食品质量不断下降。高剂量辐照处理后产品会产生异味，此异味随肉类的品种不同而异，牛肉产生的异味最强。目前防止异味的最好方法是在冷冻温度 -80 ~ -30℃下进行辐照，因为异味的形成大多是间接的化学效应，在冷冻温度下，食物中的水结成冰而消除了液相，固定了自由基，抑制了其与肉类中产生异味的其他成分的作用。

目前冷冻禽肉推荐的辐照加工的剂量为 3 ~ 5kGy，冷藏的禽肉推荐的辐照加工剂量为 1.5 ~ 2.5kGy。

（三）辐照在水产类食品中的应用

为了延长贮藏期，低剂量辐照鱼类常结合低温（3℃以下）贮藏。不同水产品有不同的剂量要求。鲱鱼的合适辐照剂量为 1.0 ~ 2.0kGy，在 2℃的条件下可以保藏 10 ~ 14d。淡水鲈鱼在 1 ~ 2kGy 剂量下，可延长贮藏期 5 ~ 25d。太平洋鳕鱼的合适辐照剂量为 0.5 ~ 1.0kGy。

经 1.5kGy 辐照的鲭鱼在 0℃条件下可以保藏 21 ~ 24d，在 5℃的条件下可以保藏 13 ~ 15d，在 7℃的条件下可以保藏 7 ~ 11d。鲤鱼在真空包装和 0℃条件下的合适辐照剂量为 5kGy，经辐照后的保存期为 35d，而对照的保藏期为 15d。在 0 ~ 2℃的条件下经 1.5kGy 辐照的鲤鱼开始发生腐败的时间为 16 ~ 31d。

（四）辐照在其他食品中的应用

蛋类辐照的主要目的是去除危害健康的沙门氏菌。蛋白质受到辐照降解而使蛋液黏度降低，一般蛋液及冰冻蛋液可用 β 及 γ 射线辐照，灭菌效果良好。对带壳鲜蛋可用 β 射线辐照，剂量在 10kGy 左右。0.5kGy 的辐照可以有效杀灭全蛋表面的肠炎沙门氏菌，1.5kGy 可以充分杀灭全蛋蛋壳和鸡蛋内的微生物，并对蛋的质量没有明显影响。罗布麻茶最佳灭菌剂量为 6 ~ 9kGy。利用 γ 射线辐照经适当包装的辣椒粉，在辐照剂量为 5kGy 时，可使细菌总数下降 3 ~ 4 个数量级。

第二节　超高静压技术

【学习目标】

1. 了解超高静压技术概念、特点及基本原理。
2. 熟悉超高静压技术在食品工业中的应用。

【基础知识】

早在 1899 年，美国化学家伯特·海特（Bert Hite）首次发现了 450MPa 的高压能延长牛乳的贮藏期。1986 年日本率先完成工业化试验，1989 年第 1 批超高静压加工的果酱应市，目前又将超高静压技术应用海洋鱼类的食品加工上。我国超高静压技术在食品加工中的应用虽然处于起步阶段，但目前已有企业采用国产超高静压设备与技术加工鲜牡蛎、鲜海参、鲜果汁及水果等食品并已成功上市。这标志着我国在超高静压技术装备制造方面已取得突破性进展，对推动我国超高静压技术在食品领域的产业发展具有十分重要的意义。

一、超高静压技术概述

（一）超高静压技术概念

超高静压技术简称高压技术或静水压技术，是将食品原料包装后密封于超高压容器中，在一定压力（100～1000MPa）和温度下加工适当的时间，杀灭食品中的细菌等微生物，同时使食品中的酶、蛋白质和淀粉等生物高分子改变活性、变性或糊化，从而达到食品灭菌、保藏或加工的目的。

（二）超高静压技术特点

超高静压技术在食品杀菌、加工技术领域具有独特的优点：作用均匀、瞬时、高效；易控制，操作安全，能耗低，污染少；可保持食品固有的营养品质和风味；改善生物多聚体的结构，调整食品质构；不同压力作用影响性质不同。

（三）超高静压技术加工基本原理

超高静压加工食品的原理是：当食品在超高压状态下时，其中的小分子（如水分子）间的距离会缩小，而食品中的蛋白质等大分子团构成的物质仍保持原状。这时水分子就会产生渗透和填充作用，进入并且黏附在蛋白质等大分子团内部的氨基酸周围，从而改变了蛋白质的性质，当压力下降为常压时，变性的大分子链会被拉长，使其部分立体结构遭到破坏，从而使蛋白质凝固、淀粉变性、酶失活，细菌等微生物被杀死，食品的组织结构改善，促成新型食品生成。只作用于非共价键是超高压技术的一个独特性质，因此它对维生素、色素和风味物质等低分子物质的共价键无明显影响，可较好地保持食品原有的营养价值、色泽和天然风味。

（四）影响超高静压技术杀菌的因素

1. 压力

在一定范围内，压力越高，杀菌效果越好。多数微生物经100MPa以上的加压处理即可杀灭，细菌、霉菌、酵母菌等营养体在300～400MPa加压后可以杀灭，病毒和寄生虫低压处理即可杀灭。

在低压处理时可以提高芽孢菌的灭死率，随着压力的升高（400MPa以上），菌残存率趋于稳定变化。适当的压力（200～400MPa）可以促使孢子发芽，生成的营养体就很容易被压力破坏。若压力过高（400MPa以上），则孢子的发芽又会受到抑制，从而在压力环境中保存下来。释压后，孢子经复活培养基的活化，有可能还原成活细胞，使残存率增加。对于多数不耐压的微生物而言，微生物的死亡遵循一级反应动力学，其压力致死（灭活）曲线在半对数坐标中呈直线，压力愈高，菌体死亡速率愈快。

2. 时间

在某一压力下，随着持压时间的延长，杀菌效果会有所提高。超高静压杀菌可以分为低压长时、高压短时和超高压瞬时杀菌。低压长时间杀菌是指在400MPa左右加压处理10～20min；高压短时杀菌指在600MPa左右加压处理1～2min；超高静压瞬时杀菌指在600MPa以上加压处理数秒至1min以内。但是，当细菌残留率达到一定值后，单纯的增加超高静压处理时间，杀菌效果不是很明显，只有结合其他的处理方式，才可以进一步提高杀菌效果。

3. 温度

超高静压作用下，低温或高温能提高灭菌效果。果汁在适当温度下加压可以降低酵母菌、霉菌的致死压力。枯草杆菌的孢子在800MPa下也很难被完全杀死，但在45～60℃时，600MPa即可杀灭。高压热处理会由于压力作用而放大，如控制好温度，可减少加工时间和压力。某些微生物如大肠杆菌在加压至400MPa时，反而能生存，此时在低温高压下处理，杀菌效果会增强。当菌悬液的水相出现冰晶，细胞受到机械损伤，同时又受到压力作用，杀菌效果增强。蛋白质在低温高压下敏感性增强，容易变性，酶活力较弱，且在低温下有利于保持食品的风味及营养。

4. pH

第一代高压食品以酸性食品为主，如果酱果汁。高浓度的氢离子可引起菌体表面蛋白质和核酸水解，破坏酶类水解。压力会改变介质的pH，并逐渐缩小微生物生长的pH范围，在68MPa下，中性磷酸盐缓冲液的pH将降低四个单位。在食品允许范围内，改变介质pH，使微生物生长环境劣化，也会加速微生物的死亡速率，缩短灭菌时间。

5. 水分活度

水分活度对灭菌效果影响很大。较高水分活度下，高压可使微生物细胞减少两个数量级，而低水分活度产生细胞收缩作用，使细胞在压力中存活下来。当水分活度低于0.88时，基质对微生物有明显的保护作用。研究表明，水分活度对超高静压的杀菌效果影响较大，对于固体与半固体的超高静压杀菌，考虑水分活度的影响十分重要。

6. 食品组分

食品组分是影响高压杀菌的重要因素。在高浓度蛋白质、高脂肪、高糖的食品体系中，微生物的耐压性增高。例如，在果汁中含糖量越高，加压杀菌的效果就越差。鸡肉培养基中的沙门氏菌暴露在340MPa加压90min仍不能完全灭菌，主要是由于脂肪、蛋白等大分子有机物具有缓冲保护作用，而且这些营养物质加速了微生物的繁殖和自我修复功能。

二、 超高静压技术在食品工业中的应用

在食品领域，可利用超高静压技术加工的食品种类繁多，既有液体食品，也有固体食品。此外，还可用于中药、血浆的防止微生物污染等。蛋白质、淀粉、油脂、水等许多物质及其混合物在超高压下，不仅保持原有食品风味、营养状况，更受到消费者的欢迎，而且它们的物理性质发生一系列明显的变化，对这些变化的研究将可能会在医药、保健品、化妆品等方面取得突破性进展，因而超高静压食品加工技术有着潜在的社会效益和经济效益，以及十分广阔的应用前景。

（一）超高静压在果蔬加工中的应用

果蔬产品的杀菌是超高静压技术在食品加工中最成功的应用。与传统的热力杀菌相比，超高静压技术可以在常温或较低温度下达到杀菌、抑酶及改善食品性质的效果，不会破坏果蔬制品的新鲜度和营养成分，符合消费者对果蔬制品营养和风味的要求。

新鲜果汁中富含蛋白质、维生素、氨基酸以及还原糖等营养成分，传统热力杀菌处理会使这些营养成分损失很大，超高静压杀菌技术则可以有效地避免果汁中营养成分大量损失。超高静压杀菌属于冷杀菌技术，其操作过程在常温下进行，并且超高压只作用于非共价键，不影响共价键，因而能较好保持果汁原有的口感、风味及色泽。

（二）超高静压在肉制品加工中的应用

采用超高静压技术处理肉制品，可以有效改善肉制品的柔嫩度、风味、色泽和成熟度等特性，同时还可以延长肉制品的货架期。

超高静压还可以直接生产新产品。例如，经400MPa或600MPa，作用保持10min，处理后的生猪肉就可以被食用。其原因是猪肉的蛋白质已经变性，肉色已转白，细菌检查结果表明大肠杆菌为阴性。日本一家公司还利用超高静压加工的方法使瘦牛肉变成这样，乳蛋白被处理后其凝胶化性能提高，会附着在瘦肉中间，使牛肉肥瘦相间，吃起来风味更佳。

（三）超高静压在水产品加工中的应用

水产品加工后要求具有水产品原有的风味、色泽、口感及质地。常用的干制处理、热处理都不能满足要求，而超高静压处理后的水产品可较好地保持原有的新鲜风味。超高静压处理可以使某些导致腐败的酶类致死，调节鱼类的组织，同时致死腐败微生物与病原菌。众所周知，鱼肉含有丰富的不饱和脂肪酸，高压处理则尽可能地保留住鱼肉中的营养成分。日本大洋渔业公司研究所将狭鳕鱼糜装入乙烯袋内，并放入水中，从四周均匀地加压到400MPa，保持10min，即能制成鱼糕，加压后的鱼糕透明，咀嚼感坚实，弹性比原来高出50%。美国一家公司利用超高静压技术处理牡蛎（250～300MPa处理10min），牡蛎的外壳自动脱落，使前处理节省了大量人力、物力和财力。

（四）超高静压在酒类加工中的应用

酒类生产中酒的自然陈化是个耗时、耗能的处理过程，而超高静压技术对酒的催陈可起到重要作用。申圣丹等用超高压射流处理新酒，以总酸、电导率、异戊醇/异丁醇、

四大酯为指标与常压（0.1MPa）下的新酒对比，并将各酒样存放1个月，检测各项指标用以对比，发现随着压力的上升，总酸、电导率、乳酸乙酯增加，异戊醇/异丁醇等均有所变化，总的趋势是朝酒陈化方向变化。

此外，超高静压技术在啤酒中还具有良好的杀菌作用。刘睿颖等采用超高压水射流设备对新鲜未经灭菌的啤酒清酒进行灭菌处理，分析压力对灭菌效果的影响。结果表明：超高压射流对啤酒中主要的腐败菌——乳酸菌具有很好的杀菌作用，而且随着射流压力的增大，其杀菌效力也不断增大，当压力控制在150MPa以上时，可以将啤酒中的乳酸菌完全杀灭。

（五）超高静压在乳制品加工中的应用

热处理是现代乳制品生产中最常见的加工处理方法。它能杀灭乳品中部分或全部的微生物、破坏酶类、延长产品的保质期。超高静压技术既能够保证乳品在微生物方面的安全，又可以较好地保持乳品固有的营养品质、风味和色泽。

酪蛋白是牛奶中的主要蛋白质，超高静压处理使酪蛋白胶粒直径变小，乳蛋白表面暴露的疏水性基团增加，引起乳清蛋白变性，使其凝块。胡志和等对酪蛋白用超高静压进行处理表明，超高静压处理能够明显改善酪蛋白的加工特性，其黏度、持水性、溶解性、乳化性均有较大幅度的提高，在400MPa时效果最好。通过对超高静压处理的牛奶和经单一的巴氏杀菌的牛奶生产的两种奶酪进行对比，发现经超高静压处理之后生产的奶酪持水性更强，货架期远远高于传统的杀菌方法。

（六）超高静压在蛋制品加工中的应用

将600MPa的压力作用于鸡蛋时，蛋虽然是冷的，但却已经凝固。与加热煮熟的鸡蛋相比，这种蛋的味道非常鲜美，蛋黄呈鲜黄色且富有弹性。研究表明，超高静压处理使蛋白质变性的凝胶比加热凝胶软且更富弹性，消化率较好。此外，氨基酸和维生素没有损失，保留了鸡蛋的自然风味，不会生成其他物质。夏远景等对液体蛋超高静压处理后细菌致死率与处理压力、保压时间的关系做了研究。结果表明，随着压力和保压时间的增加，液体蛋中细菌致死率逐渐增大；压力为440MPa，保压20min时，细菌致死率为99.90%。压力400MPa、保压20min，蛋液的细菌总数由初始13100cfu/mL降到31cfu/mL，完全符合国家鸡蛋卫生标准细菌总数的要求。经感官评定，室温下，密封于消毒培养皿中未经处理的液体蛋在10d时便已发霉、变质，而经过300MPa、保压10min处理的液体蛋在30d时依然新鲜如初。

（七）超高静压技术在有效成分提取中的应用

与传统的提取方法相比，超高静压技术在有效成分提取方面具有提取时间短、提取得率高、能耗低的优点。超高静压提取可在常温下进行，避免了因热效应引起的有效成分结构变化、损失以及生理活性的降低。目前，超高静压技术已应用在多糖类成分、黄酮类成分、皂苷类成分、生物碱类成分、萜类及挥发油、酚类及易氧化成分的提取中。

（八）超高静压技术在谷物及豆制品中的应用

谷物和豆类是人类饮食中能量的主要来源，它们提供了人体所需能量和8%的蛋白质及多种维生素。谷物可降低心脏病及一些肠胃癌和呼吸道疾病的发病率。长期以来，谷物的加工都要经历很多热过程，并以此来提高消化性和消除过敏反应，但营养物质的损失较为严重。但在压力处理过程中，色泽、形状等没有发生明显的变化。通常情况下，蔬菜中的蛋白通过真空包装贮存在冷冻条件下。通过超高静压处理后的豆腐，微生物数量明显减少，且消化性也随之提高。

第三节　栅栏技术

【学习目标】

1. 理解栅栏技术的概念及原理。
2. 掌握栅栏技术在肉制品加工、果蔬加工及乳品工业等方面的应用。

【基础知识】

栅栏技术是多种技术的科学结合，这些技术协同作用阻止食品品质的劣变，将食品的危害性以及在加工和商业销售过程中品质的恶化降低到最小程度，它是食品保藏的根本所在。

一、栅栏技术简介

（一）栅栏因子

栅栏因子理论是德国肉类研究院专家莱斯特纳（Leistner）和罗伯（Robel）于1976年提出的一套系统地、科学地控制食品保质期的理论。该理论认为，食品要达到可贮性与卫生安全性，其内部必须存在能够防止食品所含腐败菌和病原菌生长繁殖的因子，这些因子通过临时或永久性打破微生物的内平衡而抑制微生物的腐败与产生毒素，保持食品的品质。这些因子被称为栅栏因子。

现今可用于食品保质的技术和方法，无论是传统法或现代法，按其基本原理大致包括少数几大类，可将每一类方法都看作是食品防腐保质的一个因子，分别为 T（高温杀菌）、t（低温抑菌）、pH（调节酸碱度）、A_W（调节水分活度）、Eh（降低氧化还原值）、c. f（优势菌群）和 Pres.（添加防腐剂）等。到目前为止，食品保藏中已经得到应用和有潜在应用价值的栅栏因子的数量已经超过100个，其中已用于食品保藏的大约50个。在这些栅栏因子中最重要和最常用的是：①温度，高温或低温；②pH，高酸度或低酸度；③水分活度，高水分活度或低水分活度；④氧化还原值，高氧化还原电位或低氧化还原电位；⑤气调，二氧化碳、氧气、氮气等；⑥包装，真空包装、活性包装、无菌包装、涂膜包装；⑦压力，（超）高压或低压；⑧辐照，紫外、微波、放射性辐照等；⑨物理加工法，阻抗热处理、高压电场脉冲、射频能量、振动磁场、荧光灭活、超声处理等；⑩微结构，乳化法等；⑪竞争性菌群，乳酸菌等有益菌固态发酵法等；⑫防腐剂，有机酸、亚硝酸盐、硝酸盐、乳酸盐、醋酸盐、山梨酸盐、抗坏血酸盐、异抗坏血酸盐等。

（二）栅栏效应及栅栏技术

上述栅栏因子单独或相互作用形成特殊的防止食品腐败变质的栅栏，决定着食品微生物的稳定性，抑制引起食品氧化变质的酶类的活性，即栅栏效应（图 5 -2）。在实际生产中，常运用不同的栅栏因子科学组合发挥协调作用，从不同方面抑制食品中腐败菌的生长和繁殖，对这些微生物形成多靶攻击，从而改善食品品质，保证食品的卫生安全性，这一技术即为栅栏技术。

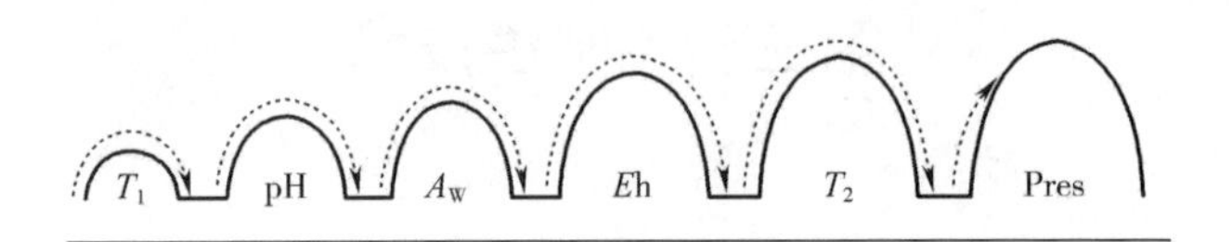

图 5 -2　栅栏效应示意图

T_1—食品的热处理温度　T_2—食品的贮藏温度　Pres—食品防腐剂

二、 栅栏技术基本原理

在食品防腐保藏中的一个重要现象是微生物的内平衡，内平衡是微生物维持一个稳定平衡内部环境的固有趋势。具有防腐功能的栅栏因子扰乱了一个或更多的内平衡机制，因而阻止了微生物的繁殖，导致其失去活性甚至死亡。

几乎所有的食品保藏都是几种保藏方法的结合，例如：加热、冷却、干燥、腌渍或熏制、蜜饯、酸化、除氧、发酵、加防腐剂等，这些方法及其内在原理已经被人们以经验为依据广泛应用了许多年。如图 5 -3 所示，栅栏技术囊括了这些方法，并从其作用基理上予以研究，而这些方法即所谓栅栏因子。栅栏因子控制微生物稳定性所发挥的栅栏作用不仅与栅栏因子种类、强度有关，而且受其作用次序影响，两个或两个以上因子的作用强于这些因子单独作用的累加。某种栅栏因子的组合应用还可大大降低另一种栅栏因子的使用强度或不采用另一种栅栏因子而达到同样的保存效果，即所谓的“魔方”原理。

图 5 -3　“栅栏技术”漫画（《国际食品研究》）

三、栅栏技术在食品加工中的应用

栅栏技术在食品行业得到广泛应用，通过这种技术加工和贮存的食品也称为栅栏技术食品（HTF）。在拉丁美洲，栅栏技术食品在食品市场中占有很重要的位置。栅栏技术在美国、印度以及欧洲一些国家已经有较大发展，近年来，在我国食品加工业中的应用也已兴起。

（一）栅栏技术在肉类加工中的应用

1. 传统肉制品的生产工艺及特点

中国的肉制品加工经过漫长的发展历史，形成了风味各异、丰富多彩的产品。依其加工方法和产品特性，可将其分类为腌腊制品、糟卤制品、肉干制品、香肠制品、火腿制品、烧烤制品、烟熏制品、罐头制品及其他制品等。传统的加工方法大多是利用高盐、低水分活度来延长其货架寿命。以腌腊制品为例，腌腊制品主要是以禽畜肉或其可食内脏为原料，辅以食盐、酱料、硝酸盐或亚硝酸盐、糖或香辛料等，经原料整理、腌制或酱渍、清洗造型、晾晒风干或烘烤干燥等工序加工而成。

2. 肉类加工中常用栅栏因子分析

肉制品的腐败变质主要由微生物污染增殖和脂肪酸败造成。通过对原料肉、辅料及加工工艺流程中微生物消长情况的研究，可以确定保障肉制品卫生质量的各个关键控制点，然后据此对栅栏因子进行选择，从而既能使产品加工工艺过程简化，又能达到卫生标准。

（1）热加工　高温热处理是最安全和最可靠的肉制品保藏方法之一。加热处理就是利用高温对微生物的致死作用。从肉制品保藏的角度，热加工指的是两个温度范畴，即杀菌和灭菌。

（2）杀菌　杀菌是指将肉品的中心温度加热到65～75℃的热处理操作。在此温度下，肉制品内几乎全部酶类和微生物均被灭活或杀死，但细菌的芽孢仍然存活。因此，杀菌处理应与冷藏相结合，同时要避免肉制品的二次污染。

（3）灭菌　灭菌是指肉制品的中心温度超过100℃的热处理操作。其目的在于杀死细菌的芽孢，以确保产品在流通温度下有较长的保质期。但经灭菌处理的肉制品中仍存有一些耐高温的芽孢，只是量少并处于抑制状态。在偶然的情况下，经一定时间，仍有芽孢增殖导致肉制品腐败变质的可能。因此，应对灭菌之后的保存条件予以重视。

（4）低温保藏　低温保藏是控制肉类制品腐败变质的有效措施之一。低温可以抑制微生物生长繁殖的代谢活动，降低酶的活性和肉制品内化学反应的速度，延长肉制品的保藏期。如当温度降到－15～－10℃时，除了少数嗜冷菌外，大多数细菌都已停止发育。但温度过低，会破坏一些肉制品的组织或引起其他损伤，而且耗能较多。因此在选择低温保藏温度时，应从肉制品的种类和经济两方面来考虑。

肉制品的低温保藏包括冷藏和冻藏。冷藏就是将新鲜肉品保存在其冰点以上但接近冰点的温度，通常为－1～7℃。在此温度下可最大限度地保持肉品的新鲜度，但由于部分微生物仍可以生长繁殖，因此冷藏的肉品只能短期保存。冻藏是把肉进行深度冷冻（内部也结冰），使其中大部分汁液冻结成冰，中心温度一般降至－18℃为宜。在此温度下可阻止各种酶的活性，延缓氧化作用进程，可进行长期贮藏。

（5）水分活度　水分活度是肉品中的水的蒸气压与相同温度下纯水的蒸气压之比。当环境中的水分活度值较低时，微生物需要消耗更多的能量才能从基质中吸取水分。基质中的水分活度值降低至一定程度，微生物就不能生长。一般大部分细菌生长的最低水分活性均大于0.94，且最适宜水分活性均在0.995以上。如传统的中国腊肠就是通过降低水分活度为主要栅栏因子来保证产品质量的，其水分活度值为0.75左右。

随着食品科学技术的发展，食品水分活度的重要性愈来愈受到人们的重视，各国科学家正在研究通过控制水分活度来达到免杀菌保存食品的新途径。

3. 栅栏技术在肉类加工应用中的发展

在常规栅栏因子之外，近年各国研究人员正在积极研究各种新型实用的栅栏因子，希望以更低的成本获得更合适的保鲜方式。

（1）气调技术　气调保鲜技术较多应用在鲜肉保鲜上，其机理是通过在包装内充入一定的气体，破坏或改变微生物赖以生存繁殖的条件，以达到保鲜的目的。气调包装用的气体通常为CO_2、O_2和N_2。每种气体对鲜肉的保鲜作用不同，通过这3种气体的不同配比，可达到相应的效果。

（2）辐照技术　肉品辐射贮藏是利用放射性核素发出的射线，在一定剂量范围内辐照肉，杀灭其中的害虫，消灭病原微生物及其他腐败细菌，或抑制肉品中某些生物活性物质和生理过程，从而达到保藏或保鲜的目的。辐照杀菌又分消毒杀菌和完全杀菌，其主要区别是辐照剂量的差别，通过控制剂量，来达到部分或全部的杀菌效果。

（3）细菌素应用　乳酸链球菌素（Nisin）是第一个被发现的具有杀菌能力的细菌素，也是目前唯一被允许作肉类食品防腐保鲜剂的细菌素，是从链球菌属的乳酸链球菌发酵产物中提取的一类多肽化合物，又称乳酸链球菌肽。Nisin可抑制大多数革兰氏阳性菌（特别是可生成孢子的细菌），如乳杆菌、链球菌、明串珠菌、小球菌、葡萄球菌、李斯特菌芽孢杆菌、梭状芽孢杆菌等。它能够有效地阻止肉毒梭状芽孢杆菌的孢子发芽，其在保鲜中的重要价值在于对芽孢杆菌的有效作用，这些孢子是食品腐败的主要微生物。Nisin已在国内外应用于肉制品加工中。

（4）超高压　超高压加工是指用100MPa以上（100～1000MPa）的静水压力对食品物料进行处理，达到灭菌、物料改性和改变食品的某些理化反应速度的效果。大部分应用的高压处理过程是纯物理过程，具有瞬间压缩、作用均匀、操作安全和耗能低的特点，其最大优越性在于这种技术是目前人们发现的能最好保持食物天然色、香、味和营养成分的加工技术，同时它也可用来改善食品的组织结构或生成新型食品。超高压技术作为一种新兴的食品处理技术，用于肉类加工可以实现成型、杀菌、嫩化，并可以在包装后进行处理，在改善肉品质、抑菌和节能等方面表现出独特的优势，同时也防止了产品的二次污染，为肉品的加工、贮藏和开发提供了新途径。

4. 栅栏技术在肉制品设计和加工中的应用趋势

栅栏技术已经广泛应用于肉类食品的保藏，不过它与高新技术结合才是最有效的。现代肉类保藏中，将栅栏技术与关键危害点（HACCP）、良好生产规范（GMP）和微生物预报技术（PM）相结合。三者的结合应用尚需进一步研究，在结合应用中，可遵循以下的10个步骤：①确定需要改进或新开发产品的感官特性和货架寿命；②提出加工产品的技术要则和工艺流程；③分析产品的栅栏因素；④预报其微生物稳定性；⑤“恶劣”条件下进行产品主要致病菌和病源菌的接种试验；⑥从产品微生物内环境和产品总质量上全盘考虑，对设计的栅栏进行调整改进；⑦对改进后产品再进行微生物接种试验，必要时进一步调整改进栅栏，此阶段微生物预报技术的应用有助于对产品安全性的评估；⑧建立改进或新开发产品的准确栅栏（包括其范围和强度），确定出加工中的监测办法（最好采用物理法）；⑨将设计定型产品投入生产条件下试验，对其可行性予以证明；⑩建立工业化大规模生产的关键控制点和监控体系，应用HACCP管理法完善加工控制。

三者的结合可以有针对性地选择、调整栅栏因子，再利用HACCP的监控体系，保证产品的质量和安全。应用栅栏技术进行肉品设计和加工既可通过此技术预估加工肉品的可贮性和质量特性，也可以几个最重要的栅栏因子作为基础建立模式，较为可靠地预测出肉品内微生物生存情况。栅栏技术与现代新技术的有机结合是未来发展方向。

（二）栅栏技术在果蔬加工中的应用

1. 栅栏技术在鲜切果蔬产品中的应用

随着生活水平的提高，人们对食品的方便性、新鲜度及风味要求也越来越高，按照传统方法加工、保藏的果蔬难以达到这一要求，鲜切果蔬产品应运而生。这种产品是以新鲜水果、蔬菜为原料，经过清洗、修整、切分等工序，最后用塑料薄膜袋包装的一种新型果蔬加工产品，具有品质新鲜、食用方便和营养卫生的特点。鲜切果蔬的加工操作（如去皮、切割及切片等）会使果蔬的组织结构破坏、营养成分外流，极有利于微生物生长繁殖。微生物污染可使鲜切产品品质降低，货架期缩短，从而影响产品的经济价值，也会产生食源性疾病，危害公共健康。因此，微生物控制是鲜切果蔬质量安全控制中的关键问题。

随着对鲜切果蔬杀菌技术研究的深入，人们逐渐认识到单一的杀菌措施通常存在一定的缺陷，采用栅栏技术科学合理地组合各种杀菌措施，发挥其协同效应，形成对微生物的多靶攻击，才能有效抑制微生物的生长繁殖，保证鲜切果蔬的卫生质量和食用安全。

2. 鲜切果蔬中应用的栅栏因子

（1）初始带菌量　初始带菌量是指鲜切加工前原料果蔬的含菌量。初始菌量越低，越有利于其他杀菌因子发挥作用，因此有必要采取措施降低鲜切果蔬的初始带菌量。在原料果蔬生长期间，使用完全腐熟的有机肥，避免使用受粪便污染、含菌量多的水灌溉；采收后可以运用空气冷却、冰冷却、真空冷却等方式将果蔬预冷处理，进而除去田间热，降低微生物的侵染程度；在加工前要仔细清洗，清洗不仅能清除果蔬表面的污垢，还能除去表面大量微生物；有些果蔬鲜切后仍需进行二次清洗，洗除切面上的微生物和果蔬汁液，可抑制贮后微生物生长繁殖。为了加强清洗的效果，在水中常加入柠檬酸、电解水、次氯酸钠等杀菌剂或采用超声波等辅助清洗，可以杀死部分微生物，延长鲜切产品货架期及改善其感官质量。

（2）温度　微生物的生长、代谢和繁殖与环境温度具有直接相关性。适度的热处理可以在保证杀菌效果的基础上，降低鲜切果蔬呼吸率，延长货架期，且不会破坏产品的感官和营养品质。低温可以抑制微生物的生长繁殖。在生产实践中，控制合理的温度对于鲜切果蔬加工很有必要。通常原料果蔬收获后多置于5℃冷藏；在修整和剥皮过程中，环境温度一般保持在10～15℃；加工后的鲜切产品冷却到2～5℃贮藏为宜。

（3）pH　微生物的生长、繁殖都需要一定的pH条件，过高或过低的pH环境都会抑制微生物的生长。一般来说，把食品体系的pH降低到3.0～5.0就可以限制能够生长的微生物种类。鲜切果蔬常采用柠檬酸、苯甲酸、山梨酸、醋酸等有机酸抗菌剂降低pH，再联合气调包装等栅栏因子来有效控制微生物污染。

（4）化学杀菌措施　液体杀菌剂可以添加在原料果蔬的清洗去污及鲜切后的二次洗涤用水中，处理方式可以是浸泡、喷雾或喷淋等，也可以涂擦在原料果蔬或鲜切产品的表面，起到杀菌的作用。目前食品工业常用的液体杀菌剂主要是传统含氯杀菌剂（氯水、次氯酸钠、次氯酸钙等），这些杀菌剂价格低廉且具有较好的杀菌效果，但在使用的过程中容易产生对人体有害的副产物，许多欧洲国家严令禁止将次氯酸钠用于鲜切果蔬的杀菌中。因此，安全高效的杀菌剂应该是未来鲜切果蔬微生物控制的发展趋势。气体杀菌剂可以以气态形式高浓度熏蒸杀菌或在贮藏室以低浓度间断循环进行空气环境杀菌，也可以溶于水形成杀菌溶液用于原料果蔬的清洗去污及鲜切后果蔬的二次洗涤。目前鲜切果蔬微生物控制中常用的气体杀菌剂主要有臭氧和二氧化氯等。

（5）气调包装　气调包装是当前较先进的可广泛应用的贮藏保鲜技术，它根据不同果蔬产品的生理特性，用2种或多种气体组成的混合气体取代包装体内的气体，借助果蔬产品的呼吸作用与包装材料的选择性渗透，构造更适合产品保藏的环境气氛，有效地降低果蔬的生理消耗，防止无氧呼吸所引起的发酵、腐烂，以延长果蔬产品的保鲜贮运周期。

（三）栅栏技术在乳品工业中的应用

1. 温度因子在乳品工业中的应用

与地球生物圈中的各种生物一样，微生物的生长、代谢、繁殖与温度具有直接相关性，又由于哺乳动物的乳汁是各种微生物的完全培养基，所以在乳品工业中对温度的控制就显得至关重要。无论是在乳牛养殖，原料乳的收购、运输、暂存，还是在加工线上的预热、杀菌、灌装及后续工艺上的包装、贮藏，以及销售环节的运输、贮存（即乳从生产到消费的每一个环节），人们对温度的控制始终贯穿于各个环节之中。原料乳的贮藏和运输一般在5℃下进行，此外，巴氏杀菌和UHT杀菌是栅栏技术在乳品工业中成功应用的典型实例。

2. pH控制在乳品工业中的应用

作为乳品质量的一个重要衡量指标，pH的控制在乳品的加工中尤为重要。由于牛乳是一个较为复杂的包含真溶液、高分子溶液、胶体悬浮液、乳浊液及其过渡状态的分散体系，其pH的变化直接关系到整个体系的稳定性。正常新鲜乳的pH为6.4～6.8，一般酸败乳或初乳的pH在6.4以下，低酸度乳的pH在6.8以上。但由于滴定酸度可以反映出乳中乳酸的产生程度，在生产时常采用滴定酸度来反映乳的新鲜程度。在乳品加工中，针对不同的产品，对原料乳的要求也不同：发酵酸乳、UHT乳、巴氏杀菌乳等产品的原料乳的滴定酸度要求在 16°T 以下；中性含乳饮料原料乳滴定酸度在 16～18°T；炼乳和奶粉的原料乳滴定酸度在 20～22°T。

3. 照射因子在乳品工业中的应用

食品辐照是指利用射线照射食品（包括原材料），延迟新鲜食物某些生理过程（发芽和成熟）的发展，或对食品进行杀虫、消毒、杀菌、防霉等处理，达到延长保藏时间，稳定提高食品质量的目的的操作过程。辐射线主要包括紫外线、*X* 射线和 γ 射线等，其中紫外线穿透力弱，只有表面杀菌作用，而 *X* 射线和 γ 射线（比紫外线波长更短）是高能电磁波，能激发被辐照物质的分子，使之引起电离作用，进而影响生物的各种生命活动。紫外线依据不同的波长范围，被分割为 A、B、C 三种波段，其中的 C 波段紫外线波长在 240～260nm，为最有效的杀菌波段，波段中波长最强点是 253.7nm。现代紫外线消毒技术是基于现代防疫学、光学、生物学和物理化学的基础上，利用特殊设计的高效率、高强度和长寿命的 C 波段紫外光发生装置，产生的强紫外 C 光照射流水（空气或固体表面），当水（空气或固体表面）中的各种细菌、病毒、寄生虫、水藻以及其他病原体受到一定剂量的紫外 C 光辐射后，其细胞的部分氨基酸和核酸吸收紫外线，产生光化学作用，引起细胞内成分，特别是核酸、原浆蛋白、酯的化学变化，使细胞质变性，同时空气受紫外线照射后产生微量臭氧，共同杀菌作用，从而导致微生物的死亡，达到不使用任何化学药物的情况下消毒和净化的目的。

辐照因子以其物理化作用于食品加工过程中，而可以最大限度保持食品原有的营养成分受到广大科技工作者的青睐，但由于辐照食品的安全性受到广大消费者的质疑，因此其在现代食品加工中的应用还十分有限。在现有的乳品加工业，辐照技术大多只是应用在乳品仓库、车间的消毒卫生控制方面。但随着辐照食品的安全性得到消费群体的认可，辐照技术必然应用于乳品的许多加工和贮藏过程中。如对原料乳的保存；乳品加工中的冷杀菌处理；乳品包材的灭菌；乳品成品的贮藏等方面。

4. 压力因子在乳品工业中的应用

食品高压加工技术被认为是未来最具潜力、最有希望的食品保鲜加工方法。高压食品的加工处理技术就是将食品在 100MPa 以上的压力，在常温或较低温（<60℃）下，达到杀菌效果，而食品的保存期、味道、风味和营养价值不受或很少受影响的一种加工方法。高压食品与传统的烹调食品相比具有很多优越性，其主要作用是延长食品味道鲜美的时间、延长食品的保藏时间、防止微生物对食品的污染、使食品中的有害蛋白质失活、开发新的 21 世纪高质量食品。现在乳品加工中，压力因子多和温度因子联合控制使用，如在巴杀鲜牛乳生产线上常采用 70℃，1.5～1.8MPa 来均质，在发酵酸乳的生产线上常采用 25℃，2.0MPa 左右压力来均质。

5. 气调技术在乳品工业中的应用

气调技术大多是应用在对果蔬产品的贮藏方面，但随着气调技术的不断发展和完善，气调技术也被利用在乳品加工和贮藏方面。在乳品加工过程中，利用填充碳酸气来制得充气酸乳，在奶油冻的生产方面加入充气机来制得充气甜食，在奶粉的包装上采用抽真空技术延长产品的货架期，在干酪的成熟过程中采用气调技术改善其成熟环境和成熟时间，在干酪制品包装上采用活性气调（50% 的 N_2 和 50% 的 CO_2，75% 的 N_2 和 25%

的 CO_2）包装技术延长干酪制品的保质期，还可以利用气调技术延长牛乳酒的货架期。这些气调技术在乳品工业中的应用还只是冰山一角，相信随着科技的发展和气调技术的不断完善，气调技术在乳品工业中的应用将愈来愈广。

思考题

1. 食品辐照技术的概念和特点是什么？
2. 影响食品辐照效果的因素有哪些？
3. 简述食品辐照技术在食品中的应用。
4. 超高静压技术的概念和特点是什么？
5. 简述超高静压技术在食品工业中的应用。
6. 食品工业中常用的栅栏因子有哪些？
7. 什么是栅栏技术？
8. 栅栏技术的原理是什么？
9. 肉类加工中常用的栅栏因子有哪些？

第六章 食品的化学保藏技术

食品的化学保藏，是指在食品生产、贮存和运输过程中使用化学制品来提高食品的耐藏性和尽可能保持食品原有品质的一系列措施。其中腌制、熏制及食品添加剂的合理使用是常用方法。

第一节　食品的腌制

【学习目标】

1. 掌握腌制原理。
2. 熟悉腌制技术。
3. 理解防腐手段。

【基础知识】

腌制，也称腌渍，是指用食盐、糖等腌制材料处理食品原料，使其掺入食品组织内，以提高其渗透压，降低其水分活度，并有选择性地抑制有害微生物的活动，促进有益微生物的活动，从而防止食品的腐败，改善食品食用品质的加工方法，同时也是一种食品保藏方法。腌制所使用的腌制材料通称为腌制剂。经过腌制加工的食品通称为腌制品。不同的食品类型，采用的腌制剂和腌制方法也各不相同。腌制加工的特点：生产设备简单，操作简易，便于短时间内处理大量食材，产品具有独特风味。

通常腌制泛指盐腌。盐腌包括盐渍和熟成两个阶段。

盐渍：食品与固体的食盐接触或浸于食盐水中，食盐向食品中渗入，同时一部分水分从食品中除去，从而使食品的水分活度降低，以达到抑制腐败变质的作用。

熟成：由于微生物和食材中酸类的作用，在较长时间的盐渍过程中食材逐渐失去原来的组织状态和风味特点，质构变软，氨基酸含量增加，形成咸制品特有的风味。此过程即为咸制品的熟成或腌制熟成。

一、 相关原理

（一）食盐保藏食品的原理

食盐溶液的防腐机理：食盐溶液对微生物细胞具有脱水作用；食盐溶液对微生物酶活力有影响；食盐溶液可降低微生物环境的水分活度；食盐的加入使溶液中氧气浓度下降。

低浓度的食盐对微生物没有作用，有些种类的微生物在1%～2%食盐中反而能更好地生长繁殖。高浓度的食盐对微生物有明显抑制作用，其作用是降低水分活度，提高渗透压。盐分浓度越高，水分活度越低，渗透压越高，抑制作用越大。此时，微生物的细胞由于渗透压作用而脱水、崩坏或原生质分离。

食盐浓度达到饱和时的最低水分活度为0.75，在这种水分活度范围，并不能充分抑制嗜盐细菌、耐旱霉菌和耐高渗透压酵母的缓慢生长。所以气温高的地区和季节，腌制品仍有腐败变质的可能。

（二）食盐的渗透及其影响因素

影响盐腌效果的因素：食盐的渗透速度和平衡浓度以及对其影响的因素。

1. 食盐的渗透速度

腌制时，食盐在食品中的渗透速度刚开始时很快，然后逐渐减慢达到平衡。

2. 影响食盐渗透的因素

（1）盐水浓度　使用固体食盐的干腌法一般比使用食盐的渗透量大，但因用盐量而异。用盐量越多，或者盐水越浓，渗透的速度越快，量越大。

（2）盐渍温度　食盐的渗透速度随温度提高而加快，但温度提高不能太快，防止微生物对食品质量的影响。

（3）原料的性状　食盐的渗透因食材的化学组成、比表面积及其形成而异。如腌鱼过程中，全鱼皮下脂肪层薄，少脂鱼或无表皮的鱼渗透速度大，鱼片比全鱼渗透快。新鲜的鱼渗透快，短期冻鱼渗透快，长期冻藏反而慢，这与冻结引起的物理变化和蛋白质变性有关。

（4）食盐的纯度　食盐中有Mg^{2+}、Ca^{2+}的氯化物、硫酸盐或碳酸盐等，都影响食盐的渗透。这是因为二价离子对食盐离子有拮抗作用，且二价离子能与鱼肉蛋白形成结合体，阻碍了食盐离子的渗透作用。如使用纯度低的食盐，盐渍的渗透慢且食盐渗入量少，保藏效果差，含有杂质时，腌制食品的表面易变黄褐色；盐中Mg^{2+}、Ca^{2+}多时，制品硬、脆，并带有苦味。因此使用纯度高的食盐是盐渍的要点之一。

二、 腌制技术

食品腌制方法，按腌制时的用料大致分为：盐腌制品（干腌、湿腌、混合腌）、糟腌制品（盐腌+酒酿、酒糟、酒）、发酵腌制品（盐腌+自然发酵、添加促发酵材料）。

按腌制品的熟成程度及外观变化分为：普通腌制法和发酵腌制法。

发酵腌制法，可以是盐渍过程自然发酵熟成，靠食材自身的酶类和嗜盐菌类对蛋白质分解而成，如酶香鱼、虾蟹酱、鱼露等；也可以是盐渍时直接添加各种促进发酵与增加风味的辅助材料腌制而成，如鱼鲊制品、糖渍品等。

根据盐腌方法分为干腌法、湿腌法、混合腌制法和注射盐渍法；根据温度不同可分为常温盐渍和冷却盐渍（0～5℃）；根据盐量不同分为重盐渍、轻盐渍（淡盐渍）。

（一）盐渍法

1. 干腌法

利用干盐并依靠食材中渗出的水分所形成的食盐溶液而进行盐渍的方法。在食盐的渗透压及其吸湿作用下，食盐首先吸收食材的水分并溶于其中，形成食盐溶液。

特点：易于脱除食材中的水分，操作简便，同时食盐溶液吸热可降低食材的温度，利于防止变质。但干盐渍法因为盐水不能很快形成，加之吸热不均匀，使盐渍效果不一致。另外，制品与空气接触面积大易于产生油脂氧化，使制品质量降低。

2. 湿腌法

特点：食盐的渗透较均匀，食材不与空气接触，不会产生油脂氧化，能制得质量较好的制品。但从食材中析出的水会使盐溶液的浓度迅速降低，所以要及时补充加盐。

3. 混合腌制法

干盐渍法和盐水渍法的复合方法，将敷有干盐的食材逐层排列于桶或池中，最上层撒上食盐并压上重石，一昼夜左右之后，从食材渗出的水，将其四周的食盐溶化，形成饱和食盐水，食材逐渐被盐水浸没。

特点：食盐渗透均匀，盐渍初始也不易变质，能抑制脂质的氧化，制品外观好。

4. 注射腌制法

为加快腌制进程，在用盐水腌制时先将食材用盐水注射，再放入盐水中腌制。盐水注射法可节约时间，提高效率，但成品质量不如干腌制品。

（1）动脉注射法　用泵将盐水或腌制液经动脉系统压入分割肉或腿肉内，此为扩散盐腌的最好方法。优点是腌制液能快速渗透肉的深处，不破坏肉的完整性，腌制速度快；不足是腌制用肉必须是血管系统没有损伤、刺杀放血良好的前后腿，同时产品易腐败变质，必须冷藏。

（2）肌肉注射法　分为单针头注射和多针头注射两种，针头大多为多孔的，单针头注射法适合于分割肉，多针头最适合于形状整齐且不带骨的肉类。

（二）低温盐渍法（低温腌制法）

1. 冷却盐渍法

将原料预先在冷藏库中冷却或加入碎冰，使其达到0～5℃时再进行盐渍的方法。特点：气温较低时可阻止肉类食材组织的自溶作用和细菌作用。

2. 冷冻盐渍法

预先将食材冻结再进行盐渍。随着食材解冻，盐分渗入，盐渍逐渐进行。目的：防止在盐渍过程中食材深层发生变质，主要用于盐渍大块而肥厚的贵重肉品。

（三）防止腐败的因素

盐渍一定程度上能抑制细菌的发育，但不能完全抑制细菌的作用，有时也会引起制品腐败分解。防止腐败的因素如下：

1. 食盐浓度

食盐浓度10%以上才能有效抑制细菌腐败，浓度越高，抑制腐败的作用越大。

2. 食盐的种类

食盐纯度越高，保存效果越好。

3. 盐渍温度

由扩散理论可知，温度高利于腌制进行，但是利于微生物的生存，太高的温度将会引起微生物特别是嗜盐微生物的大量繁殖，从而导致腌制品如肉类的腐败。利用低温控制微生物的繁殖则是一个很好的方法。一般来讲，盐渍温度在10℃以下，通常在冷库进行，待腌食材如肉类在预处理过程要预冷到2～4℃再进行腌制。

4. 空气接触

无氧条件利于抑制腐败分解。腌制时对食材抽真空，可加快腌制进程。

三、 工艺参数

以盐渍海带为例，盐渍海带是用3～5月份以薄嫩期的大海带为原料，做成海带丝、海带结、海带卷，经漂烫、冷却、盐渍、脱水等工艺加工制成，质地脆嫩，色泽深绿，味道鲜美，属纯天然绿色食品。

1. 工艺流程

原料前处理→ 漂烫→ 冷却→ 加压、盐渍→ 脱水→ 分级→ 包装。

2. 操作要点

（1）原料前处理　2～5月份可采集加工，选择海水畅通海区，脆嫩期的海带，运输时防污染、防日晒。用流动自来水浸洗海带，除去泥沙杂质，为保留海带中有效成分，清洗时间不宜过长。

（2）漂烫　用海水（海水的含盐量为3.5‰）或淡水加盐漂烫，水与菜比例为5∶1，漂烫温度与时间视藻体鲜嫩程度灵活掌握。一般鲜嫩菜用80～85℃水，漂烫20s；稍老海带采用90～95℃温度，漂烫30s。

（3）冷却　将漂烫过的菜，立即放入5倍量20℃以下灭菌后的海水中冷却，至叶片温度接近冷海水温度为止，以保持藻体翠嫩鲜绿的色泽。冷却的菜体装入编织袋中；堆垛起来沥水4h。

（4）加压、盐渍　在菜体中加入菜重30%的精盐和万分之五的山梨酸钠或苯甲酸钠，搅拌均匀，使菜体几个月内不腐烂。将拌好的菜倒入缸中，加压重物腌渍，在饱和盐水中腌渍24 h，盖上白布蔽光和防止杂质溶入池中。腌渍过程中定时测定浸出液的卤度，如果低于饱和度需加盐。

（5）脱水　将腌渍后的菜捞出垛在一起，加压重物脱水4昼夜，使海带含水量降至65%以下。

（6）分级　剔除带有黄梢、虫蛀、碎裂的菜体，把海带按基部、中部分别加工，包装成卷或切成细丝，打成花结或折叠后用竹扦串起。

（7）包装　将藻体深绿色、有弹性、不发黏、不泛盐、无杂质、无异味的海带，按产品规格装入塑料袋内真空包装。

四、 相关设备

腌制常用设备有真空滚揉机、盐水注射机、腌制容器（缸、坛、罐）等（图6－1）。

图6－1　腌制常用设备

第二节　食品烟熏

【学习目标】

1. 掌握熏制原理。
2. 熟悉熏制技术。
3. 理解熏制工艺。

【基础知识】

烟熏和腌制一样，有着悠久的历史。腌制和烟熏在生产中常常是相继进行的，如腌肉通常需烟熏，烟熏肉必须预先腌制。烟熏和加热一般都同时进行，也可分开进行。烟熏像腌制一样也具有防止食材腐败变质的作用。但是，由于冷藏技术的发展，烟熏防腐已降为次要的位置。现在烟熏技术已成为生产具有特殊风味制品的加工方法，消费者亦乐意接受烟熏味轻淡的肉制品。

一、 熏制的加工原理

烟熏是利用燃料没有完全燃烧的烟气对食物进行烟熏，以烟熏来改变产品的口味、提高品质并延长保质期的一种加工方法。熏制品的贮藏性主要取决于制品的干燥程度

（水分活度）。熏制前原料先进行盐渍，然后在水中浸泡脱盐，再熏干。

烟熏的作用主要有：赋予制品特殊的烟熏风味，增加香味；使制品外观产生特有的烟熏色，对加硝肉制品有促进发色作用；脱水干燥，杀菌消毒，防止腐败变质，使肉制品耐贮藏；熏烟成分渗入制品内部，防止脂肪氧化。

（一）熏材

熏制加工中用于发烟和发热的燃料为熏材，一般选用含树脂较少的木材或锯木屑。通常使用阔叶树的硬质木料，含水量在20%～30%；新鲜的木材有机酸含量多，会使制品香味降低，不宜使用；熏材中的木屑通常用于燃烧发热，木片和木块供发烟。

（二）熏烟的产生

熏烟是植物性材料缓慢燃烧或不完全氧化时产生的水蒸气、气体、树脂和微粒固体的混合物。木料加热至内部水分接近零时，温度便迅速上升到200～400℃，就会因热分解而产生熏烟。燃烧温度在340～400℃以及氧化温度在200～250℃所产生的熏烟质量最高。

（三）熏烟的成分及作用

熏烟中最重要的成分为苯酚类、醛类、酮类、有机酸类、醇类、酯类和烃类等。

酚类包括苯酚、甲苯酚、愈创木酚、二甲酚等。其作用包括抗氧化、形成特有的烟熏味和抑菌防腐。

羰基化合物包括醛、酮类，促成熏制品的色泽（褐变）和芳香味（烟熏风味）。

有机酸类对风味影响微弱，增加防腐作用，促进制品表面蛋白质凝固，形成良好的保护膜。

醇类主要是甲醇等，作为挥发性物质的载体。

烃类有苯并芘、二苯并蒽、4－甲基芘等，为熏烟成分中的有害物质，存于熏烟的固体微粒上，可过滤清除。

二、熏制技术

（一）熏制方法

熏制过程：原料处理→盐渍→脱盐→沥水（风干）→熏干。

熏制方法按温度分为冷熏、温熏、热熏；按熏制方式分为烟熏、液熏、电熏。

1. 冷熏法

熏室的温度控制在蛋白质不产生热凝固的温度区域以下（15～23℃），进行连续长时间（2～3周）熏干的方法。这是一种熏制与腌制、干燥相结合的加工方法，为了防止熏制期间产品变质，要进行盐渍。冷熏制品盐分含量8%～10%，水分含量40%，制品具有长期保藏性。水产品加工中冷熏的主要鱼类有鲑鳟类、鲱、鳕鱼等。

2. 温熏法

使烟熏室温度控制在较高温度（30～80℃），进行较短时间（3～8h）熏干的方法。目的是使制品具有特有的风味。在60℃以上温度区加热时，原料肉的蛋白质将产生热凝固。温熏制品水分含量55%～65%，盐分2.5%～3.0%，保存性较差。可低温保藏或再低温熏制 2 ~ 3d，以熏干。水产品加工中温熏的主要原料有鲑、鳟、鲱、鳕、秋刀鱼、沙丁鱼、鳗鲡、鱿鱼、章鱼等。

3. 热熏法（焙熏）

在 120 ~ 140℃熏室中，进行短时间（2 ~ 4h）熏干。制品水分含量较高，贮藏性差。贮期长短与食材的种类及产品的含盐量等有关。

4. 液熏法

将阔叶树材烧制木炭时产生的熏烟冷却，除去焦油等，其水溶性部分称为熏液（木醋液）。预先用水或稀盐水将上述熏液稀释 3 倍左右，将原料鱼放在其中浸渍 10 ~ 20h，干燥即可，本法称液熏法。熏液中含有酚类、羧基化合物、有机酸、呋喃、酯、醇等，这些成分可使产品防腐保鲜，并赋予其良好风味。制品的保质期可根据各种参数的变化而有所不同，一般为 5 ~ 60d。这些参数包括产品的含水量、含盐量、熏制程度等。

5. 电熏法

将食品以每 2 个组成一对，通过高压电流，使食品成为电极产生电晕放电。带电的熏烟即被有效地吸附于鱼体表面，达到熏制的效果。由于食品的尖突部位易于沉淀熏烟成分，设备运行费用也过高，故此法尚未普及。

6. 注射熏制

以注射的方式将熏制液注射到肉类食材中，并随即进行电加热过程。这是一种新的熏制方法。

（二）熏烟产生方法

熏烟产生方法有多种，主要包括：

1. 燃烧法

将木屑倒在电热燃烧器上使其燃烧，再通过风机送烟的方法。

2. 摩擦发烟法

应用钻木取火的发烟原理进行发烟的方法。

3. 湿热分解法

将水蒸气和空气适当混合，加热到 300 ~ 400℃后，使热量通过木屑产生热分解的方法。

4. 流动加热法

用压缩空气使木屑飞入反应室内，经过 300 ~ 400℃的过热空气，使浮游于反应室内的木屑热分解生烟后熏制食品的方法。

三、工艺参数

以烟熏鳕鱼为例，具体如下。

1. 工艺流程

原料处理→ 盐渍和风干→ 烟熏→ 包装与贮藏。

2. 操作要点

（1）原料处理　一般选用小型鲜鱼，大型鲜鱼先要将其剖成 2 ~ 3 片。先去头、去内脏及鱼卵，用稀盐水洗净并剖开成 2 ~ 3 片。

（2）盐渍和风干　每 3.75～4.52kg 肉片用 1L 20% 食盐水盐渍 30～40 min，并翻动一次，使食盐渗透均匀。然后将尾部皮的部位穿挂在木棒上，风干 10～20min。

（3）烟熏　在 23～24℃昼夜连续烟熏 2～4d，吊挂鱼肉离火源的距离为 1.8m 左右。

（4）包装与贮藏　烟熏结束后，除去尾部残留的皮，用包装纸包装后出售。如要长时间贮藏，则需冷藏。

四、 化学保藏设备

图 6－2 所示为熏制常用设备——烟熏炉。

图 6－2　烟熏炉

【案例】

硫磺熏出白亮粉丝

2014 年 4 月 16 日，西安市公安局浐东新城斗门派出所民警在斗门街办工作时发现一家无生产许可证、无工商执照的生产粉丝黑作坊，民警立即通知浐东食品药品监督局、斗门工商所联合执法，对黑作坊进行了突击检查，现场查获涉嫌用工业硫磺熏制的粉丝 13t，并将黑窝点负责人王某及相关人员带回审查。

经查，自 2009 年以来，犯罪嫌疑人王某在没有办理任何手续的情况下开办淀粉厂制作食用粉丝。雇用十余名工人非法加工制作粉丝，为保证粉丝的亮度，由负责晾晒的工人使用工业硫磺对粉丝进行熏制，熏制六小时后将粉丝晾干，进行包装出售。涉案金额达 20 余万元。

非法熏制生姜案

2015 年 8 月 28 日，青藏高原农副产品集散中心市场工商所通报了市场开业以来查处的各类商品案件，主要包括冒用商标、以次充好、制假售假以及使用有毒有害物质对食品进行加工处理等。

其中，2015 年 8 月 14 日，在 16 棚 A8 号查获使用有毒有害物质非法熏制生姜案一起，查扣涉案“硫磺姜”600kg。

通过市场工商所对典型案例的通报，可以看出个别商户法律意识淡薄、食品安全意识淡薄，为了让食品外表光鲜好看，吸引顾客，容易高价卖出，便采取使用化学药剂熏制、浸泡，对食品进行加工处理。

“硫磺姜”的危害如下所述。

（1）用硫磺熏制后的生姜具有较强的毒性，如果经常食用，轻者会引起肠胃功能紊乱，出现腹痛、头晕等症状，重者将导致人体相关器官组织慢性衰竭。

（2）根据医学专家介绍，硫磺是一种金属硫化物，如果渗入到食物中被人食用后，轻度的会出现头昏、眼花、精神分散、全身乏力等症状。

（3）若长期食用，严重的会影响人的肝肾功能。更令人担忧的是，这些商贩熏生姜用的硫磺来路不明，其中可能含有杂质和重金属，从而对人体健康构成更为严重的威胁。

（4）如果这种中毒是慢性的，只有身体内的这种毒素积累到一定程度以后才会表现出症状。其次，硫磺熏制食品会发生一系列化学反应，容易对人的肠胃造成一定的刺激，如果经常食用这类食品，无疑是在食用慢性毒药。

【拓展】

熏制食品的潜在危害

熏鱼、熏肉、熏肠为常见熏制品，以其风味独特为人们所喜爱。熏制法是保存食品的一种方法，因为一次杀头猪或捕许多鱼不可能短期内吃完，同时也要储备一些在冬天或平时食用，于是先人们经过多年的探索创造了熏制食品，这无疑给生活提供了方便。但熏制食品的危害性在当时是无法认识的，近年来才发现其中含有苯并芘。苯并芘也是一种强烈的致癌物，可诱发多种脏器和组织的肿瘤，如肺癌、胃癌等。熏制食品中的苯并芘有多个来源。首先，熏烟中含有这类物质，在熏制过程中能污染食物；其次，肉类本身所含的脂肪，在熏制时如果燃烧不完全，也会产生苯并芘；另外，烤焦的淀粉也能产生这类物质。

熏制食品致癌性的大小决定于许多因素具体因素如下所述。

（一）与食入量有关

吃得越多，摄入的苯并芘等致癌物也越多，所以熏制品不宜作为日常食品。

（二）与熏烤方法有关

用炭火熏烤，每千克肉能产生 2.6～11.2μg 的苯并芘，而用松木熏烤，每千克红肠能产生苯并芘 88.5μg，所以最好选用优质炭作为熏烤燃料。另外，熏烤时食物不宜直接与火接触，熏烤时间也不宜过长，尤其不能烤焦。

（三）与食物种类有关

肉类制品致癌物质含量较多，1kg 烟熏羊肉相当于 250 支香烟产生的苯并芘，而淀粉类熏烤食物，如烤白薯、面包等含量较小。

总之，不是说熏制品不能吃，熏制品作为一种风味食品，偶尔吃些还是别有风味的，也是安全的。但是考虑到它有潜在致癌性，所以不宜长年累月地作为日常食品食用。另外，家庭制作熏制品，要注意熏制方法，选用优质焦材作为燃料，避免过度熏烤。

五、烟熏制品发展方向

液熏法是烟熏制品新工艺，利用烟熏香味料液熏食品是目前世界烟熏食品业广为应用的方法，烟熏香味料为烟熏业最有前途的香料。

液熏法具有较高的社会效益和经济效益。目前美国约90%的烟熏食品由液熏法加工，日本也广泛采用，中国仍处于推广应用阶段，潜在的年需求量将达200t以上。

（一）液熏法的优点

产品不含3，4－苯并芘（致癌物质），安全可靠；可大量减少传统方法在厂房、设备等方面的投资；能实现机械化、电气化、连续化生产作业，大大提高劳动效率；其生产工艺简单、操作方便、熏制时间短、劳动强度低、不污染环境，且对产品起防腐、保鲜、保质作用。

（二）液熏香味料的特点

1. 性能及作用

烟熏香味料为淡黄色至棕色液体，具有浓郁的烟熏香气，可代替传统烟熏工艺，使烟熏食品工业实现机械化、电气化、连续化生产。

2. 溶解性

易溶于水，因此它可以调配成任何一种浓度并很容易添加到食品中去，亦可不稀释直接添加。

3. 渗透性

易渗透到食品中去，因此对某些小块食品可采用浸渍法来生产烟熏食品。

4. 发色性

易氧化变色，产品多具诱人的色泽，从而引起人们的食欲。

5. 除味性

能除去羊肉膻味、鱼腥味，改善食品质量。

6. 结皮性

能使食品结皮，使肉制品表面形成一层薄膜，因此能防止水分和油脂的外溢，从而改善食品质地。

7. 防腐性

具有杀菌和抗氧化作用，能使烟熏食品延长贮存期和货架期，效能优于苯甲酸钠、山梨酸钾，有效使用范围为$pH<10$。

8. 安全性

不含3，4－苯并芘等有害物质，对人体无毒无害，是一种安全卫生的食品添加剂。

9. 使用数量

一般用量为0.05%～0.3%，或根据居民口味习惯适当增减添加量，但不能使用过多，以免影响食品的原味。

第三节　化学保藏剂

【学习目标】

1. 掌握化学保藏剂的作用机理。
2. 熟悉化学保藏剂的主要种类。
3. 理解化学保藏剂的使用方法。

【基础知识】

一、食品添加剂概述

食品添加剂指为改善食品品质和色香味，以及为防腐和加工工艺的需要而加入食品中的化学合成或天然物质。

食品添加剂的种类很多，按照其来源的不同可以分为天然食品添加剂与化学合成食品添加剂两大类，目前多数使用的是化学合成食品添加剂。

食品添加剂的使用需具备3个条件：

（1）必要性　食品加工中可不加的就不加，能少加的就少加。

（2）安全性　除了进行充分的科学实验之外，至少有两个发达国家使用后证明安全可靠的食品添加剂，我国才会给予批准。

（3）合法性　食品企业只有使用国家批准的食品添加剂才是合法的行为。

食品添加剂的应用开发在国际上由联合国粮农组织（FAO）和世界卫生组织（WHO）加以管理。我国由《中华人民共和国食品安全法》和《GB 2760—2014 食品安全国家标准　食品添加剂使用标准》等法律、法规管理。中国的食品添加剂管理有一个完善的目录增加和退出机制，添加剂目录本身是动态的。食品添加剂的使用被要求严格控制，在使用标准中规定了允许使用的品种、使用范围、使用目的（工艺效果）和最大使用量，最大使用量是使用标准的主要数据，它是根据充分的毒理学评价和使用情况的实际调查而制定的。

二、化学保藏剂

用于食品保藏的食品添加剂，称为化学保藏剂。食品化学保藏剂的作用不仅是抑制微生物的活动，还包括防止或延缓因氧化作用、酶作用引起的食品变质。食品化学保藏剂包括防腐剂、抗氧化剂、脱氧剂、酶抑制剂、保鲜剂和干燥剂等。食品化学保藏剂不仅种类繁多，理化性质和保藏机理也各不相同。保藏机理大致可分为三类：防腐剂、抗氧化剂、保鲜剂，其中抗氧化剂又分为抗氧化剂和脱氧剂。

（一）食品防腐剂

食品防腐剂指防止食品在加工、贮存、运输过程中由微生物繁殖引起的腐败、变质，保持食品原有性质和营养价值的一类物质。

食品防腐剂的防腐原理主要包括：干扰微生物的酶系，破坏其正常的新陈代谢，抑制酶的活性；使微生物的蛋白质凝固和变性，干扰其生存和繁殖；改变细胞浆膜的渗透性，使其体内的酶类和代谢产物逸出导致其失活。

食品防腐剂的必备条件是：经毒理学鉴定，证明在适用范围内对人体无害；防腐效果好，在低浓度下仍有抑菌作用；性质稳定，对食品的营养成分不应有破坏作用，也不会影响食品的质量及风味；使用方便，经济实惠；本身无刺激异味。

食品防腐剂主要分为化学合成防腐剂和生物（天然）防腐剂，化学合成防腐剂包括酸型、酯型和无机防腐剂三类。

（二）抗氧化剂与脱氧剂

食品变质除了由微生物引起外，还有一个重要原因就是氧化。食品内部及其周围常有氧存在，即使采用充氮包装或真空包装措施也难免仍有微量的氧存在，进而发生氧化变质。能阻止或延缓食品氧化，以提高食品稳定性和延长贮存期的食品添加剂称为抗氧化剂。

抗氧化剂作用原理有以下几种：本身极易氧化，先与空气中的氧反应被氧化，避免了食品氧化（如维生素 E、维生素 C、β-胡萝卜素）；放出氢离子，将氧化过程中产生的过氧化物破坏分解，在油脂中具体表现为使油脂不产生醛或酮；阻止氧化反应进行（如 BHA、PG）；阻止或减弱氧化酶类的活动，如超氧化物歧化酶对超氧化物自由基的清除；金属离子螯合剂，与金属离子螯合，减少金属离子的促进氧化作用，如 EDTA、柠檬酸、磷酸衍生物的抗氧化作用。

抗氧化剂必备条件是：对食品有优良的抗氧化效果，用量适当；使用时与分解后都无毒、无害，对食品不会产生怪味和不利色泽；使用中稳定性好，分析检测方便；容易制取，价格便宜。

抗氧化剂主要种类有：阻止食品酸败的抗氧化剂、防止食品褐变的抗氧化剂、天然抗氧化剂；或分为水溶性抗氧化剂、油溶性抗氧化剂、天然抗氧化剂。

脱氧剂又称吸氧剂、除氧剂、去氧剂，能在常温下与包装容器内的游离氧和溶解氧发生氧化反应形成氧化物，并将密封容器内的氧气吸收掉，使食品处在无氧状态下贮藏而久不变质。脱氧剂是易氧化物质，在常温下与包装容器内的溶解氧发生氧化反应，吸收包装容器内的氧使食品处于无氧状态，抑制微生物繁殖和防止虫害的发生，防止食品营养成分及风味、色泽变化和果蔬的过熟，从而保质保鲜。脱氧剂分为无机脱氧剂和有机脱氧剂。

（三）保鲜剂

为了防止生鲜食品脱水、氧化、变色、腐败、变质等而在其表面涂膜的物质称为保鲜剂或涂膜剂。其保鲜机理和防腐剂有所不同，除了对微生物起抑制作用外，还针对食品本身的变化起抑制作用，如食品的呼吸作用、酶促反应等。

保鲜剂的作用有：减少食品水分散失；防止食品变色；抑制生鲜食品表面微生物的

生长；保持食品的风味不散失；增加食品特别是水果的硬度和脆度；提高食品的外观可接受性；减少食品在贮运过程中的机械损伤等。

三、化学保藏剂的主要种类及其应用

（一）食品防腐剂

1. 酸型防腐剂

酸型防腐剂目前用量最多、使用范围最广，其抑菌效果主要取决于它们未解离的酸分子，pH 对其效果影响较大。一般，酸性越大，效果越好，碱性条件下几乎无效。

（1）山梨酸类　山梨酸类包括山梨酸、山梨酸钾、山梨酸钙。山梨酸不溶于水，须先溶于乙醇或硫酸氢钾，使用不便且有刺激性，一般不常用；山梨酸钙因 FAO/WHO 规定其使用范围小，也不常使用；山梨酸钾易溶于水，使用范围广。山梨酸钾属不饱和六碳酸盐，分子式 $C_6H_7KO_2$，其结构式见图 6－3。白色或浅黄色鳞片状结晶、晶体颗粒或晶体粉末，无臭味或微臭，易吸潮、易氧化而变褐色，对光、热稳定，其 1% 溶液的 pH 为 7～8。

山梨酸钾为常用的山梨酸类防腐剂，具较高的抗菌性能。其抑菌机理是通过抑制生物体内的脱氢酶系统，从而抑制微生物的生长，对细菌、霉菌、酵母菌均有抑制作用；抑菌效果随 pH 的升高而减弱，pH 为 3 时效果最好，pH 为 6 时仍有抑菌能力。

山梨酸、山梨酸钾、山梨酸钙的作用机理相同，毒性比苯甲酸类、酯型防腐剂小，是一种相对安全的食品防腐剂；在我国可用于酱油、醋、酱及酱制品、复合调味料、乳酸菌饮料、浓缩果蔬汁和果酒等食品。

（2）苯甲酸类　苯甲酸类常用的有苯甲酸、苯甲酸钠。苯甲酸又称为安息香酸，苯甲酸钠又称为安息香酸钠。苯甲酸常温下难溶于水，在空气（尤其是热空气）中微挥发，有吸湿性，易溶于热水，可溶于乙醇、氯仿、非挥发性油。苯甲酸钠在空气中稳定且易溶于水，故使用较多。

苯甲酸钠分子式 $C_7H_5O_2Na$，其结构式见图 6－3。苯甲酸钠为白色颗粒或晶体粉末，无臭或微带安息香气味，微甜，有收敛性；在空气中稳定；易溶于水，其水溶液的 pH 为 8。

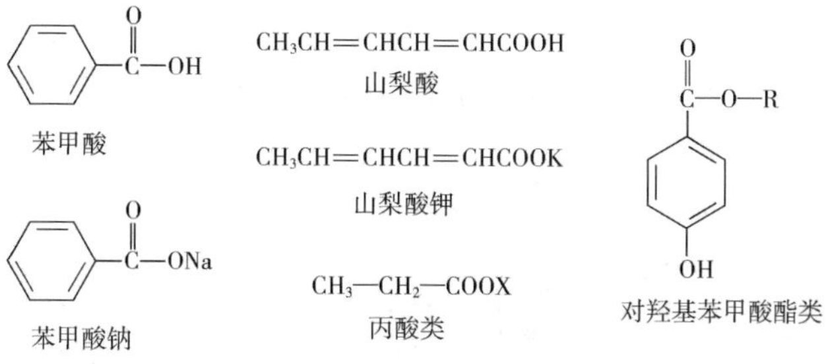

C_6H_5—C(=O)—OH
苯甲酸

$CH_3CH{=}CHCH{=}CHCOOH$
山梨酸

$CH_3CH{=}CHCH{=}CHCOOK$
山梨酸钾

C_6H_5—C(=O)—ONa
苯甲酸钠

$CH_3—CH_2—COOX$
丙酸类

HO—C_6H_4—C(=O)—O—R
对羟基苯甲酸酯类

图 6－3　常用防腐剂的结构

苯甲酸钠防腐最佳 pH 为 2.5～4.0，在碱性条件下无杀菌、抑菌作用。亲油性较大，易穿透细胞膜进入细胞体内，干扰细胞膜的通透性，抑制细胞膜对氨基酸的吸收；进入细胞体内电离酸化细胞内的碱储，并抑制细胞的呼吸酶系统的活性，阻止乙酰辅酶 A 缩合反应，从而起到食品防腐的目的。

苯甲酸、苯甲酸钠在我国可用于果酱、蜜饯、酱油、酱制品、饮料等食品中，但国家明确规定不能用于果冻类食品中。

（3）丙酸类　丙酸类包括丙酸、丙酸钠、丙酸钙。丙酸为无色液体，有与乙醇类似的刺激味，能与水、醇、醚等有机溶剂相混溶。丙酸钠为白色颗粒或粉末，无臭或微臭，易溶于水，溶于乙醇。丙酸钙溶于水，不溶于乙醇。

丙酸及其盐类对引起面包产生黏丝状物质的好气性芽孢杆菌有抑制效果，但对酵母几乎无效，国内外广泛应用于面包及糕点类的防腐。在我国，可用于豆类制品、面包、糕点、醋、酱油、生湿面制品（面条、馄饨皮、饺子皮、烧麦皮）。

2. 酯型防腐剂

酯型防腐剂指对羟基苯甲酸酯类，又称尼泊金酯类，包括甲、乙、丙、异丙、丁、异丁等酯。对羟基苯甲酸酯类多呈白色晶体，稍有涩味，几乎无臭，无吸湿性，对光和热稳定，微溶于水，而易溶于乙醇和丙二醇。在 pH 为 4 ~ 8 范围内均有较好的防腐效果。其抑菌机理是抑制微生物细胞的呼吸酶系与电子传递酶系的活性，破坏微生物的细胞膜结构，对霉菌、酵母有较强的抑制作用，对细菌尤其是革兰氏阴性杆菌和乳酸菌作用较弱。

酯型防腐剂中，对羟基苯甲酸丁酯抗菌效果最好。在我国，对羟基苯甲酸酯类及其钠盐（对羟基苯甲酸甲酯钠、对羟基苯甲酸乙酯及其钠盐）可用于酱油、醋、酱及酱制品、果酱、饮料等，最大使用量应遵循最新的国标规定。

3. 无机型防腐剂

无机型防腐剂包括二氧化硫、亚硫酸及其盐类、亚硝酸盐类、二氧化碳等。

（1）二氧化硫、亚硫酸及其盐类　二氧化硫又称为亚硫酸酐，常温下是一种无色且有强烈刺激性臭味的气体，可由硫磺燃烧形成。当空气中二氧化硫超过 $20mg/m^3$ 时，对眼睛和呼吸道黏膜有强烈刺激。二氧化硫易溶于水形成亚硫酸，亚硫酸不稳定，常温下如不密封，易放出二氧化硫。二氧化硫是强还原剂，主要用于处理植物性食品，可减少植物组织中氧的含量，抑制氧化酶和微生物的活动，从而阻止食品腐败变质、变色和维生素 C 的损失。

亚硫酸对微生物的防腐作用，与它在食品中存在的状态有关。不解离的亚硫酸分子在防腐上最为有效，形成离子（HSO_3^- 或 SO_3^{2-}）或呈结合状态后，其作用就降低。亚硫酸的解离程度决定于食品酸度，在 pH 3.5 以下时保持分子状态。因此，亚硫酸在酸性条件下能较好发挥防腐作用。

亚硫酸盐类具有酸性防腐剂特性，但主要作为漂白剂使用。一般亚硫酸盐残余的二氧化硫可能会引起过敏反应，尤其对哮喘者，美国食品药品监督管理局（FDA）于 1986 年禁止其在新鲜果蔬中作为防腐剂。

在生产中，可用气熏法、浸渍法、直接加入法对食品进行二氧化硫处理。气熏法常用于果蔬干制、厂房和储藏库的消毒。浸渍法是将原料放入一定浓度的亚硫酸或亚硫酸钠溶液中。直接加入法是将亚硫酸或亚硫酸钠直接加入食品内。一般用亚硫酸处理的果蔬制品往往需在较低温度下贮藏，以防二氧化硫的有效浓度降低。

（2）二氧化碳　高浓度的二氧化碳能阻止微生物的生长，因而能保藏食品。高压下其溶解度比常压下大。生产碳酸饮料时，CO_2除了产生清凉感和舒适的刹口感外，还可阻止微生物的生长，延长产品货架期，起到防腐作用。

对于肉类、鱼类产品可采用气调保鲜法，高浓度的CO_2可明显抑制腐败微生物生长，抑菌效果随CO_2浓度升高而增强。一般，CO_2浓度在20%以上，在气调保鲜中就能发挥抑菌作用。贮存烟熏腊肉，CO_2浓度在100%也可进行。贮存鸡蛋，一般认为CO_2浓度在2.5%为宜。

用CO_2贮藏果蔬，可降低导致成熟的合成反应，抑制酶的活动，减少挥发性物质产生，干扰有机酸的代谢，减弱果胶物质分解，抑制叶绿素的合成和果实的脱绿，改变各种糖的比例。CO_2也常和冷藏法结合，用于果蔬保藏。通常用于水果气调的CO_2含量为2%～3%，蔬菜气调在2.5%～5.5%。过高的CO_2含量会对果实产生不利的影响，如苹果褐变，就是CO_2含量过高，导致果蔬窒息而造成细胞死亡的结果。

（3）其他无机防腐剂　次氯酸钙、次氯酸钠为常用的消毒剂，在水中会形成次氯酸，它是有效的杀菌剂和强烈的氧化剂。次氯酸钙中的次氯酸根（ClO^-）含有直接和氧相连的氯原子，遇到酸就会释放出游离氯，游离氯是杀菌的主要因素，故称之为“有效氯”。氯进攻微生物细胞的酶或破坏核蛋白的巯基，或抑制其他的对氧化作用敏感的酶类，从而导致微生物的死亡。碘在食品加工中也有应用，用浸透碘的包装可延长水果贮藏时间。乳制品用具清洗消毒时，采用碘、湿润剂、酸配制而成的碘混合剂。硝酸盐、亚硝酸盐都有抑制微生物生长的作用，能抑制肉毒梭状芽孢杆菌生长，防止肉类中毒，且能保持肉类色泽，在食品中作为护色剂使用。过氧化物有强氧化作用，也有显著的杀菌效果。过氧化物有过碳酸钠、过丙酸、过氧化氢等，但是，过氧化氢在有些国家不准使用。

4. 生物防腐剂

生物防腐剂是指从植物、动物或微生物代谢产物中提取出来的一类物质，也称为天然防腐剂。它具有抗菌性强、安全无毒、水溶性好、热稳定性好、作用范围广等合成防腐剂无法比拟的优点。

（1）溶菌酶　溶菌酶又称胞壁质酶，化学名称为*N*－乙酰胞壁质聚糖水解酶。它是一种碱性球蛋白，其分子由129个氨基酸组成。它是一种无毒、无害、安全性很高的高盐基蛋白质，且具有一定的保健作用。它不仅能选择性地分解微生物，而且又不作用于其他物质。该酶对革兰氏阳性菌的枯草杆菌、耐辐射微球菌有强力分解作用，对大肠杆菌、普通变球菌和副溶血性弧菌等革兰氏阴性菌也有一定程度的溶解作用，最有效浓度为0.05%。其同植酸、聚合磷酸盐、甘氨酸等结合使用，可大大提高防腐效果。

溶菌酶作为一种天然蛋白质，在肠胃内作为营养物被消化吸收，对人体无毒性，也不会在体内残留，是一种安全性很高的食品防腐剂、营养保健品，集药量、保健、防腐三种功能于一体。它已被广泛应用于肉制品、乳制品、方便食品、水产、熟食、冰淇淋等食品的防腐。具体如下：①在冷却肉保鲜中的应用。分割的肉块经喷雾或浸渍（溶菌酶浓度1% ~3%），沥水20 ~30min，再进行真空或托盘包装；②在软包装或小包装方便食品中的应用。相关食品在真空包装之前，添加一定量的溶菌酶，然后再进行巴氏杀菌，杀菌效果好，产品品质优；③在乳制品中的应用。溶菌酶较耐高温，适用于超高温瞬时杀菌奶，包装前添加，添加剂量为300 ~600mg/L。溶菌酶不仅对乳酸菌生长有利，又能抑制污染菌引起的酪酸发酵，故在奶酪生产中适用；④在水产品中的保鲜应用。水产品在0.05%溶菌酶和3%食盐溶液中浸渍5min后，沥去水分，可延长货架期。将0.05%溶菌酶喷洒在鱼丸等水产品上，可起到防腐保鲜的功效；⑤在糕点和饮料上的应用。在糕点中加入溶菌酶，有防腐作用。在pH 6.0 ~7.5的饮料和果汁中加入一定量的溶菌酶，具有较好的防腐作用。

（2）鱼精蛋白　鱼精蛋白是从鱼类精子细胞中提取到的一种碱性蛋白质，具有抗菌活性，尤其是革兰氏阳性菌对其特别敏感。食品中添加适量的鱼精蛋白，可延长保存期。据相关报道，在牛奶、鸡蛋、布丁中添加0.05% ~0.1%的鱼精蛋白，能在15℃保存5 ~6d，而不添加的食品在第4d就腐败了。

（3）乳酸链球菌素　乳酸链球菌素是从乳酸链球菌发酵产物中提取的一种多肽抗生素，能抑制部分革兰氏阳性菌的生长。它可抑制细菌细胞壁中肽聚糖的合成，使细胞膜和磷脂化合物的合成受阻，从而导致细胞内物质外泄，甚至引起细胞裂解。乳酸链球菌素已在乳制品（阻止干酪中梭菌生长和毒素的形成，降低食盐和磷酸盐用量；解决消毒奶中由于耐热性芽孢繁殖而变质的问题）、罐头食品（防止热敏性微生物生长）、肉制品（控制细菌生长，降低亚硝酸盐含量）、酿造工业（防止杂菌污染，降低杀菌温度，减少杀菌时间）中得到广泛应用。

（4）纳他霉素　纳他霉素是一种多烯类抗生素，由相关链霉菌发酵生成，抗真菌能力强，能有效抑制酵母菌和霉菌生长，阻止丝状真菌中黄曲霉毒素的形成。其抗菌机理是能与细胞膜上的甾醇类化合物反应，引发细胞膜结构改变而破裂，导致细胞内容物渗透，使细胞死亡。纳他霉素已在乳制品（延长乳酪、酸奶货架期）、肉制品（浸泡或喷涂肉类产品，防霉菌生长）、果蔬制品（抑制酵母菌和霉菌生长，防止果汁发酵）、酿造食品（防酱油、醋变质，延长酒类保质期）中得到广泛应用。

（5）其他天然防腐剂　聚赖氨酸、果胶分解物、琼脂低聚糖、壳聚糖、茶多酚、蜂胶、甜菜碱、类黑精（美拉德反应产物）、植物提取物（竹叶提取物、银杏叶提取物、板栗壳提取物、肉桂提取物、丁香提取物、迭迭香提取物、红曲提取物、甘椒提取物、辣椒提取物）都是有效的防腐剂，在食品生产中得到不同程度的应用。

（二）抗氧化剂与脱氧剂

1. 防止食品酸败的抗氧化剂

这类抗氧化剂在油脂食品中可以很好地发挥抗氧化作用，防止食品酸败。广泛使用的有丁基羟基茴香醚（BHA）、二丁基羟基甲苯（BHT）、没食子酸丙酯（PG）等。

（1）丁基羟基茴香醚（BHA）　丁基羟基茴香醚又称叔丁基-4-羟基茴香醚，简称BHA，分子式$C_{11}H_{16}O_2$，结构式如图6-4所示。

丁基羟基茴香醚为无色或微黄色结晶状粉末，具有特异的酚类臭气及刺激性味道，不溶于水，可溶于脂及乙醇、丙酮等非极性有机溶剂；对热稳定，无吸湿性，在弱碱条

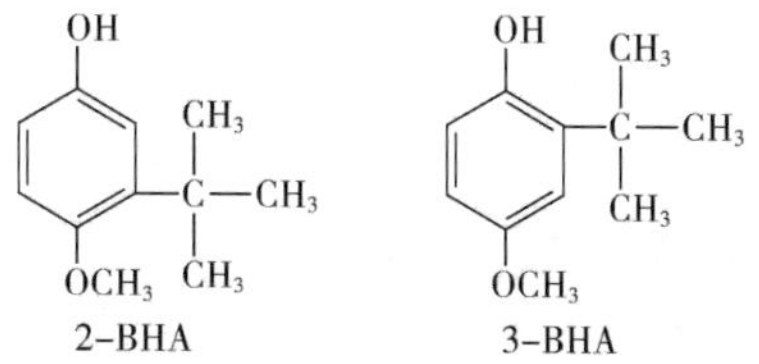

图 6－4　丁基羟基茴香醚（BHA）的结构

件下不易破坏，这就是它在焙烤食品中仍能有效使用的原因。市售的 BHA 通常是 3－BHA 与 2－BHA 的混合物，其中 3－BHA 的含量往往超过 90%。3－BHA 的抗氧化性效果比 2－BHA 高 1.5～2 倍。两者混合后有一定的协同作用。BHA 对动物脂肪的抗氧化性较强，对不饱和的植物油的抗氧化性较弱。

BHA 的抗氧化作用是由它放出的氢原子阻断油脂自动氧化而实现的。在猪脂肪中加入 0.005% 的 BHA，其酸败期延长 4～5 倍，添加 0.01% 时可延长 6 倍。与其他抗氧化剂混用或与增效剂（如柠檬酸）等并用，效果更显著。BHA 除具有抗氧化作用外，还具有相当强的抗菌力，可阻止寄生曲霉孢子的生长和黄曲霉毒素的生成。BHA 抗霉效力比对羟基苯甲酸丙酯还大。

BHA 对人体安全性极高，1989 年食品添加剂联合专家委员会（JECFA）规定，依照人体体重，每日每千克体重允许摄入量的估计值（ADI）为 0～0.5mg/kg。

我国食品添加剂使用标准规定，BHA 可用于油脂、油炸面制品、干鱼制品、饼干、坚果、膨化食品、腌腊肉制品、即食谷物等，最大使用量不得超过 0.2g/kg（以油脂中的含量计）。BHA 与铁离子等混合时会变色。

（2）二丁基羟基甲苯（BHT）　二丁基羟基甲苯又称 2，6－二叔丁基对甲酚，简称 BHT，分子式 $C_{15}H_{24}O$，结构式见图 6－5。二丁基羟基甲苯为白色结晶或结晶粉末，无味、无臭，不溶于水及甘油和丙二醇，能溶于乙醇、油脂等有机溶剂，对热稳定，与金属离子反应不会着色。具有升华性，加热时能与水蒸气一起挥发。抗氧化作用较强，耐热性好，在普通烹调温度下影响不大。用于长期保存的食品与焙烤食品效果较好。抗氧化效果良好。BHT 同其他抑制酸败的抗氧化剂相比，稳定性高，抗氧化效果好。在猪油中加入 0.01% 的 BHT，能使其氧化诱导期延长 2 倍。它没有没食子酸丙酯（PG）与金属离子反应着色的缺点，也没有 BHA 的异臭，而且价格便宜，但其急性毒性相对较高。BHT 与柠檬酸、抗坏血酸或 BHA 复配使用，能显著提高抗氧化效果。它是目前我国生产量最大的抗氧化剂之一。

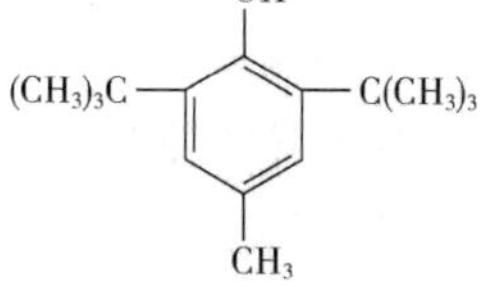

图 6－5　二丁基羟基甲苯（BHT）的结构

BHT 急性毒性比 BHA 大一些，但不致癌。其 ADI 为 0～0.0125mg/kg。我国食品添加剂使用标准规定，BHT 可用于油脂、油炸面制品、干水产品、饼干、坚果与籽类罐头、膨化食品、腌腊肉制品、即食谷物等，最大使用量不得超过 0.2g/kg（以油脂中的含量计）。使用范围及最大使用量与 BHA 相同，二者混合使用时，总量不得超过 0.2g/kg（以油脂中的含量计）。以柠檬酸为增效剂与 BHA 复配时，复配比例为 BHT:BHA:柠檬酸 = 2:2:1。BHT 也可用于包装材料，用量为 0.2～1g/kg（包装材料）。

BHT 对于油炸食品所用油脂的保护作用较小，对人造黄油贮存期间没有足够的稳定性作用。一般很少单独使用。

（3）没食子酸丙酯（PG）　没食子酸丙酯又称为棓酸丙酯，简称 PG。结构式见图 6－6。

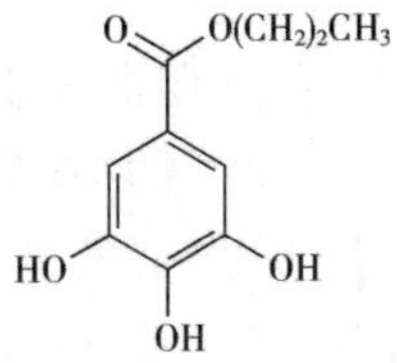

O　$O(CH_2)_2CH_3$

HO　OH

OH

图 6－6　没食子酸丙酯（PG）的结构

没食子酸丙酯纯品为白色至淡褐色的结晶状粉末，或为乳白色的针状结晶，无臭，稍有苦味，水溶液无味，有吸湿性，难溶于水，易溶于乙醇、丙酮、乙醚，对热非常稳定，易与铜、铁离子反应呈紫色或暗绿色，光线可以促进其分解。

没食子酸丙酯对猪油抗氧化作用较 BHA 和 BHT 都强些，加增效剂柠檬酸后使抗氧化作用更强，但不如与 BHA 和 BHT 混合使用时的抗氧化效果好，混合使用时，再加增效剂柠檬酸则抗氧化作用最好。对于含油的面制品如奶油饼干的抗氧化作用，不及 BHA 和 BHT。PG 的缺点是易着色，在油脂中溶解度小。

没食子酸丙酯在机体内被水解，大部分变成 4－O－甲基没食子酸，内聚为葡萄糖醛酸，随尿排出体外。其 ADI 为 0～0.2mg/kg。我国食品添加剂使用标准规定，PG 使用范围与 BHA、BHT 相同，最大使用量为 0.1g/kg（以油脂中的含量计）。PG 用量达 0.1% 时即能自动氧化着色，故一般不单独使用，而与 BHA 复配使用，或与柠檬酸、异抗坏血酸等增效剂复配使用。PG 与 BHA、BHT 混合使用时，BHA、BHT 总量不得超过 0.1g/kg，PG 不得超过 0.05g/kg（以油脂中的含量计）。与柠檬酸等混合使用，不仅起增效作用，而且还可以防止由金属离子引起的呈色作用。

使用没食子酸丙酯时应避光密闭保存，避免使用铁、铜器。

2. 防止食品褐变的抗氧化剂

防止食品褐变的抗氧化剂，常用的有抗坏血酸类、异抗坏血酸及其盐、植酸、乙二胺四乙酸二钠、氨基酸类、肽类、香辛料和糖醇类等。

（1）防止食品褐变的机理　在切开、削皮、碰伤的水果蔬菜、罐头原料上，发生氧化反应，会使色泽变暗或呈褐色。这种褐变是氧化酶类的酶促反应，使酚类和单宁物质氧化变为褐色。酚类变成醌，再经二次羟化作用生成三羟苯化物，并与邻醌生成羟醌，羟醌聚合生成褐色素。利用抗氧化剂可通过抑制酶的活性和消耗氧达到抑制褐变的目的。

（2）L－抗坏血酸　L－抗坏血酸又称为维生素 C，分子式 $C_6H_8O_6$，相对分子质量 176.13。L－抗坏血酸的几种异构体的结构式见图 6－7。

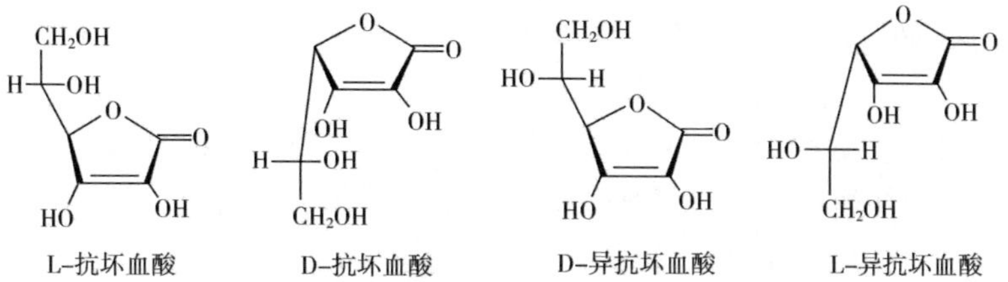

L-抗坏血酸　D-抗坏血酸　D-异抗坏血酸　L-异抗坏血酸

图 6－7　L－抗坏血酸的结构

白色至微黄色结晶或晶体粉末和颗粒，无臭、带酸味，熔点 190℃，遇光颜色逐渐变黄褐。干燥状态性质较稳定，但热稳定性较差，在水溶液中易受空气氧化而分解，中性或碱性溶液中更易分解，pH 3.4～4.5 时较稳定。它易溶于水（20g/100mL）和乙醇（3.33g/100mL），不溶于乙醚、氯仿和苯。

L－抗坏血酸有强还原性能，用作啤酒、无醇饮料、果汁的抗氧化剂，能防止变色、褪色、风味变劣等，还能抑制水果和蔬菜的酶促褐变并钝化金属离子。它能氧化消耗食品和环境中的氧，使食品中的氧化还原电位下降到还原范畴，并且减少不良氮化物的产生。它不溶于油脂，且对热不稳定，故不用作无水食品的抗氧化剂，若以增溶的形式与维生素 E 复配使用，能显著提高维生素 E 的抗氧化性能，可用于油脂的抗氧化。

L－抗坏血酸除可用作抗氧化剂外，还可用作营养强化剂。在鲜肉、腌肉中添加 0.5g/kg，可防止变色。水果罐头中添加 0.03%，能防止褐变。在果汁中添加 0.005%～0.02%，无醇饮料中添加 0.005%～0.03%，啤酒中添加 0.003%，葡萄酒中添加 0.015%，冷冻食品浸渍液里添加 0.1%～0.5%，可长期保持其风味。在乳粉中添加 0.02%～0.2%，果蔬加工品中添加 1%～4%，可起到良好的抗氧化效果。在生乳、炼乳中添加 0.001%～0.01%，能保持良好的风味。

（3）异抗坏血酸　异抗坏血酸分子式为 $C_6H_8O_6$，相对分子质量 176.13。异抗坏血酸为维生素 C 的一种立体异构体，化学性质与维生素 C 相似。异抗坏血酸为白色至浅黄色结晶或晶体粉末，无臭，有酸味，在熔点 166～172℃分解，遇光逐渐变黑。干燥状态在空气中相当稳定，在溶液中暴露于大气时迅速变质。其抗氧化性能优于抗坏血酸，但耐热性差，还原性强，重金属离子能促进其分解，异抗坏血酸极易溶于水，40g/100mL；溶于乙醇，5g/100mL；难溶于甘油；不溶于乙醚和苯，1% 的水溶液 pH 为 2.8。

异抗坏血酸抗氧化能力远远超过维生素 C，且价格便宜。在肉制品中与亚硝酸钠配合使用，可提高肉制品的成色效果，又可防止肉质氧化变色。此外，它能强化亚硝酸钠抗肉毒杆菌的效能，并能减少亚硝胺的产生。

（4）异抗坏血酸钠　异抗坏血酸钠分子式为 $C_6H_7NaO_6 \cdot H_2O$，相对分子质量 216.13。异抗坏血酸钠为白色至黄白色晶体颗粒或晶体粉末，无臭，微有咸味，熔点

200℃以上（分解），在干燥状态下暴露在空气中相当稳定，但在水溶液中，当有空气、金属、热、光时，则发生氧化。它易溶于水（55g/kg），几乎不溶于乙醇，2%水溶液pH为6.5~8.0。

3. 天然抗氧化剂

我国列入食品天然抗氧化剂的有茶多酚、植酸和甘草等。国外使用的天然抗氧化剂有植酸、愈创木酚、正二氢愈创酸、米糠素、生育酚混合浓缩物、胚芽油提取物、栎精及芦丁等。

（1）生育酚　生育酚即维生素E，广泛存在于高等动、植物组织中，具有防止脂溶性成分氧化变质的功能。生育酚混合浓缩物是其7种异构体的混合物。生育酚混合浓缩物为黄至褐色透明黏稠状液体，不溶于水，溶于乙醇，可与丙酮、乙醚、油脂自由混合；对热稳定，耐酸不耐碱；对氧气十分敏感，空气及光照会氧化变黑。

一般来说，生育酚对动物油的抗氧化效果比对植物油好。另外，生育酚的抗氧化效果不如BHA、BHT。但生育酚的耐光、耐紫外线、耐放射性也较强，而BHA、BHT则较差。这对于利用透明薄膜包装材料包装食品很有意义，因为太阳光、荧光灯等产生的光是促进食品氧化变质的一个因素。

生育酚在全脂奶粉、奶油、人造奶油中的添加量为0.005%~0.05%；在动物油中添加量为0.001%~0.05%；在植物油中添加量为0.03%~0.07%；在香肠中添加量为0.007%~0.01%；在其他农产、畜产、水产制品中用量为0.01%~0.05%。

（2）植酸　植酸又称肌醇六磷酸，简称PH，分子式$C_6H_{18}O_{24}P_6$，相对分子质量660.08。结构式见图6-8。植酸为浅黄色或褐色黏稠状液体，广泛存在于高等植物内。易溶于水、95%乙醇、丙二醇和甘油，微溶于无水乙醇、苯、乙烷和氯仿，对热较稳定。植酸分子有12个羟基，能与金属螯合成白色不溶性金属化合物，1g植酸可螯合铁离子500mg。其水溶液具有调节pH及缓冲作用。在国外，植酸已广泛用于水产品、酒类、果汁、油脂食品，作为抗氧化剂、稳定剂和保鲜剂。它可以延缓含油脂食品的酸败；可以防止水产品的变色、变黑；可以清除饮料中的铜、铁、钙、镁等离子；延长鱼、肉、速煮面、面包、蛋糕、色拉等保藏期。

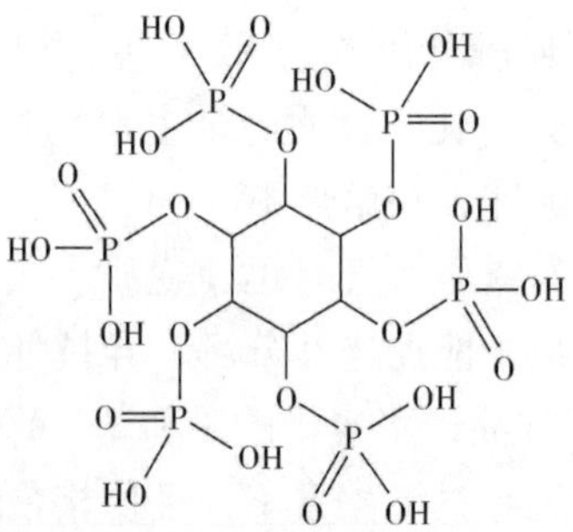

图6-8　植酸的结构

（3）茶多酚　茶多酚又称维多酚，是一类多酚化合物的总称，主要包括儿茶素、黄酮、花青素、酚酸4类化合物，其中儿茶素的数量最多，占茶多酚总量的60%~80%。

茶多酚是从茶中提取的抗氧化剂，为浅黄色或浅绿色的粉末，有茶叶味，易溶于水、乙醇、醋酸乙酯。在酸性和中性条件下稳定，最适宜 pH 为 4.0～8.0。茶多酚抗氧化作用的主要成分是儿茶素。

茶多酚与柠檬酸、苹果酸、酒石酸有良好的协同效应，与柠檬酸的协同效应最好，与抗坏血酸、生育酚也有很好的协同效应。茶多酚对猪油的抗氧化效能优于生育酚混合浓缩物和 BHA、BHT。由于植物油中有生育酚，所以茶多酚用于植物油中可以更加突出其出色的抗氧化能力。

茶多酚还可防止食品褪色，并且能杀菌消炎，强心降压，能增强人体血管的抗压能力。能促进维生素 C 对人体的作用，对尼古丁、吗啡等有害生物碱有解毒作用。

茶多酚无毒，对人体无害。我国《GB 2760—2014 食品安全国家标准　食品添加剂使用标准》规定，茶多酚可用于油脂，最大用量 0.4g/kg；用于坚果、油炸面制品、即食谷物和方便米面制品，最大用量为 0.2g/kg；用于糕点、焙烤食品馅料及表面用挂浆(仅限含油脂馅料)、腌腊肉制品，最大用量为 0.4g/kg；用于酱卤肉制品、油炸肉类、西式火腿、发酵肉制品、水产品，最大用量为 0.3g/kg。使用方法是先将茶多酚溶于乙醇，加入一定量的柠檬酸配制成溶液，然后以喷涂或添加的形式用于食品。

（4）愈创树脂　愈创树脂是原产于拉丁美洲的愈创树的树脂，其主要成分是愈创木脂酸、愈创木酸以及少量胶质、精油等。愈创树脂为绿褐色至红褐色玻璃样块状物，其粉末在空气中逐渐变为暗绿色，有香脂气味，稍有辛辣味，熔点 85～90℃，易溶于乙醇、乙醚、氯仿和碱性溶液，难溶于二氧化碳和苯，不溶于水，对油脂有良好的抗氧化作用。

愈创树脂是最早使用的天然抗氧化剂之一，也是公认安全性高的抗氧化剂。其 ADI 值为 0～2.5mg/kg。愈创树脂本身有红棕色，在油脂中的溶解度小，成本高。国外用于牛油、奶油等易酸败食品的抗氧化，一般只需加 0.005% 即有效。愈创树脂在油脂中的用量为 1g/kg 以下。此外，愈创树脂还具有防腐作用。

（5）正二氢愈创酸　正二氢愈创酸存在于许多植物的花、叶、果实中，简写 NDGA，分子式 $C_{18}H_{22}O_4$，相对分子质量 302.36，结构式见图 6－9。

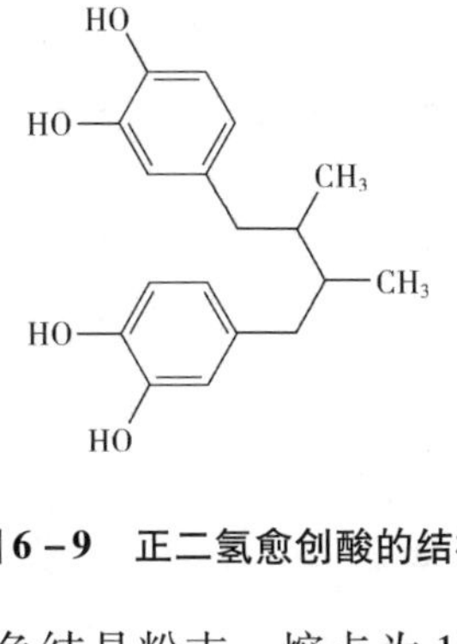

HO
HO
CH_3
CH_3
HO
HO

图 6－9　正二氢愈创酸的结构

正二氢愈创酸为白灰色至白色结晶粉末，熔点为 183～185℃，易溶于乙醇、乙醚、甘油和丙二醇，油脂中约溶解 0.5%，微溶于热水，难溶于冷水。正二氢愈创酸抗氧化效果好，还具有一定的防毒能力，与柠檬酸、抗坏血酸有协同作用。

猪油添加0.01%的正二氢愈创酸，在室温和阳光下，经19个月仍不变色、不酸败。由于价格高，仅适用于高档食品或军用食品。

(6) 米糠素　米糠素又称谷维素，是以三萜（烯）醇为主体的阿魏酸酯的几种混合物。米糠素为白色至浅黄色粉末或结晶性粉末，无臭，易溶于乙醇和丙酮，不溶于水，油溶性好，对于油脂有良好的抗氧化作用。

米糠素属于无毒性物质，可用作油溶性抗氧化剂，还可用于制药。

(7) 栎精　栎精为栎树皮中含有的物质，分子式为 $C_6H_{10}O_7$，相对分子质量302。栎精为含有2分子结晶水的黄色晶体，加热至95～97℃失去水分成为无水物，在314℃发生分解。栎精溶于水、无水乙醇和冰醋酸，其乙醇溶液呈苦味。栎精为五羟黄酮，其分子中2、3位间有双键，3、4位处有2个羟基，故具有能作为金属螯合作用或油脂等抗氧化过程中产生游离基团接受体的功能，可作为油脂、抗坏血酸的抗氧化剂，同时还可作为食品的黄色素。

(8) 甘草抗氧物　甘草抗氧物，又称为甘草抗氧灵、绝氧灵，其主要成分是黄酮类、类黄酮类物质，是从提取甘草浸膏或甘草酸之后的甘草渣中提取的一组脂溶性混合物。甘草抗氧物为棕色或棕褐色粉末，略带有甘草的特殊气味，熔点为70～90℃，不溶于水，可溶于乙酸乙酯，在乙醇中的溶解度为11.7%。

甘草抗氧物能抑制油脂的光氧化作用；耐热性好，能有效地抑制高温炸油中羰基价的升高，能从低温到高温（250℃）范围内发挥抗氧化作用；还具有较强的清除自由基作用，尤其对清除氧自由基的作用效果较好，因而可抑制油脂酸败。此外，对油脂过氧化丙二醛的生成，也有明显的抑制作用。

甘草抗氧物为无毒性物质，安全性高。我国规定其可用于油脂、油炸食品、肉制品、腌制鱼及饼干等含油食品，最大使用量为0.2g/kg。

4. 脱氧剂

脱氧剂又叫吸氧剂、除氧剂、去氧剂，能在常温下与包装容器内的游离氧和溶解氧发生氧化反应形成氧化物，并将密封容器内的氧气吸收掉，使食品处在无氧状态下贮藏而久不变质。脱氧剂是易氧化物质，在常温下与包装容器内的溶解氧发生氧化反应，吸收包在容器内的氧使食品处于无氧状态，抑制霉菌等微生物的生长繁殖和防止虫害的发生，防止食品营养成分及风味、香味等成分的氧化变质，防止食品褪色和果蔬的过熟，从而达到保质保鲜。

(1) 脱氧剂的优点　不同于通常的物理除氧法，脱氧剂不仅能除去包装内的游离氧，而且能吸收从外界进入的氧；与食品防腐剂不同，与食品同袋包装，没有副作用，不含致癌物，安全性高；脱氧剂保藏食品无需经杀菌处理，能保持食品原有风味、色泽，特别对低盐、低糖食品更有效；比真空包装、惰性气体包装简单，使用方便，成本低；能扩大商品流通量，减少食品变质损耗与流通损耗，延长食品保藏期，方便食品运输。

(2) 脱氧剂的种类　按主剂成分进行分类，可分为两类。一是无机型脱氧剂，应用最广的是铁系脱氧剂，铁氧化后生成 $Fe(OH)_3$，1g铁除氧能力为300mL，折合空气

1500mL，除氧效果好，且经济；另一种为有机系除氧剂，如抗坏血酸，除氧能力佳，葡萄糖碱性物在一定条件下产生很多分解物而除氧。

（三）保鲜剂

果蔬表面经保鲜剂涂膜，不但起到保护、阻隔作用，还可减少擦伤，并且可减少有害病菌的入侵。涂蜡柑橘可延长保藏期。用蜡包裹奶酪可防止其在成熟过程中长霉。涂膜材料如树脂、蜡等可以使产品带有光泽，提高产品的商品价值。保鲜剂的种类主要包括：

1. 类脂

类脂包括石蜡、蜂蜡、矿物油、蓖麻子油、菜籽油、花生油、乙酰单甘酯及其乳胶体等，可以单独或与其他成分混合在一起用于食品涂膜保鲜。一般来讲，这类薄膜易碎，常与多糖类物质混合使用。

2. 蛋白质

植物蛋白来源的成膜蛋白质包括玉米醇溶蛋白、小麦谷蛋白、大豆蛋白、花生蛋白和棉籽蛋白等，动物蛋白来源的成膜蛋白质包括胶原蛋白、角蛋白、明胶、酪蛋白和乳清蛋白等。对蛋白质溶液的 pH 进行调整会影响其成膜性和渗透性。由于大多数蛋白质膜都是亲水的，因此对水的阻隔性差。干燥的蛋白质膜，如玉米醇溶蛋白、小麦谷蛋白、胶原蛋白，对氧有阻隔作用。

3. 树脂

天然树脂来源于树中，合成树脂一般是石油产物。紫胶由紫胶桐酸和紫胶酸组成，与蜡共生，可赋予涂膜食品以明亮的光泽。紫胶和其他树脂对气体的阻隔性较好，对水蒸气的阻隔性一般，其广泛应用于果蔬和糖果中。松脂可用于柑橘类水果的涂膜剂。苯并呋喃－茚树脂也可用于柑橘类水果。苯并呋喃－茚树脂是从石油或煤焦油中提炼的物质，有不同的质量等级，常作为“溶剂蜡”用于柑橘产品。

4. 糖类

由多糖形成的亲水性膜有不同的黏度规格，对气体的阻隔性好，但隔水能力差。其用于增稠剂、稳定剂和乳化剂已有多年的历史。用于涂膜的多糖类包括纤维素衍生物、淀粉类、果胶、海藻酸钠和琼脂等。

5. 甲壳素类

甲壳素又名几丁质，属多糖衍生物，主要从节肢支物如虾、蟹壳中提取，是仅次于纤维素的第二大可再生资源。甲壳素化学名称为无水 *N*－乙酰基－*D*－氨基葡糖，分子式为（$C_8H_{13}NO_5$）$_n$。

甲壳素经脱钙、脱蛋白质和脱乙酰基，可制取用途广泛的壳聚糖。壳聚糖及其衍生物用作保鲜剂，主要是利用其成膜性和抑菌作用。壳聚糖或轻度水解的壳聚糖是很好的保鲜剂，0.2% 左右就能抑制多种细菌物生长。以甲壳素/壳聚糖为主要成分配制成果蔬被膜剂，涂于苹果、柑橘、青椒、草莓、猕猴桃等果蔬的表面，可形成致密均匀的膜保护层，此膜具有防止果蔬失水、保持果蔬原色、抑制果蔬呼吸强度、阻止微生物侵袭和降低果蔬腐烂率的作用。

壳聚糖还可用作小黄鱼、鸡蛋等肉、蛋类的保鲜剂，对腌菜、果冻、面条、米饭等均具有保鲜作用。

【案例】

三聚氰胺事件

2008 年 6 月 28 日，兰州军区解放军第一医院收治了首例“肾结石”患儿，至 9 月 8 日来自甘肃岷县的 14 名婴儿被诊断患有肾结石，其中一名婴儿仅 8 个月就被诊断为“输尿管结石”和“双肾多发结石”。至 9 月 11 日，甘肃省共发现肾结石患儿 59 例，部分患儿病症已到中晚期，死亡 1 人。与此同时，宁夏、陕西、山东、江苏、江西、安徽、湖南、湖北等地也有类似婴幼儿病例报告。

经相关部门调查，这些患儿一出生就一直食用三鹿集团所产的三鹿婴幼儿配方奶粉，高度怀疑是三鹿婴幼儿配方奶粉受到三聚氰胺污染所致。国家相关部门立即开展三聚氰胺大排查。

国家质检总局会同有关部门对市场上所有婴幼儿奶粉及其他乳制品进行全面检验检查。结果显示，除三鹿外，多家企业多批次婴幼儿奶粉中检出三聚氰胺，三鹿牌婴幼儿配方乳粉中三聚氰胺的最高含量高达 2563mg/kg。2008 年 9 月 30 日，质检总局公布了专项检测情况，三鹿、雅士利等 21 家企业 31 批次奶粉中检出三聚氰胺，其中三鹿牌高铁高锌配方奶粉中三聚氰胺含量高达 6197 mg/kg。问题奶粉被要求立即下架召回，必须销毁不得重新回流市场。

三聚氰胺分子式为 $C_3H_6N_6$，俗称蜜胺、蛋白精，白色无味，微溶于水，属于微毒、低毒化学物质，主要用途是生产三聚氰胺甲醛树脂的原料，不可用于食品加工或食品添加物。不法分子添加三聚氰胺于乳粉中，是想利用乳品中蛋白质含量检测方法的漏洞，使乳品中蛋白质测定值虚高，以鱼目混珠。

三聚氰胺事件是国际国内影响很大的敏感性事件，事关国民健康，引发了全社会对食品安全的广泛关注。

“起云剂”事件：揭开塑化剂的真面目

对于饮料，不同的人有不同的偏好。有许多饮料的卖点在于有点味道、有点黏度，甚至有点色调。因为许多“味道”是脂溶性的，需要存在于油中。要把油均匀分布到水中，就需要乳化剂的帮助。而油比水轻，所以油滴会上浮而导致分层，又需要加入一些食品胶来增稠。这样，可以把油、乳化剂、增稠剂进行均质化处理得到浓缩的黏稠乳液。把它们加到饮料或者其他液体食物中，就会产生浑浊、均匀的外观和良好的口感与风味。这样的浓缩乳液，就是台湾所说的起云剂。

2011 年 3 月，我国台湾发生起云剂事件。起云剂即乳化稳定剂，其本身是一种合法食品添加物，是没有毒的，经常使用于果汁、果酱、饮料等食品中，是由阿拉伯胶、乳化剂、棕榈油及多种食品添加物混合制成。但因棕榈油价格昂贵，售价为塑化剂的五倍，某些不法公司遂以便宜却有毒性的塑化剂取代，加入到“起云剂”中以节省成本，酿成一次重大食品安全事故。

塑化剂，又称增塑剂、可塑剂，是工业上广泛使用的添加剂，有增加塑料等高分子材料的柔韧性的作用。台湾“起云剂”事件中的主角是邻苯二甲酸二（2 - 乙基）己酯

(DEHP)，是邻苯二甲酸酯类物质的一种。邻苯二甲酸酯缩写 PAEs，是邻苯二甲酸形成的酯的统称。当其被当作塑化剂使用时，一般指的是邻苯二甲酸与 4 ~ 15 个碳的醇形成的酯，是一类有软化作用的化学品，可以使塑料材料的硬度、模量、软化温度和脆化温度下降，而提高伸长率、曲挠性和柔韧性。DEHP 为无色，无味的液体，是塑胶制品常用的一种塑化剂，在一般的塑胶制品中通常可发现它的存在。

PAEs 可通过呼吸道、消化道和皮肤进入人体，误服可造成胃肠道刺激，中枢神经系统抑制、麻痹，血压降低等。PAEs 的慢性毒性主要表现为肾功能下降，还可产生肝脏毒性、肺毒性、心脏毒性。长期接触 PAEs，可引发多发性神经炎、感觉迟钝、麻木等症状。PAEs 还对人的生殖系统有毒性。

【拓展】

正确认识食品添加剂

人们由于受到各种社会因素的影响，在科学认识和理性对待食品添加剂的问题上存在一些误区，认为不含任何食品添加剂就是安全食品，反之就是不健康或不安全的食品。这种观念，需要纠正和澄清。

人们之所以对食品添加剂“谈虎色变”，除了当今网络发达，一些不确定的信息混淆视听，一些食品安全事件的刺激也让人们对添加剂格外敏感。“一滴香”、“吊白块”、苏丹红、三聚氰胺等至今让我们心有余悸。但这些东西都不属于食品添加剂，它们都是非食用有害化学物质，属于非法添加物。

确保食品安全，不是要消灭食品添加剂，而是应将其用量控制在可接受的范围内，尽力防止和严厉打击向食品中添加非食用物质的行为。

食品添加剂是现代食品工业的灵魂，没有食品添加剂，就没有现代食品工业。食品添加剂的合理使用，会使食品质量更安全、风味更美好。

非法添加物——食品添加剂“污名化”的罪魁祸首

由于一些食品安全突发事件的存在，人们对食品添加剂的认知出现了污名化趋势，其中“食品添加剂都是有害的”是最为典型的污名化现象。追根溯源，非法添加物是导致食品添加剂“污名化”的罪魁祸首。

非法添加物是向食品中加入的不在食品添加剂国家标准及其相关补充公告内容中的添加物，或虽然在该范围内但超过范围使用或超过限量使用的，也属于非法添加物。非法添加物常常是被不法生产者非法加入食品中的各种不能食用的物质。比如三聚氰胺，放在建筑用混凝土里是高效减水剂，放在塑料制品里是很好的阻燃剂，但放到食品中就是非法添加物。

非法添加物与食品添加剂概念不同，二者的相同点是：都是人为故意添加的，都有可能出现在食品中；不同点是：添加非法添加物是有害的不法行为，合理使用食品添加剂是有益的合法举措。

回想一下近十几年来发生的各种食品安全事件：台湾塑化剂事件、瘦肉精事件、染色馒头事件、乳及乳制品三聚氰胺事件、辣椒酱及红心鸭蛋事件、水产品使用孔雀石绿事件、水产品使用福尔马林事件、腐竹使用吊白块事件、挂面添加甲醛事件、毒大米事件、毛发蛋白水解液酱油事件、工业冰醋酸勾兑食醋事件、山西朔州毒酒案等，在这些事件中，出问题的物质有塑化剂、瘦肉精、着色剂、三聚氰胺、苏丹红、孔雀石绿、福尔马林溶液、吊白块、甲醛、硅油、毛发蛋白水解液、工业冰醋酸、甲醇这 13 种物质，而其中仅着色剂是食品添加剂，其余全是非法添加物；一系列事件仅染色馒头事件属于食品添加剂（着色剂柠檬黄）的滥用，其余全是非法添加或使用非法添加物而造成的恶性事件。严格地说，食品添加剂超量超范围使用的，也属于非法添加物。然而，一提起食品安全事件，许多人会责怪食品添加剂，这是一个误区，我们应当正视食品添加剂，将其与非法添加物区别开来。

思考题

1. 食盐溶液的防腐机理是什么？
2. 影响食盐在食品中渗透的因素有哪些？
3. 烟熏的目的是什么？
4. 烟熏制品发展方向是什么？
5. 熏制方法有哪些？
6. 熏烟的成分及作用是什么？
7. 食品添加剂的使用需具备什么条件？
8. 食品化学保藏剂有哪些？
9. 化学合成防腐剂有哪些？
10. 保鲜剂的作用是什么？
11. 什么是食品防腐剂？
12. 食品防腐剂的防腐原理是什么？
13. 抗氧化剂主要种类有哪些？
14. 名词解释：食品腌制加工、盐渍、熟成、干盐渍法、冷熏、温熏、热熏、液熏、电熏、食品添加剂、防腐剂、抗氧化剂。

CHAPTER 7

第七章 食品生物技术

食品生物技术是指以现代生命科学的研究成果为基础，结合现代工程技术手段和其他学科的研究成果，将全新的方法和手段应用于食品原料、食品加工、食品贮藏保鲜、食品添加剂、食品品质检测和食品综合利用中，涉及基因工程、细胞工程、发酵工程、酶工程以及生物工程下游技术和现代分子检测技术。它涵盖了分子生物学、细胞生物学、免疫学、生理学、遗传学、生物化学、微生物学、生物物理学等生物类学科，同时涉及信息学、电子学和化学等学科，是一门多学科相互渗透的综合性技术。

第一节　发酵技术

【学习目标】

1. 熟悉发酵技术。
2. 熟悉发酵技术在食品中的应用。
3. 掌握发酵技术控制因素。

【基础知识】

食品发酵技术是生物技术中最早应用于食品工业的一种加工处理技术，并已成为现代食品工业不可缺少的一部分。发酵是利用微生物的代谢活动，通过生物催化剂（微生物细胞或酶）将有机物质转化成产品的过程。这种方法的特点是利用各种因素促使某些有益的微生物生长，从而建立起不利于有害微生物生长的环境，预防食品腐败变质，同时还能保持、甚至于改善食品原有营养成分和风味。许多传统的发酵食品，如酒、豆豉、甜酱、豆瓣酱、酸乳、泡菜、面包以及干酪等已有几百年甚至上千年的生产历史。

近几十年来，随着分子生物学和细胞生物学的快速发展，现代发酵技术应运而生。传统发酵技术与DNA重组技术、细胞（动物细胞和植物细胞）融合技术结合，已成为现代发酵技术的主要特征。所生产的产品包括发酵食品、酿制食品、食品添加剂以及药物、生长素等。随着生物技术各个分支的发展和相互渗透，利用发酵技术生产的产品也会越来越多。

一、食品发酵与食品的品质

（一）发酵与发酵工业概念

人类利用微生物进行自然发酵来酿酒、制醋等可追溯到数千年以前。后来，经过多少代科学家和劳动人民的辛勤劳动，发现了各种微生物的形态、特征，“发酵”一词才逐渐有了其科学内涵。微生物学先驱巴斯德（Louis Pasteur）创立的微生物的发酵理论和后来柯赫（Robert Koch）建立的纯种分离技术，为发酵技术的发展奠定了理论基础，从自然发酵步入纯种液体深层发酵技术新阶段。目前人们把借助微生物在有氧或无氧条件下的生命活动来制备微生物菌体本身，或其直接代谢产物或次级代谢产物的过程统称为发酵。发酵工业就是利用微生物的生命活动产生的酶，对无机或有机原料进行酶加工（生物化学反应过程），获得产品的工业。它包括传统发酵，如某些酒类等的生产，也包括近代的发酵工业，如酒精、乳酸的生产等，还包括目前新兴的如抗生素、有机酸、氨基酸、酶制剂、核苷酸、生理活性物质、单细胞蛋白等的生产。

从发酵和发酵工业的概念可知，要实现发酵过程并得到发酵产品，必须具备以下几个条件，具体内容如下。

（1）要有某种适宜的微生物；

（2）要提供保证或控制微生物进行代谢的各种条件（培养基组成、温度、溶氧浓度、酸碱度等）；

（3）要有进行微生物发酵的设备；

（4）要有将菌体或代谢产物提取并精制成产品的方法和设备。

（二）发酵对食品品质的影响

发酵能够提高食品的耐藏性。不少食品的最终发酵产物，特别是酸和酒精，有利于阻止腐败变质菌的生长，同时还能抑制混杂在食品中的一般病原菌的生长活动，如肉毒杆菌在 pH 4.6 以下就难以生长和产生毒素，因此，控制发酵食品的酸度就能达到抑制肉毒杆菌生长的目的。

和未发酵食品相比，某些发酵食品还提高了它原有的营养价值。伴随着微生物分解食品中大分子（如蛋白质、脂肪、多糖）的同时，由于微生物的新陈代谢也会产生一些代谢产物，这些代谢产物有许多是营养性的物质，如氨基酸、有机酸等。有些人体不易消化的纤维素、半纤维素和类似的聚合物，在发酵时也被适当地分解而变为人类能够消化吸收的成分。此外，发酵菌，特别是霉菌，能将食品组织细胞壁分解，从而使得细胞内的营养物质更容易直接地被人体吸收。

在食品发酵后，食品原来的质地和外形也会发生变化，因而发酵食品的状态和发酵前相比有显著不同。生活实践说明，在那些利用植物作为主要营养来源的地区，发酵食品丰富了日常膳食中的花色品种。

二、 食品发酵中微生物的利用

（一）发酵食品中细菌的利用

1. 乳酸发酵

乳酸菌（*Lactic acid bacteria*，LAB）是一类能利用可发酵碳水化合物产生大量乳酸的细菌的通称。这类细菌广泛分布于空气中，肉、乳、果蔬等食品的表面上，水以及器具等的表面上也有乳酸菌。乳酸菌种类很多，有球状、杆状等，一般生长发育的最适温度为26～30℃。

按对糖发酵特性的不同，乳酸菌发酵可分为同型乳酸发酵和异型乳酸发酵。同型乳酸发酵是指乳酸菌在发酵过程中，能使80%～90%的糖转化为乳酸，仅有少量的其他产物，引起这种发酵的乳酸菌叫做同型乳酸菌。异型乳酸发酵是指一些乳酸菌在发酵过程中使发酵液中大约50%的糖转化为乳酸，另外的糖转变为其他有机酸、醇、二氧化碳、氢等，引起这种发酵的乳酸菌叫异型乳酸菌。

酸奶是以新鲜的牛奶为原料，加入一定比例的蔗糖，经过高温杀菌冷却后，再加入纯乳酸菌培养物经发酵制得的一种乳制品，口味酸甜细滑，营养丰富，具有一定保健疗效，其营养价值要好于鲜牛奶和各种奶粉。可供酸奶发酵用的菌种有多种，如保加利亚乳杆菌、嗜酸乳杆菌、乳链球菌、嗜热链球菌等。酸奶发酵一般采用两种以上的混合菌种，在一定的温度下经过12～48h的发酵，乳液即形成均匀糊状液体，酸度可达1%左右，并具有特殊的风味。在这种已发酵完毕的酸奶中，根据不同的口味和要求，还可加入食糖、柠檬酸、果汁及香料等物质配成各种口味的酸奶，这种含有活的乳酸菌的酸乳，在保证卫生的条件下就不需要再经消毒处理，可以直接供人们饮用。

泡菜亦称酸菜，主要是利用乳酸菌在低浓度食盐溶液中进行乳酸发酵制成。只要乳酸含量达到一定的浓度，并使产品与空气隔离就可以久贮不坏，达到长期保存的目的。凡是组织紧密、质地脆嫩、肉质肥厚而不易软化的新鲜蔬菜均可作为泡菜的原料。蔬菜的乳酸发酵过程大致分为三个阶段：首先是初期发酵，新鲜蔬菜原料浸没于盐水（一般为6%～8%的浓度）中后，在渗透压的作用下，蔬菜中的水分不断向外渗出，可溶性营养物质如糖分也会扩散至盐水中，同时食盐也扩散到原料组织中。泡菜盐水的含盐量下降，变成了含有糖及其他营养物质的盐水（为2%～4%）。在此过程中抗盐性较弱的和抗盐性较强的微生物都同时活动，其中除乳酸菌外，还有酵母菌和大肠杆菌。发酵初期，占优势的还是大肠杆菌。大肠杆菌将糖分解成乳酸、醋酸、琥珀酸、乙醇、二氧化碳和氢等，因此在初期会有大量的气体不断由容器内向外逸出。这些气体有一部分也是蔬菜在浸泡于盐水后，其细胞间隙内的空气因盐水渗入而逸散出来的。发酵初期乳酸的生成量不高，在0.3%～0.4%。之后是中期发酵阶段，当乳酸的含量达到0.3%以上时，因大肠杆菌群对酸性物质最为敏感，所以不能适应这种环境。取而代之占优势的是乳酸菌群，它能将糖分分解成乳酸但不产生气体，因此中期的气体数量大为减少。中期发酵阶段生成的乳酸含量在0.4%～0.8%，此时抗酸性弱的微生物被抑制甚至死亡。大肠杆菌、丁酸菌以及其他腐败细菌均不能够生存。霉菌虽然抗酸性很强，但因坛内缺氧也无法活动，此时只有乳酸菌继续生长。最后进入发酵末期，此阶段泡菜的酸度继续升高，乳酸含量可达到1.2%以上，乳酸菌群也逐渐不能适应，发酵活动也就停止了。根据经验，泡菜在中期发酵阶段的品质为最佳，其乳酸含量大致在0.6%时风味最好。如果乳酸含量超过1%，泡菜便失去了应有的良好风味。

2. 醋酸发酵

参与醋酸发酵的微生物主要是细菌，统称为醋酸菌。它们之中既有好氧型的醋酸菌，例如纹膜醋酸杆菌、氧化醋酸杆菌、巴氏醋酸杆菌、氧化醋酸单胞菌等，也有厌氧型的醋酸菌，例如热醋酸梭菌、胶醋酸杆菌等，好氧型的醋酸发酵是制醋工业的基础。制醋原料或酒精接种醋酸菌后，经发酵生成醋酸，醋酸发酵液还可以经提纯制成一种重要的化工原料——冰醋酸。厌氧型的醋酸发酵是我国糖醋酿造的主要途径。

食醋是一种酸性调味品，它能增进食欲，帮助消化。目前我国食醋生产工艺有固态发酵法、液体深层发酵法和酶法液化通风回流法等，不同工艺从原料利用率、产酸速度、产品风味、生产效率和成本等方面各有差异。食醋按产品特征可分为合成醋、酿造醋、再制醋三大类。其中产量最大且与人们日常生活关系最为密切的是酿造醋，它是用粮食等淀粉质为原料，经微生物制曲、糖化、酒精发酵、醋酸发酵等阶段酿制而成。其主要成分除醋酸（3% ~5%）外，还含有各种氨基酸、有机酸、糖类、维生素、醇和酯等营养成分及风味成分，具有独特的色、香、味。

3. 谷氨酸发酵

通常谷氨酸发酵用于生产味精，即谷氨酸钠。谷氨酸棒杆菌、乳糖发酵短杆菌、黄色短杆菌是主要的谷氨酸生产菌。味精的生产工艺包括淀粉制糖、接种发酵、谷氨酸提取、中和反应、产品精制。过去生产味精曾使用粮食中的蛋白质（面筋）为原料，用加酸水解方法制取，采用这种方法需要大量的蛋白质。若从粮食中获得蛋白质，则所需要的粮食量较大，因此成本较高。现在所采用的微生物发酵方法既可以节约粮食，又可大大降低成本。在制取L-谷氨酸的微生物发酵过程中，利用的原料主要是淀粉，但是大部分谷氨酸发酵的菌种不具有糖化能力，因而需要将淀粉转变为葡萄糖之后才能进行谷氨酸发酵。

（二）发酵食品中酵母菌的利用

1. 酒的生产

酵母是生产酒类的重要微生物。不同的酒用不同的酵母，甚至于同种但不同品牌的酒要用不同的酵母，这也是为什么酒的种类繁多、风味各异的主要原因。

酿酒的原料一般都是含淀粉较多的谷物，如大麦、大米、高粱；植物块根，如红薯、木薯等；含糖分较多的水果，如葡萄、山楂、橘子等；某些含淀粉的野生植物，如茅栗、苦槠、青冈等。酿酒原料的不同和对酿造的质量要求不同，酿造的工艺也不尽相同。但凡是供酿酒用的淀粉原料，一般都要先经过糊化及酶的糖化，然后再加入一定的酵母菌种进行酒精发酵。

葡萄酒是用葡萄汁经酵母发酵而制成的一种低酒精含量的饮料。葡萄酒质量的好坏和葡萄品种、葡萄质量及酒母有着密切的关系，因此在葡萄酒生产中，葡萄的品质、酵母菌种的选择是相当重要的。

啤酒是以大麦为主要原料，经发芽、糖化、啤酒酵母发酵制成。在酿造啤酒时，通常要加入酒花，使啤酒具有独特的苦味和香气。另外，酒花还具有防腐和澄清麦芽汁的能力。

2. 面包的生产

面包是以面粉为主要原料，以酵母菌、糖、油脂和鸡蛋为辅料生产的发酵食品，发酵好的面团还需经焙烤等熟化过程。应用于发酵面包的酵母菌种应当是发酵力强并能产生香味的。目前，市面上使用较普遍的酵母菌种产品是活性干酵母。活性干酵母是由酵母在低温真空条件下脱水而制成，使用前需通过温水溶解等手段活化。在处理和使用各种酵母时，注意切勿使酵母同油脂和浓度高的食盐溶液或砂糖溶液直接混合，以免抑制酵母活性，从而影响正常发酵。酵母适宜发酵温度在30℃左右。

（三）发酵食品中霉菌的利用

1. 腐乳制造中霉菌的利用

腐乳又名豆腐乳，是我国著名的一种发酵食品，早在1500多年前就有历史记载。按色泽，腐乳分为红腐乳（俗称红方）、白腐乳（俗称糟方）和青腐乳（俗称青方或臭豆腐）。此外，在腐乳的制造中，添加其他辅料就可制成别具风味的各式腐乳，如添加黄酒的醉方，以及添加芝麻、玫瑰、虾籽、香油等的花色腐乳。

腐乳的生产原料是大豆，有黄豆、青豆和黑豆，以黄豆为优，也最普遍。发酵腐乳的菌种主要是毛霉，如腐乳毛霉、鲁氏毛霉、总状毛霉，还有红曲霉、溶胶根霉、青霉以及少量的酵母和细菌等微生物。

我国各地都有腐乳的生产，它们虽然大小不一，配料不同，品种名称繁多，但制作工艺和原理大都相同。选料后，原料要经浸泡、制浆、煮浆、点浆、养浆、成型（豆腐），然后压坯划成小块，摆在木盒中即可接上蛋白酶活力很强的根霉或毛霉菌的菌种，接着便进入发酵和腌坯期。最后根据不同品种的要求加以红曲酶、酵母菌、米曲霉等进行密封贮藏。在这期间微生物分泌出各种酶，促使豆腐坯中的蛋白质分解成营养价值高的氨基酸和一些风味物质。有些氨基酸本身就有一定的鲜味，腐乳在发酵过程中也促使豆腐坯中的淀粉转化成酒精和有机酸，同时还有辅料中的酒及香料也参与作用，共同生成了带有香味的酯类及其他一些风味成分，从而构成了腐乳所特有的风味。

2. 酱油制造中霉菌的利用

酱油是人们常用的一种食品调味料，营养丰富，味道鲜美，在我国已有两千多年的历史。它是用蛋白质原料（如豆饼、豆粕等）和淀粉质原料（如麸皮、面粉、小麦等），利用曲霉及其他微生物的共同发酵作用酿制而成的。

酱油生产中常用的霉菌有米曲霉、黄曲霉和黑曲霉等，应用于酱油生产的曲霉菌株应符合如下条件：不产黄曲霉毒素；蛋白酶、淀粉酶活力高，有谷氨酰胺酶活力；生长快速、培养条件粗放、抗杂菌能力强；不产生异味，制曲酿造的酱制品风味好。

酱油生产所用的霉菌主要是米曲霉（*Aspergillus oryzae*）。生产上常用的米曲霉菌株有：AS 3.951（沪酿3.042）、UE328、UE336、AS 3.863、渝3.811等。生产中常常是由两菌种以上复合使用，以提高原料蛋白质及碳水化合物的利用率，提高成品中还原糖、氨基酸、色素以及香味物质的水平。除曲霉外，还有酵母菌、乳酸菌参与发酵，它们对酱油香味的形成也起着十分重要的作用。

三、控制食品发酵的因素

影响微生物生长和新陈代谢的因素很多，控制食品发酵过程中的主要因素有酸度、酒精含量、菌种的使用、温度、通气量和加盐量等。这些因素还决定着发酵食品后期贮藏中微生物生长的类型。

（一）酸度

不论是食品原有成分，还是外加的或发酵后生成的，酸都有抑制微生物生长的作用。这是由于高浓度的氢离子会影响微生物正常的呼吸作用，抑制微生物体内酶系统的活性，因此控制酸度可以控制发酵作用。

（二）温度

各种微生物都有其适宜生长的温度，因而发酵食品中不同类型的发酵作用可以通过温度来控制。以牛乳为例：温度为0℃时，牛乳中很少有乳酸菌活动；4.4℃时，微生物稍有生长即可使乳变味；21.1℃时，乳酸链球菌生长比较突出；37.8℃时，保加利亚乳杆菌迅速生长；温度升至65.6℃时，嗜热乳杆菌生长而其他微生物则死亡。

混合发酵中，各种不同类型的微生物也可以通过发酵温度的调节使它们各自分别突出生长。卷心菜的腌制对温度比较敏感，在其腌制过程中有三种主要菌种参与将糖分转化成乳酸、醋酸和其他产物的过程，分别为肠膜状明串珠菌、黄瓜发酵乳杆菌和短乳杆菌。肠膜状明串珠菌产生醋酸以及一些乳酸、酒精和二氧化碳。当肠膜状明串珠菌消失后，黄瓜发酵乳杆菌继续产生乳酸，黄瓜发酵乳杆菌消失后，则由短乳杆菌继续产生乳酸。这些菌的生长与温度关系密切。如果在发酵初期温度较高（超过21 ℃），则乳杆菌生长很快，同时抑制了能产生醋酸、酒精和其他预期产物的适宜较低温度的肠膜状明串珠菌的生长。因此，卷心菜在腌制初期发酵温度应低些，有利于风味物质的产生，而在发酵后期温度可增高，以利于乳杆菌的生长。同时，发酵时产生的一些产物之间也可发生反应，如乙醇和酸合成酯类，生成腌制品特有的风味。

（三）菌种的使用

发酵生产对菌种有许多要求，其中发酵产物高产、稳产和速产是最重要的。发酵开始时如有大量预期菌种存在，即能迅速繁殖并抑制其他杂菌生长，促使发酵向着预定的方向发展。馒头发酵、酿酒以及酸奶发酵都应用了这种原理。例如，在和面时加入酵头（俗称面肥），在葡萄汁中放入先前发酵时残余的酒液，在鲜乳中放入酸奶。用部分发酵产品作为酵种的发酵方法一直沿用至今，世界各地仍在使用。不过，随着发酵工业的发展，现已改为使用预先培养的商品菌种，这种培养菌种称为发酵剂或酵种。它可以是纯菌种，也可以是混合菌种。如在葡萄酒生产中，国内外已使用葡萄酒活性干酵母。目前德国、法国、美国及我国均已有优良的葡萄酒活性干酵母商品生产，产品除基本的酿酒酵母外，还有二次发酵用酵母、增果香酵母、耐高酒精含量酵母等许多品种。现在，除葡萄酒外，许多发酵食品，如啤酒、醋、酸奶、腌制品、肠制品、面包、馒头等的生产，都使用专门培养的菌种制成的酵种进行发酵，以便获得品质良好的发酵食品。这些酵种一般是特定条件下培养，然后在保护剂共存下，低温真空脱水干燥，在惰性气体保护下贮存备用。

（四）氧的供应

霉菌是完全需氧型真菌，在缺氧条件下不能存活，控制供氧条件则可控制霉菌的生长。酵母是兼性厌氧菌，氧气充足时，酵母会大量繁殖，缺氧条件下，酵母则进行乙醇发酵，将糖分转化成乙醇。细菌中既有需氧的，也有兼性厌氧的和专性厌氧的品种，例如醋酸菌是需氧的，乳酸菌则为兼性厌氧，肉毒杆菌为专性厌氧。因此供氧或断氧可以促进或抑制某种菌的生长活动，同时可以引导发酵向预期的方向进行。

（五）食盐

食盐一般用于食品调味和腌制，食盐中常含有一些其他盐类，如钙、镁、铁的氯化物等。从食品质量方面考虑，这些杂质应越少越好。不同浓度的盐溶液对微生物有不同的影响。在高浓度时，所有的阳离子都会对微生物产生毒害作用，但不同的阳离子的毒性不一样。低浓度的阳离子对微生物的代谢活动有刺激作用，当盐溶液浓度在1%以下时，微生物的生长活动一般不会受到影响。因此，在其他因素相同的情况下，控制加盐量就能控制微生物生长及它们在食品中的发酵活动。

（六）乙醇

乙醇具有刺激的辛辣滋味。与酸一样，乙醇同样具有防腐作用，但与其浓度关系很大。酵母不能忍受它自己所产生的超过一定浓度的酒精及其他发酵产物，按容积计12% ~15%发酵酒精就能抑制酵母的生长。

第二节 酶 技 术

【学习目标】

1. 了解食品工业用酶种类。
2. 掌握食品工业用酶的基本特性。
3. 熟悉酶制剂在食品工业应用原则。

【基础知识】

酶技术是酶的生产和应用的技术。虽然酶在数千年前的酿酒发酵中就得到应用，但现代意义上的酶技术是在近几十年才兴起的高新技术。进入20世纪以来，随着微生物发酵技术的发展和酶分离纯化的更新，酶制剂的研究得到不断推进并实现了商业化生产。由于工业上直接利用酶制剂时存在一些缺点，如稳定性差、使用效率低、不能或很难在有机溶剂中反应等，为了克服这些缺点，延长酶的使用寿命，提高酶的催化活性，并使其能在生化反应器中反复连续使用，人们发展了酶的固定化技术。目前在单一酶固定化技术的基础上，又发展了多酶体系的固定化及固定化细胞增殖技术，推动了新型生物反应器等现代生物反应设备的发展。此外，通过酶的修饰也可提高酶的稳定性、消除或降低酶的抗原性，使之更适合生产和应用的要求。自20世纪70年代初基因工程诞生以来，酶技术的发展进入了一个非常重要的时期，科学家仅需将含有特定基因的载体转移到宿主细胞内，然后通过发酵就能大量生产人们所需要的酶。而近年来发展的蛋白质工程技术则使得酶的定向改造成为可能，它不仅可以改变酶的特性，还可按需要设计出某种新型的酶。虽然酶的蛋白质工程还处于起步阶段，但从实际应用上看具有很大的潜力。过去，人们一直认为酶的本质是蛋白质，但自20世纪80年代酶活性核糖核酸（ribozyme）发现以来，酶是蛋白质的经典概念就被打破了。

一、酶的生产现状及趋势

全世界发现的酶已超过3000余种，目前工业上生产的酶只有60多种，真正达到工业规模的只有20多种（但酶的剂型品种已达600多个）。但是酶的应用潜力非常巨大，其应用面和产销量近年来呈快速发展。2008年全世界工业酶制剂销售额为30亿美元，丹麦的诺和诺德（Novo Nordisk）公司、荷兰的吉斯特（Gist - Brocades）公司、美国的杰能科国际有限（Genencor International）公司等均是国外大型的酶制剂生产厂家。我国的酶制剂工业相对落后，但从1990年以后，通过引进国外先进技术和国际合作，技术水平和设备装备水平有了很大的进步，生产能力、产品品种和质量有了很大提高。目前全国酶制剂年生产总量已达80万t，并以18%的年增产率逐年增长，被批准作为食品添加剂的酶制剂品种已有26种，我国酶制剂工业基地主要分布在天津、无锡等地区。

酶的生产是指经过预先设计，通过人工操作控制而获得所需酶的过程。酶的生产方法可归纳为提取法、发酵法和化学合成法三种。其中，提取法是最早采用而沿用至今的方法，发酵法是20世纪50年代以来酶生产的主要方法，而化学合成法仍处在实验室阶段。

二、酶在食品工业中的应用

食品工业是最早和最广泛应用酶的行业之一，目前已有几十种酶成功地应用于食品工业。如表7-1所示为食品工业常用酶情况，如葡萄糖、饴糖、果葡糖浆的生产，蛋白制品的加工，果蔬加工，食品保鲜和改善食品的品质与风味等。

表7-1 食品工业常用酶

酶名	来源	主要用途
α-淀粉酶	枯草杆菌、米曲菌、黑曲霉	淀粉液化，制造葡萄糖、饴糖、果葡糖浆，面团改性
β-淀粉酶	麦芽、巨大芽孢杆菌、多黏芽孢杆菌	制造麦芽、啤酒酿造
糖化酶	根霉、黑曲霉、红曲霉、内孢酶	淀粉液化，制造葡萄糖、果葡糖浆
异淀粉酶	气杆菌、假单胞杆菌	制造直链淀粉、麦芽糖
葡萄糖异构酶	放线菌、细菌	制造果糖、果葡糖浆

续表

酶名	来源	主要用途
纤维素酶	木霉、青霉	生产葡萄糖、澄清果汁、坚果壳处理、速溶茶生产
转移糖苷酶	青霉、细菌、节杆菌等	生产功能性低聚糖
葡萄糖氧化酶	黑曲霉、青霉	蛋白加工、食品保鲜
蛋白酶	胰脏、木瓜、枯草杆菌、霉菌	啤酒澄清、果汁澄清、蛋白水解调味料、乳制品加工、肉类嫩化、面团改性、生产功能多肽
转谷氨酰胺酶	放线菌	蛋白质改性
果胶酶	霉菌	果蔬汁、果酒的澄清，提高出油率
脂酶	黑曲霉、柱状假丝酵母、毛霉、青霉、木霉	EPA、DHA 生产，脂类改性、干酪增香、清酒
单宁酶	黑曲霉、米曲霉	消除多酚类物质
柑苷酶	黑曲霉	水果加工，去除橘汁苦味
橙皮苷酶	黑曲霉	防止柑橘罐头及橘汁浑浊

食品工业中应用的酶种、剂型在不断增加。例如世界上应用于工业生产的酶已达 60 多个品种，剂型达到 600 多种。高温 α - 淀粉酶的剂型有 8 种，糖化酶的剂型有 6 种，用于各种果蔬汁处理的专用复合酶剂型已达 16 种之多。通过基因工程和蛋白质工程技术改造的基因工程菌生产的更高效、更稳定、应用范围更广的酶种比例在逐年增加。食品工业中应用的酶法生产方式也由传统向现代化的方向转变。固定化酶和固定化微生物细胞得到广泛应用（表 7 - 2），固定化动植物细胞技术已进入食品工业生产领域。在此基础上，新型的可连续操作的各种酶反应器装备不断引入食品工业的生产。

表 7 - 2　　已在食品工业中应用或研究的固定化酶

被固定的酶或菌体	底物	产物	备注
氨基酰化酶	乙酰基 - DL - 氨基酸	L - 氨基酸	首例工业应用
葡萄糖异构酶	葡萄糖浆	果葡糖浆	应用规模最大
含天门冬氨酸酶菌体	富马酸	L - 天门冬氨酸	
含富马酸酶菌体	富马酸	L - 苹果酸	
乳糖酶	牛乳	低乳糖牛乳	半衰期达 1 年
含 L - 天门冬氨酸 - β - 脱羧酶菌体	L - 天门冬氨酸	L - 丙氨酸	
酵母活细胞	糖蜜、淀粉水解糖	酒精	
糖化酶	糊精	葡萄糖	
卡尔酵母增殖细胞	麦汁（葡萄糖）	啤酒（酒精）	
谷氨酸棒杆菌增殖细胞	葡萄糖	谷氨酸	

续表

被固定的酶或菌体	底物	产物	备注
木瓜蛋白酶	嫩啤酒	啤酒	
凝乳酶	牛乳	干酪	
脂肪酶	植物油	黄油	
脂肪酶	植物油	脂肪酸和甘油	
葡萄酒酵母增殖细胞	葡萄汁	葡萄酒	
醋酸杆菌增殖细胞	乙醇	醋酸	
乳酸杆菌增殖细胞	葡萄糖	乳酸	

（一）食品工业常用酶的基本特性

1. 糖酶

（1）α－淀粉酶　α－淀粉酶亦称液化淀粉酶或 α－1，4－葡聚糖－4－葡聚糖水解酶。作用于淀粉和糖原时，从底物分子内部随机内切 α－1，4 键，生成一系列相对分子质量不等的糊精和少量低聚糖、麦芽糖和葡萄糖。反应速度随底物浓度降低而减小。不同来源的酶其最适 pH 和作用温度均有差别，工业上应用的酶最适 pH 为 4.5～7.0，最适温度为85～94℃。来源于淀粉液化芽孢杆菌和地衣芽孢杆菌的 α－淀粉酶有淀粉吸附性。

（2）β－淀粉酶　β－淀粉酶亦称糖化酶或葡聚糖麦芽糖水解酶。作用于淀粉分子，每次从非还原碳端切下 2～3 个葡萄糖单位，并且由原来的 α 型转变为 β 型。只能水解 α－1，4 键，对于支链淀粉水解至分枝点前 2～3 个葡萄糖残基时停止作用，故留下的是极限糊精。无淀粉吸附性，不能水解生淀粉。最适 pH 为 5.0～6.0，最适温度为 55℃。常与 α－淀粉酶结合使用，用于产生饴糖。

（3）葡萄糖淀粉酶　葡萄糖淀粉酶亦称 1，4－葡聚糖葡萄糖水解酶。水解时从淀粉非还原碳端依次水解一个葡萄糖分子，并把构型转变为 β 型。不仅能水解 α－1，4 键，还能水解 α－1，3 键和 α－1，6 键，但前者的水解速度是后两者的十几倍。该酶还有催化葡萄糖合成麦芽糖或异麦芽糖的作用，并随葡萄糖浓度增加催化速度增加，故在水解淀粉时会有麦芽糖或异麦芽糖副产物产生。最适 pH 为 4.0～5.0，最适温度为 55～60℃。

（4）果胶酶　商业用果胶酶的有效成分主要有三种酶。一种是果胶甲酯酶，主要作用为催化甲酯果胶以脱去甲酯基，产生聚半乳糖醛酸苷键和甲酯；第二种是聚半乳糖醛酸酶，其作用是内切方式使果胶中以 α－1，4 键结合的半乳糖醛基水解成为还原糖；第三种是果胶裂解酶，以内切方式使果胶断裂而得寡糖。除此之外，还有一些以外切方式作用于底物的果胶酶。不同来源的酶特性有差别，工业应用的酶作用温度为 40～50℃，最适 pH 为 3.5～4.0。

（5）纤维素酶　纤维素酶包括多种水解酶，是一类复合酶类，主要有以下三种：第一种为葡萄糖内切酶，作用于纤维素分子内部的非结晶区，随机水解 β－1，4 糖苷键，将长链纤维分子切断，产生大量含非还原端的小分子纤维素；第二种为葡萄糖外切酶，又称纤维二糖水解酶，作用于纤维素线状分子末端，水解β-1，4糖苷键，每次切下一个纤维二糖分子；第三种为β-葡萄糖苷酶，水解纤维二糖和短链的纤维素生成葡萄糖。对纤维二糖和纤维三糖的水解很快，随着葡萄糖聚合度的增加，速度下降。纤维素酶对热较稳定，工业应用的酶作用最适pH为4.5~5.5，最适作用温度为50~60℃。

2. 蛋白酶

（1）木瓜蛋白酶　主要来源于未成熟的木瓜，属于内切酶。可快速水解含L-精氨酸、赖氨酸、甘氨酸和瓜氨酸的蛋白质。商品酶中还含有木瓜凝乳蛋白酶和溶菌酶。最适温度为65℃，最适pH为5.0~7.0。广泛用于水解蛋白生产、啤酒澄清、肉类嫩化等。

（2）中性蛋白酶　目前中性蛋白酶主要来源于枯草杆菌发酵，属于肽链内切酶，可特异性地作用于含苯丙氨酸、酪氨酸和色氨酸的肽键。最适作用温度为45~55℃，最适pH为5.5~7.5。常用于水解蛋白、制造脱腥豆乳、改善饼干面团特性。

（3）胰蛋白酶　属于内切酶，可特异性地作用于含赖氨酸、精氨酸的肽键，使多肽水解成低分子的肽类。最适作用温度为45℃，最适pH为3.0。常用于面团改性、肉类嫩化、蛋白水解等。

（4）凝乳酶　凝乳酶属于含硫蛋白酶中的天冬氨酰蛋白酶，其主要作用特性是特异地裂解κ-酪蛋白序列中的苯丙氨酸-蛋氨酸之间的肽键，而对凝块蛋白质的水解速度很慢，这种作用方式避免了蛋白质不协调的降解而造成干酪风味和质地的缺陷。凝乳酶传统来源是小牛皱胃液，目前正逐步转向由微生物来生产。其中利用米黑毛霉等微生物生产的凝乳酶比较多。利用基因工程技术把小牛胃中凝乳酶基因转移到宿主微生物中表达也有很大发展。小牛凝乳酶对牛乳最适凝固pH为5.8，作用温度为37~43℃。

3. 脂肪酶

属于非特异性羧酸酯水解酶，也称为甘油酯水解酶。作用于含有1~3个脂肪酸的甘油酯酯键，彻底水解后产物为甘油和脂肪酸。依据脂肪酶的来源不同，脂肪酶可以分为动物性脂肪酶、植物性脂肪酶和微生物性脂肪酶。不同来源的脂肪酶可以催化同一反应，但反应条件相同时，酶促反应的速率、特异性等则不尽相同。植物性脂肪酶最适作用pH为5.0，其余两类脂肪酶最适作用pH为7.0~8.5，作用温度一般都为30~40℃。常用于干酪制造、脂类改性、脂类水解。

4. 其他常用酶

（1）葡萄糖异构酶　也称木糖异构酶。它能将D-葡萄糖、D-木糖、D-核糖等醛糖可逆地转化成为相应的酮糖。来源于乳酸杆菌的酶最适pH为6.0~7.0，锰、钾离子能提高其耐热性。最适作用温度为40~60℃。其固定化酶很早就应用于工业化果葡糖浆的生产，20世纪80年代中期，产该酶的菌种经过诱变改良，已无需木糖或钴离子诱导。

（2）葡萄糖氧化酶　其作用特性为在氧的参与下将β-D-葡萄糖氧化为葡萄糖醛酸，常由黑曲霉、青霉制取。适宜pH为4.5~7.5，最适温度为30~60℃。常用于食品加工中去除多余的葡萄糖，防止褐变，或在食品保藏中脱氧。

（3）转谷氨酰胺酶　该酶催化蛋白质中的谷氨酸残基的γ-羟胺基团与各种伯胺之

间发生酰基转移反应。利用这种特性可使蛋白分子之间或分子内部形成异肽链，从而提高蛋白质的凝胶性，已广泛应用于肉制品、乳制品、植物蛋白制品、焙烤制品中。

（4）转移糖苷酶　这是一类可采用酶法生产功能性低聚糖的糖苷基转移酶。常见的有：用于生产低聚果糖的β-果糖转移酶或β-呋喃果糖苷酶；用于生产帕拉金糖的葡萄糖转移酶；用于生产异麦芽寡糖的α-葡萄糖苷酶；用于生产低聚半乳糖的半乳糖苷酶等。

（二）酶在食品工业中的应用

食品加工过程中如何保持食品的色、香、味是非常重要的问题，因此加工过程中应避免使用剧烈的化学反应。酶由于反应温和，专一性强，催化效率高，反应容易控制，因而被广泛地用于食品工业的各个领域，从原料的改造、原料贮藏、产品的修饰和加工、加工工艺改造、产品贮藏、废物利用到环保治理无所不及。

1. 酶在果葡糖浆生产中的应用

果葡糖浆又称异构糖浆，是以淀粉为原料，先用酶将其水解为葡萄糖，再通过异构酶的作用，使一部分葡萄糖转化为果糖而成的混合糖浆。由于葡萄糖的甜度只有蔗糖的70%，而果糖的甜度是蔗糖的1.5~1.7倍，故当糖浆中的果糖含量达到42%时，其甜度与蔗糖相同，在食品工业中可广泛代替蔗糖，特别是因果糖在低温下甜度更为突出，因而最适合于冷饮。

一般以大米或低脂玉米淀粉为原料，经液化、糖化和异构化三步酶反应：

（1）调浆与液化　淀粉用水调成干物质含量30%~35%的淀粉乳，用盐酸调节至pH 6.0~6.5，每吨淀粉原料加入α-淀粉酶0.25L，粉浆泵入喷射器瞬时升温至105~110℃，管道液化反应10~15min，料液输送至液化罐，在95~97℃下，两次加入α-淀粉酶0.5L，继续液化反应40~60min，碘色反应合格即可。

（2）糖化　液化液输送至糖化罐，降温至60℃，调节pH至4.5，加入糖化酶，在间隙搅拌下，糖化至葡萄糖值（DE值），即还原糖（以葡萄糖计）占糖化液干物质的百分比达95%以上。

（3）糖液精制　采用硅藻土预涂转鼓过滤机连续过滤，清除糖化液中非可溶性杂质及胶状物。随后用活性炭脱色，离子交换除尽糖液中的杂质，使糖液纯度达到电导率小于50MS/cm，真空蒸发浓缩至40%~45%。

（4）异构化酶柱　连续异构化反应是将固定化酶装于直立保温反应塔中，葡萄糖浆由柱顶进料，流经酶柱，发生异构化反应，由柱底部出料，连续操作。

2. 酶在果蔬汁生产中的应用

酶在高品质果蔬汁的生产中具有广泛的应用，如原料果皮处理、提高榨汁率、提高果汁过滤效率、果蔬汁的澄清、释放芳香物质等。对于某些果蔬汁的生产来说，所使用的酶往往不止一种，而是复合剂型或多种酶的交替使用。常用于果蔬汁生产的酶有果胶酶、纤维素酶、半纤维素酶、淀粉酶、蛋白酶、橘皮苷酶、转移糖苷酶等。下面简要介绍几种常用果蔬汁生产中的酶法处理工艺。

（1）澄清苹果汁　在苹果汁生产中使用的酶主要是复合果胶酶。复合果胶酶中不仅含有果胶酯酶、聚半乳糖醛酸酶和果胶裂解酶，还含有纤维素酶、半纤维素酶和淀粉酶，其作用主要体现在两个方面：榨汁前处理果浆以提高榨汁得率，榨汁后处理果汁达到澄清净化的目的。澄清苹果汁生产工艺为：

复合果胶酶
↓
苹果→破碎→果浆处理→压榨→混浊果汁→澄清→过滤→澄清苹果原汁

由于多数情况下苹果原料是经过贮藏的，苹果中的原果胶已部分水解，所以榨汁性能下降，会影响榨汁得率，必须进行完善的果浆酶处理。起作用的主要是果胶酶和纤维素酶、半纤维素，通过对苹果组织的分解破坏，提高榨汁得率。对破碎后的苹果浆进行酶处理可以采用以下两种操作步骤：

①将果浆迅速加热到40～45℃，搅拌15～20min，通风（预氧化），添加0.02%～0.03%高活性酶制剂，进行45℃、1h处理（缓慢搅拌）。

②将果浆加热到40℃，添加0.05%明胶，均匀混合，添加0.03%酶制剂，40℃、1h处理。

苹果汁的澄清工艺非常重要，它会直接影响成品品质，处理不好往往会造成后续沉淀或混浊。酶法澄清原理是利用混合果胶酶、纤维素酶、淀粉酶的共同作用，分解造成混浊的大分子果胶、淀粉和细胞碎块等能吸附微粒和带电粒子的物质，最后利用明胶中和带电离子的电荷而沉淀下来。澄清工艺一般为：复合果胶酶添加量0.02%～0.05%，明胶50mg/kg，控制pH 3.5，温度40～45℃，时间1～2h。

（2）澄清葡萄汁　大多数品种的葡萄在破碎后所得到的葡萄浆都显得浓稠黏滑，难以压榨。为了提高葡萄出汁率，减轻劳动强度，缩短加工时间，获得色泽好、汁液清澈的葡萄汁，生产中已普遍采用酶处理技术进行处理。其工艺流程如下：

葡萄→清洗→破碎→去梗→预制汁（酶处理）→压榨→澄清→稳定→过滤→原汁

对葡萄浆进行酶处理时不能加热，否则会破坏果汁色泽，最好在室温下进行。添加果胶酶后不必调pH，因为汁液酸度较接近酶最适pH。加酶量为0.2%左右，酶处理时间一般为1～2h。榨汁后要进行蛋白稳定操作，通常添加明胶助澄清，最后添加硅藻土等助滤剂过滤。

3. 酶在啤酒生产中的应用

酿酒工业中使用酶处理技术较多的是啤酒生产。啤酒是以麦芽为主要原料，经糖化和发酵而成的含酒精饮料。麦芽中含有降解原料生成可发酵性物质所必需的各种酶类，主要为淀粉酶、蛋白酶、β-葡聚糖酶、纤维素酶等。当麦芽质量欠佳或大麦、大米等辅助原料使用量较大时，由于酶的活力不足，使糖化不能充分，蛋白质降解不足，从而影响啤酒的风味与得率。使用微生物淀粉酶、蛋白酶、β-淀粉酶、β-葡聚糖酶等酶制剂，可补充麦芽中酶活力不足的缺陷。在用大麦作辅料或麦芽发芽不良时，其中因含β-葡聚糖（一种黏性分枝多糖），而使麦芽汁的过滤发生困难，特别是由于β-葡聚糖不溶于酒精，啤酒生成沉淀而不易滤清，用β-葡聚糖酶处理可使其分解而改善过滤操作，从而可以稳定啤酒的质量。另外，使用木瓜蛋白酶、菠萝蛋白酶或霉菌酸性蛋白酶，可以用于啤酒澄清并防止浑浊，从而延长啤酒的保存期。

4. 酶在食品保鲜中的应用

酶法保鲜是一种正在兴起的食品保鲜技术。酶法保鲜的原理是利用酶的催化作用，防止或消除外界因素对食品的不良影响，从而保持食品原有的优良品质。由于酶的催化作用具有专一性和温和性，酶法保鲜可应用于各种食品的保鲜，特别是有效防止氧化和微生物对食品所造成的不良影响。目前应用较多的是葡萄糖氧化酶和溶菌酶保鲜技术。

（1）利用葡萄糖氧化酶保鲜　在一个密闭的环境中，葡萄糖氧化酶在有底物葡萄糖存在时，会利用周围环境中的氧对葡萄糖进行氧化反应，可有效地消除环境中的氧，对于易氧化的食品成分起到抗氧化的作用。对于需氧微生物来说，就可起到除氧剂的作用，从而抑制微生物的生长繁殖。如将葡萄糖氧化酶直接加入啤酒、罐装果汁、果酒、水果罐头中，不仅起到防止食品氧化变质的作用，还可有效防止罐装容器的氧化腐蚀。

将葡萄糖氧化酶与葡萄糖混合在一起制成保鲜袋，置入装有需除氧保鲜食品的容器或袋中，以防止食品氧化并抑制好气性微生物的生长，如月饼的保鲜、饼干的防止酸败等均有应用。

在一些食品的加工过程中，也可利用葡萄糖氧化酶保持食品的品质，如在蛋制品的加工中已应用该酶的特性进行脱糖。在蛋白片的实际生产过程中的脱糖处理如下所述。

前处理→蛋白液→调 pH（6.8～7.2）→葡萄糖氧化酶处理（350～500U/kg）→间断加双氧水（2.0mL/kg，30℃，5～6h）→升温调 pH（7.5）→加胰酶处理→过滤→烘干→成品

（2）利用溶菌酶保鲜　溶菌酶对食品保鲜的原理是利用其可溶解许多细菌的细胞膜特性，从而杀灭微生物。溶菌酶对革兰氏阳性菌、好气性孢子形成菌、枯草杆菌、地衣型芽孢杆菌等均有良好的抗菌能力。溶菌酶最适作用条件为 pH 6～7，温度 50℃。溶菌酶与乙醇、植酸、聚磷酸盐、甘氨酸复配使用，效果会更好。通常采用从蛋清中提取的溶菌酶，该酶对人体无害，可有效防止细菌对食品的污染，已广泛用于各种食品的防腐保鲜。

在干酪生产中，加入一定量的溶菌酶，可防止微生物污染而引起的酪酸发酵，以保证干酪品质。在鲜奶或奶粉中加入一定量的溶菌酶，不但起到防腐保鲜的作用，而且可增强双歧杆菌的生产能力，使之更接近人乳，有利于婴儿健康成长。在清酒（酒精含量15%～17%）中加入 15mg/kg 的溶菌酶，可防止一种称为火落菌的乳酸菌生长，起到良好的防腐效果。以前采用水杨酸防腐，对人体胃和肝有损害。在水产品表面喷洒一定浓度的溶菌酶液，可起到一定的保鲜作用。

5. 在食品领域其他方面的应用

酶在食品领域还有其他方面的广泛应用。如已工业化的酶技术有：酶解纤维素生产葡萄糖，酶法生产新型低聚糖，酶法制造干酪，酶法生产环状糊精，固定化木瓜蛋白酶澄清啤酒，固定化黑曲酶和酵母生产柠檬酸，固定化乳糖酶生产低乳糖牛乳，固定化酶法酿造调味品，转谷氨酰胺酶改性蛋白，酶法食品脱毒，酶法食品脱苦，固定化酶法食品工业废水处理等。

（三）酶应用于食品工业时的注意事项

对多数酶来说，它是一类具有专一性生物催化能力的蛋白质。对于酶的实际应用，除了要针对其应用目的选用正确的酶品种和剂型外，还要根据各种酶与作用底物的特性，尽可能地创造能发挥酶最佳效能的条件，如适宜的酶添加量、底物浓度、作用温度、pH 环境以及避免抑制剂、添加激活剂、进行适当的搅拌等。当酶应用于食品工业

时，除了要创造上述的一些基本作用条件外，还存在一些有别于应用于其他行业的特殊要求。主要表现在以下一些方面。

1. 食品级酶制剂要达到食品添加剂的安全性要求

由于用于食品加工的酶类是直接添加到食品或食品原料中，或者与它们直接接触，因此食品级酶制剂本身的卫生安全性尤为重要。用于食品加工的酶制剂要遵循食品添加剂安全评价程序进行毒理学评估，通常需 FAO/WHO 食品添加剂安全委员会或 FDA 的认可。联合国食品添加剂专家委员会于 1977 年第 21 届大会上作出如下规定。

（1）凡从动植物可食部位的组织，或用食品加工传统使用菌种生产的酶制剂，可作为食品对待，不需进行毒理学试验，只需建立有关酶化学和微生物学的规格即可应用。

（2）凡由非致病微生物生产的酶，除制定化学规格外，需做短期毒性试验，以确保无害，并分别评价，制定一日摄取容许量（ADI 值）。

（3）对于非常见微生物制取的酶，不仅要有规格，还要做广泛的毒性试验。

来自于动植物的酶制剂一般不存在毒性问题。来自于酵母、乳杆菌、乳酸链球菌、黑曲霉、米曲霉等种属，以及来自于非致病菌如大肠杆菌、枯草杆菌的酶制剂，一般也认为是安全的。FAO/WHO 在制定每种酶制剂的 ADI 值时，也规定该酶制剂的来源，如只有来自于米曲霉、黑曲霉、根霉、枯草杆菌和地衣型芽孢杆菌的酶制剂才可作为食品加工用酶制剂。

2. 食品级酶制剂在生产使用时要遵循相应的卫生规定

（1）按照良好的制造技术生产酶制剂，必须达到食品级。

（2）根据各种食品的微生物卫生标准，用酶制剂加工的食品必须不引起微生物总量的增加。

（3）用酶制剂加工的食品必须不带入或不增加危害健康的杂质。

（4）用于生产食品酶制剂的工业菌种，必须是非致病性的，不产生毒素、抗生素、激素等生理活性物质，必须通过安全性试验，才能使用。

要做到以上规定，要注意以下几个方面：

（1）用于制备食品级酶制剂的原料或培养基无污染。用于生产酶的原料或培养基不能被农药、除草剂、重金属等有毒物质所污染，否则可能导致酶制剂污染，最终进入食品中。此外，在生产过程中选择合理的酶提取工艺，尽量降低有毒物质的含量。酶提取工艺中尽量避免使用有毒的提取有机溶剂、吸附剂、沉淀剂等，同时减少生产设备可能带来的重金属污染。

（2）酶制剂一般需用稳定剂稳定，粉末状酶制剂需用填充剂进行稀释，这些外加物质要卫生安全，同样达到食品添加剂的要求。

（3）酶制剂是属于蛋白类物质，可能会受到致病菌的污染，因此其包装、保存要按食品添加剂的一些特殊要求进行。

对于大多数食品级酶制剂，由于主要用作对食品原料的降解，因此其酶的纯度并不是主要的，并不要求达到生化标准。大多数食品级酶制剂含有一种主要的酶和几种其他的酶。如木瓜蛋白酶制剂，除含有木瓜蛋白酶外，还含有木瓜凝乳蛋白酶、溶菌酶和纤维素酶等。

思考题

1. 什么是发酵工程，获得发酵产品必备的条件是什么？
2. 影响发酵的因素有哪些？如何控制？
3. 简述发酵技术在食品工业有哪些应用。
4. 列举2种食品工业用酶的基本特性。
5. 试述酶技术在食品工业有哪些应用。
6. 食品工业用酶有哪些注意事项？

第八章 食品加工高新技术

第一节 食品微波处理技术

【学习目标】

1. 认识微波的特性，了解微波技术的基本原理、特点。

2. 掌握微波技术在食品烹调、解冻、干燥、杀菌、焙烤、膨化、萃取等方面的应用。

【基础知识】

微波是指波长在1mm～1m（其相应频率为300～300000MHz）的电磁波，通常应用于雷达、广播、电视、通讯及测量等技术中。微波与无线电波、电视信号、雷达通讯、红外线、可见光一样，均属电磁波，见图8－1。为了防止民用微波能技术对军用微波雷达、卫星通讯广播产生干扰，国际上规定供工农业、科学及医学等民用的微波有4个波段，见表8－1。其中915MHz和2450MHz两个频率被广泛应用于食品工业中。

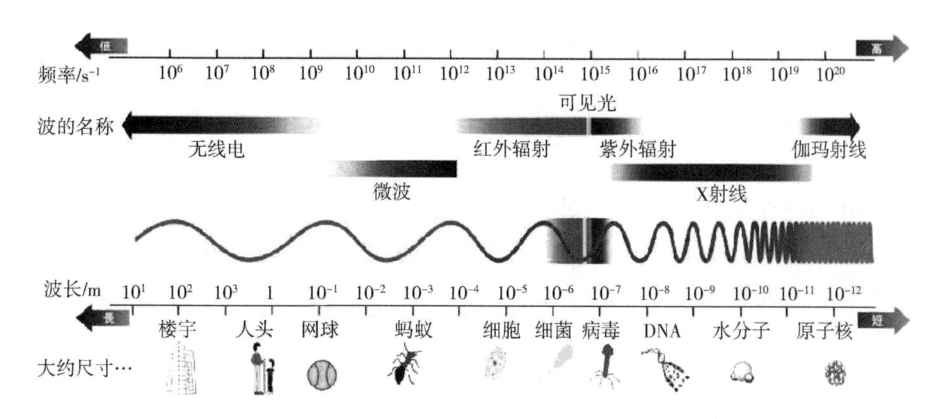

图8－1 电磁波示意图

表 8-1　　国际规定民用的微波波段

频率/MHz	波长	中心频率/MHz	中心波长/m
890~940	L	915	0.330
2400~2500	S	2450	0.122
5725~5875	C	5850	0.052
22000~22250	K	22125	0.008

一、微波加热原理

（一）微波的特性

微波频率范围介于远红外线和无线电波之间，可与雷达波重叠。它具有反射、穿透、干涉、衍射、偏振以及伴随着电磁波进行能量传输等波动特性，因此微波的产生、传输、放大、辐射等问题也不同于普通的无线电、交流电。微波在传输过程中具有以下四个特性。

1. 直线特性

微波像可见光一样进行直线传播，在自由空间以光速传播。

2. 反射特性

微波遇到金属之类的物体会像遇到镜子一样产生反射，其反射方向符合光的反射规律。

3. 穿透特性

微波可以穿透玻璃、陶瓷、塑料、纸质等绝缘物体，这些物质介质损耗小、分散系数低，微波在其中间传播时，只有少量的微波辐射能被吸收，因此能量损耗很少。

4. 吸收特性

微波在类似水等极性介质中传播时，大量的微波能很容易被吸收而变成热能，使物料温度升高。

（二）微波的介电物质

微波辐射是非电离性辐射，当微波在传输过程中遇到不同的材料时，所产生反射、吸收、穿透等作用的程度和效果取决于材料本身的固有特性，如介电常数、介质损耗、比热容、形状、含水量等。

在微波加工食品系统中，常用的材料有导体、绝缘体、介质等几类。

1. 导体

一定厚度以上的导体，如铜、银、铝之类的金属，微波不能进入，只能在其表面反射，因此常利用导体反射微波的这种性质来传播微波能量。例如微波装置中常用的波导管，就是矩形或圆形的金属管，通常由铝或黄铜等金属材料制成，它们像光纤传导光线一样，是微波的通路。

2. 绝缘体

绝缘体是指可透过微波而对微波吸收很少的材料，即介质损耗很小。在微波加热系统中，常使用玻璃、陶瓷、聚四氟乙烯、聚丙烯塑料之类的绝缘体，它们常作为包装和反应器的材料，或作为家用微波炉烹调用的食品器具。

3. 介质

又称介电物质，它的性能介于导体和绝缘体之间，具有吸收、穿透和反射的性能。介质通常就是被加工的物料，它们不同程度地吸收微波的能量，这类物料也称为有耗介质。特别是含水、盐和脂肪的食品物料，它们不同程度地吸收微波能量并将其转变为热量。

（三）微波加热原理

微波对食品加热主要有两种机制，即离子极化和偶极子转向，其中偶极子转向是主要作用。

1. 离子极化作用

溶液中的离子在电场的作用下产生离子极化。离子带有电荷从电场获得动能，相互发生碰撞作用，可以将动能转化为热能。溶液中和存在于毛细管中的液体都能发生这种离子极化，但与偶极子转向产生的热量相比，离子极化的作用较小，其产生热量的多少主要取决于离子的迁移速度。

2. 偶极子转向作用

有些介电物质，分子的正负电荷重心不重合，即分子具有偶极矩，这种分子称为偶极分子。偶极分子虽然不带电，但分子出现极性。在没有电场的作用下，这些偶极子在介质中做杂乱无规则的运动。当介质处于直流电场作用下时，偶极子就重新进行排列。带正电的一端朝向负极，带负电的一端朝向正极，这样一来，杂乱无规则的偶极子变成了有一定方向的有规则的偶极子，即外加电场给予介质中偶极子以一定的“位能”。例如，微波频率达到2450MHz时（相当于使水分子在1s内发生180°旋转来回转动25亿次），分子发生高频转动摩擦产生大量的热能。见图8－2。

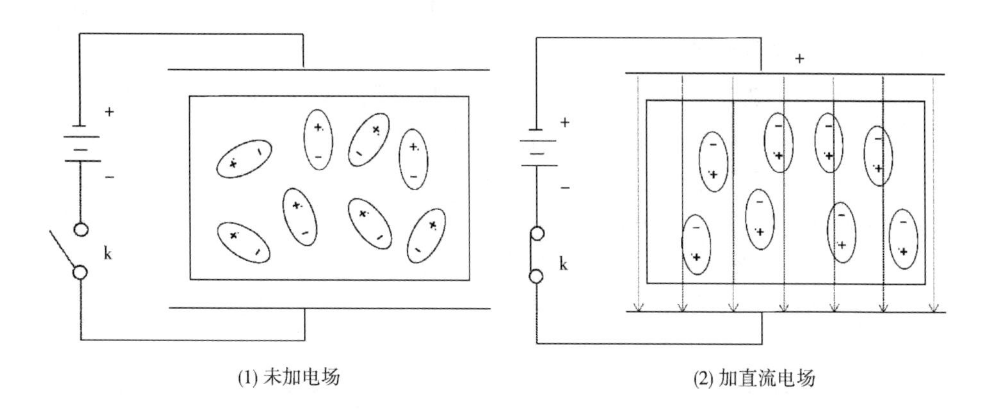

图8－2 介质中偶极子的排列

当微波照射到食品时，其偶极性的食品成分，如水、蛋白质、脂肪等分别会在电场中形成有方向性的排列。若改变电场的方向，则偶极子的取向也随之改变。此时分子与分子之间因转动产生了类似摩擦的作用，使分子获得能量，并以热的形式表现出来，即是微波加热食品的原理。

（四）微波加热食品的特点

微波加热的优点来自他不同于其他加热方法的独特加热原理。目前，传统的加热方式都是先加热物体的表面，然后热量由表面传到内部，而用微波加热，则可直接加热物体的内部，因此称之为内部加热法。

1. 微波加热食品的优点

（1）加热速度快，易控制　微波是利用被加热物体自身作为发热体而进行内部加热，不需要靠热传导的作用，仅需传统加热方法的 1/10 ~ 1/100 的时间，因而提高了生产效率。而且，只要切断电源，马上可停止加热，控制容易。

（2）加热较均匀　微波加热时，物体各部位不论形状如何，通常都能均匀渗透微波产生热量，因此均匀性大大改善。微波加热还具有自动平衡的性能，可避免外焦内生、外干内湿现象，提高了产品质量，有利于食品物料品质的形成。

（3）食品成分对微波能的选择吸收性　干制食品的最后干燥阶段，应用微波作为加热源最有效。用微波干燥谷物，由于谷物的主要成分淀粉、蛋白质等对微波的吸收比较小，谷物本身温升较慢。但谷物中的害虫及微生物一般含水分较多，介质损耗因子较大，易吸收微波能，可使其内部温度急升而被杀死。如果控制适当，既可达到灭虫杀菌的效果，又可保持谷物原有性质。微波还可用于不同食品的水分调平作用，保证产品质量一致。

（4）有利于保持产品质量　微波加热食品的温度一般不超过 95℃，同时微波升温速度较快，所以微波加热具有低温、短时的特点，因此不仅安全，而且能保持食品营养成分不被流失和破坏，有利于保持产品原有品质，色、香、味、营养素损失较少，对维生素 C、氨基酸的保持极为有利。

（5）加热效率高　微波加热设备虽然在电源部分及电子管本身要消耗掉一部分的能量，但由于加热作用源自加工物料本身，基本上不辐射散热，所以热效率可高达 80%。

2. 微波加热食品的缺点

（1）微波加热不能让食品变得金黄香脆　烘烤加热食品时由于表面温度高，可产生美拉德反应，从而使食品生成诱人的颜色和香味，但微波加热是使食品内外同时升温，表面温度不高，因此不能让食品变得金黄香脆。

（2）微波加热食品并不是绝对均匀　由于不同的食品成分对微波的吸收程度并不一致，同时微波磁场的空间分布也并不完全均匀一致，电磁波在部分位置会有叠加，部分位置会有减弱，存在着“冷点”和“热点”。因而，采用微波杀菌时的可靠性还不如传统的热蒸汽杀菌。

（3）微波穿透食品的距离有限　微波在介质中的穿透深度与微波波长成正比，与频率成反比，所以工业上采用 915MHz，比 2450 MHz 的家用微波炉的穿透深度更大。微波通常能穿透食品的深度为 3.5 ~ 5cm，微波发生器一般均匀分布在食品的各个方向，因此微波处理的食品厚度不能超过 10cm，食品深处的部分就要通过传导来加热了。

（4）不能将金属物品放在微波炉中　微波不能穿透金属，遇到金属物体会被反射回去，这样不仅阻挡了微波加热食物，反射的电磁波还会损坏微波炉中的磁控管等电子零部件。有些种类的食品的外包装材料是采用铝箔或锡箔，这类包装的食品就不能采用微波加热。

（五）微波杀菌原理

微波能量对微生物的杀灭机理，主要是使食品中的微生物在微波热效应和非热效应下，使其内部的蛋白质等生理活性物质发生变异或破坏，从而导致生物体生长发育异常，直至死亡。

1. 微波的热效应理论

微波能的穿透性使食品表里同时加热，附在食品中的生物都含有较高的水分，会吸收微波能，发生自身的热效应和食品成分的有耗介质的热效应，通过热传导共同作用于微生物，使其快速升温，使微生物体内的蛋白质、核酸等分子产生破坏作用而失去生理功能，从而破坏生物的生存繁殖条件而导致死亡。

2. 微波的非热效应理论

微波与一般加热灭菌方式相比，在一定温度下，细菌死亡时间缩短或在相同条件下灭菌致死温度降低，这个事实仅用热效应理论是无法解释的。1966 年，奥尔森（Olsen）等人提出了非热效应理论，他们指出，微生物在微波场中比其他介质更容易受微波的作用，微波的作用不仅会使微生物的生理活性物质发生变化，同时，电场也会使细胞膜附近的电荷分布改变，导致膜功能障碍，使细胞的正常代谢功能受到干扰破坏，使微生物细胞的生长受到抑制，甚至停止生长或使之死亡。微波还能使微生物细胞赖以生存的水分活度降低，破坏微生物的生存环境。另外，微波还导致细胞 DNA 和 RNA 分子结构中的氢键松弛、断裂和重新组合，诱发基因突变，染色体畸变，从而中断细胞的正常繁殖能力。

二、微波在食品工业中的应用

微波技术作为一种现代高新技术，在食品中的应用越来越广泛，如食品的烹调、解冻、干燥、焙烤、膨化、杀菌等，微波在食品工业中的主要应用见表 8－2。

表 8－2　　微波食品加工主要单元操作

单元操作	烹调	调温与解冻	干燥	杀菌消毒	烘烤	膨化	辅助萃取
应用食品	各类食品	冷冻食品	面条、洋葱等含水量低的食品	液态食品、肉、果蔬、粮食等	面包	果蔬	天然产物提取

（一）微波烹调

微波炉烹调食品，具有方便、快速、营养损失小、产品鲜嫩多汁的特点。因此，家用微波炉的普及速度很快。许多食品生产厂家正把他们的食品开发目标转移到微波食品上来。开发的微波食品包括耐贮精制小菜、冷藏小包装、速熟小菜、蔬菜、配菜和甜食、耐贮预煮汤料、炸马铃薯食品、脆花生糖、爆玉米花、冷冻薄烤饼等。微波烹调食品的方法主要有两种，一种是家庭或食堂自己配料烹调，这种方法具有时间短的优点；另一种是食品公司利用微波炉加热杀菌生产的微波方便食品，食用前只需将产品丢入热水中稍稍加热即可。

随着微波食品的开发，大量不同型号的微波炉和与之配套的各类器皿纷纷问世，家用微波炉的容积为10～40L，最大功率在400～1200W。

（二）微波干燥

微波干燥具有一般干燥无法比拟的优点（内部加热，受热均匀，干燥速度快，营养损失小，外表不结壳），因此在食品干燥中发展很快，常用于干燥面条、调味品、添加剂、蔬菜、菇类、肉脯、茶叶等。

微波干燥方法可分为常压微波干燥、微波真空干燥和微波冷冻干燥。尽管微波干燥的效率很高，但完全应用微波干燥，其干燥成本比较高。为充分发挥微波干燥无可比拟的优点，又不使干燥成本太高，工业上通常采用微波干燥同各种常规干燥方式相结合的烘干方法。

1. 微波－热风干燥技术

微波干燥适用于低水分含量（<20%）物料的干燥，如果食品的水分含量过高，利用微波进行干燥时易导致食品过热，影响产品的质量。由于热风干燥可有效排除物料表面的自由水分，而微波干燥可有效地排除食品内部水分，两种方法相结合，可发挥各自的优点，使干燥成本下降。

2. 微波－真空干燥技术

把微波干燥和真空干燥技术相结合，真空干燥由于有一定的真空度，水分扩散速率加快，物料是在较低的温度下进行脱水干燥的，较好地保持了物料的营养成分。微波可为真空干燥提供热源，克服了真空状态下常规热传导速率慢的缺点。微波－真空干燥技术适合热敏性物料的干燥处理。

3. 微波－冷冻干燥技术

冷冻干燥是指冻结物料中的冰直接升华为水蒸气的干燥过程。在干燥时需要外部加热提供升华的热量，升华的速率取决于热量的提供。而微波加热传导率高，并且有针对性地对冰加热，已干燥的部分很少吸收微波能，从而提高了干燥速率，缩短了干燥时间。微波－冷冻干燥适用于高附加值的产品。

（三）调温和解冻

冷冻食品在加工前经常需要调温或解冻。调温是将冷冻的固态食品的温度升高到冰点以下的过程，例如－4～－2℃，目前常用来代替完全解冻。传统的解冻方法有自然解冻、空气解冻和热水解冻，自然解冻和空气解冻速度慢，所需时间长，食品容易受污染；热水解冻虽然用时较短，但食物中的水和蛋白质以及其他可溶性物质溶于水，从而导致质量损失，同时也易受污染导致品质降低，而使用微波解冻不用打开产品包装，并可在数分钟内完成，能够缩短解冻时间，同时减少汁液流失，占用空间小，减少生产复杂性，缩短微生物繁殖与生化反应的时间，保持食品的新鲜度。

微波技术广泛应用于冷冻肉、冷冻水产品、冷冻果蔬、冷冻米面及其制品的调温和解冻。但是微波解冻在实际应用中存在易加热不均匀，部分出现过热的现象，部分还处于冻结状态，无法实现均匀解冻，可采用间歇式微波处理或与传统热处理方式相结合的方法来解决。微波解冻时也可辅以冷空气，防止调温期内表面解冻，产品汁液损失可减少5%～10%。

影响微波解冻的因素主要有以下几方面。

1. 频率

微波的频率越高，其加热速度越快，但其穿透深度越小。在解冻时，频率不宜选得太高，一般宜选用915MHz的频率，对于厚度较大的冷冻产品，有时甚至采用896MHz的频率。低频率的微波穿透深度可达20cm，而2450MHz的微波只有10cm。

2. 产品温度

微波的穿透深度与温度有关。随着温度的升高，由于其常数增加，穿透深度下降。不同的温度阶段，其升温所需的热量不同。将冻牛肉从-3℃升温至-2℃所需的热量是从-4℃升温至-3℃的近2倍。但在温度升到-1℃附近时，升温所需的热量又很快下降。因此，在-1℃附近升温应仔细操作，否则产品的质量会有所下降。

（四）微波杀菌和保鲜

热杀菌是食品工业中广泛应用的一种杀菌技术，通常是在121℃下杀菌15~30min，在121℃的高温条件下，会对食品品质产生一定的负面影响，例如肉制品会产生不良的高温蒸煮味、果蔬组织易于软化、维生素C等易受热损失等。微波杀菌较之传统热杀菌方法，具有速度快、温度低、效率高、可穿透包装物（袋、瓶）杀菌以避免二次污染等优点。

1. 微波杀菌技术在液态食品中的应用

微波杀菌技术应用于液态食品，如啤酒、乳制品、酱油、黄酒、果蔬汁饮料等。饮料和酱油制品经常发生霉变、细菌含量超标现象，采用高温加热杀菌时易造成营养破坏和风味损失。采用微波杀菌技术，具有温度低、速度快的特点，既能杀灭饮料、酱油中的各种细菌，又能防止其贮藏过程中的霉变，而且经微波辐照处理后，各项感官指标、理化指标均不受影响。

2. 微波杀菌技术在肉制品中的应用

肉制品的杀菌常采用高温高压杀菌，杀菌时间长，能耗大，营养成分和风味物质损失大，易产生不良的蒸煮味，而利用微波杀菌不仅速度快，效果好，而且能较好地解决软包装肉制品的杀菌问题。微波技术在腌腊肉鸡制品、兔肉、香卤鸡蛋、卤猪肝、牛肉干、海蜇、淡水鱼等肉制品加工中均得到广泛研究，目前，南京盐水鸭和扬州风鹅等肉制品基本全部采用微波进行灭菌。

3. 微波杀菌技术在蛋糕、面包等烘烤食品中的应用

蛋糕、面包等烘烤食品的保鲜期很短，在流通和消费期间仅2~3d，新鲜度就会大大下降，若存放5~6d就会有霉点发生。面包发霉的根本原因是由于常规烘烤加热过程是由表及里，面包中心温度往往未超过95℃或者温度达到但持续时间不够，这样细菌不但没因烘烤而致死，反而因加热引起繁殖，所以霉点通常是发生在面包内部，而不一定在面包的表面。微波对蛋糕、面包等烘烤食品的穿透性，能在烘烤同时杀灭其内部细菌，不存在常规加热烘烤的弊病。瑞典用2450MHz、80KW的微波面包杀菌防霉机，用于每1h加工4400磅面包片的生产线上。经微波处理后，面包片的温度由20℃上升到80℃，时间仅需1~2min，处理后的面包片的保存期由原来的3~4d延长到30~60d。

4. 微波杀菌技术在果蔬制品中的应用

为了延长果蔬制品的贮藏期，通常采用热力杀菌方法，但产品经过高温长时间的热处理后，其风味和口感变差，特别是硬度和脆度降低，采用微波杀菌保鲜技术则能有效地解决该问题。目前已有多种果蔬制品成功采用微波杀菌，如酱菜、榨菜、低糖果、韩国泡菜、紫菜等都适于微波杀菌。

5. 微波杀菌技术在天然营养食品中的应用

在蜂王浆、花粉口服液等天然营养食品的加工过程中，为保持各种营养成分不受破坏，通常采用真空冷冻干燥和^{60}Co射线杀菌工艺，处理温度不宜超过60℃，效率低，能耗大，成本高。而运用微波辐照技术，温升快、时间短、加热均匀、节省电力80%以上，产品质量好，可以有效地保存其中的营养成分和活性物质，这是其他加工方法所不能比拟的。

6. 微波杀菌技术在食品包装材料中的应用

食品包装用纸消毒的常规方法为化学或物理方法，但会损伤纸的品质，尤其是化学方法，因其会产生臭味而降低纸的使用价值。用紫外线杀菌仅能杀灭包装纸表面的大部分细菌，效果也不理想。而微波对冰棍纸和糖纸则能在极短时间内杀灭纸面表层的微生物，无菌实验也证明其效果良好。

应用微波杀菌技术时应注意，微波食品并不是绝对均匀，存在于食品内不同部位的相同微生物有不同的死亡程度，因此设法均匀加热是确保杀菌效果的最重要前提。另外，软包装食品在微波杀菌时需要达到鼓袋状态，其鼓胀程度应严格控制，鼓袋程度小说明杀菌温度不够，鼓袋程度大则易将袋子胀破。

（五）微波烘烤

微波对食品物料加热升温超过120℃即可产生焙烤效果。微波烘烤的产品其营养价值较传统方法高，因微波烘烤时的温度较低，时间较短，营养成分损失小。由于其烘烤过程是内外同时加热，所以烘烤时间可以减少至几分钟，物料内部的水分迅速汽化并向外迁移，形成无数条微小的孔道，使得产品结构疏松。

由于微波烘烤时其表面温度太低，不足以产生足够的美拉德反应，产品表面缺少人们所喜爱的金黄色。因此，微波烘焙常和传统加热结合使用，两种方法可以同时进行，也可分步完成。一般的做法是，先用微波焙烤，再用传统方法在200～300℃下烘烤4～5min，或再用红外加热上色。

（六）微波膨化

利用微波的内部加热特性，使得物料内部迅速受热升温，产生大量的蒸汽往外冲出，形成无数的微小孔道，使物料组织膨胀、疏散。只要选择适当的原料和工艺，即可获得良好的膨化效果。以糯米微波膨化为例，物料膨化的主要动力是其内部所含的水分，当米胚受微波辐射后迅速升温，在短时间内使物料纤维组织结构间的水分汽化成蒸汽，产生强大的蒸汽压差，并促使纤维结构间距膨大，水分逸出而物料定型呈微孔而得到膨化产品。在一定辐射时间下，微波功率越大，膨化率及膨化速率也越大。微波膨化食品加工应用有：淀粉膨化食品加工、蛋白质食品膨化加工和瓜果蔬菜类物料的膨化。微波膨化产品可以克服传统膨化产品的油炸加工含油量高的缺点，能完整地保存原有的各种营养成分，将是膨化食品的一个重要发展方向。

（七）微波辅助萃取

萃取是食品、制药及化工生产中广泛采用的一种单元操作，传统的萃取方法主要用水或其他有机溶剂作为介质，提取速度慢，耗时长，污染大。微波萃取能克服所有传统工艺缺点，具有节时、高效、安全无污染、能耗低、易生产操作的优点，广泛应用于苷类、黄酮类、萜类、多糖、生物碱等成分的提取。

微波辅助萃取机理主要是利用微波辐射通过高频电磁波穿透萃取介质，到达物料内部维管束和腺胞系统，由于吸收微波能，细胞内部温度迅速上升，使其细胞内部压力超过细胞壁膨胀承受能力，细胞破裂，细胞内有效成分自由流出，在较低的温度条件下被萃取介质捕获并溶解，通过进一步过滤和分离，使获得萃取物料。另外，微波所产生的电磁波加速被萃取部分成分向萃取溶剂界面的扩散速率，缩短了萃取组分分子由物料内部扩散到萃取溶剂界面的时间，从而使萃取速率提高数倍，同时还降低了萃取温度，保证了萃取质量。

第二节 食品超高压处理技术

【学习目标】

1. 认识超高压技术处理食品的特点，了解超高压技术杀菌的基本原理；
2. 熟悉超高压对食品品质的影响；
3. 掌握超高压技术在食品加工中的应用。

【基础知识】

“超高压技术”是指将食品密封在容器内，在常温或稍高于常温（25～60℃）下进行100～600MPa的加压处理，维持一定时间后以达到对食品进行杀菌、改性和加工的目的。超高压加工食品是一个物理过程，当食品物料置于超高压环境下，可导致蛋白质、淀粉等分别发生变性、酶失去活性，细菌等微生物被杀死，但超高压对形成蛋白质等高分子物质以及维生素、色素和风味物质等低分子物质的共价键无任何影响，因此超高压食品很好地保持了原有的营养价值、色泽和天然风味。

一、超高压技术处理食品的特点

（一）营养成分损失少，原有色、香、味保留效果好

超高压处理只对生物高分子物质立体结构中非共价键结合产生影响，对共价键影响较小，不会使食品色、香、味等物理特性发生变化，加压后的食品最大程度地保持了原有的生鲜风味和营养成分。

（二）产生新的组织结构，不会产生异味

超高压作用于肉类和水产品，提高了肉制品的嫩度和风味；作用于原料乳，有利于干酪的成熟和干酪的最终风味，还可使干酪的产量增加；作用于豆浆，会使豆浆中蛋白

质颗粒解聚变小，从而有利于人体的消化吸收。

（三）原料利用率高，无“三废”污染

超高压食品的加工过程是一个纯物理过程，瞬间压缩，作用均匀，操作安全，耗能低。该过程从原料到产品的生产周期短，生产工艺简洁，污染机会相对减少，产品的卫生水平高。

（四）具有冷杀菌作用

超高压处理是一种冷杀菌。传统的冷杀菌方式是化学处理（即添加防腐剂），超高压与之相比优势明显：超高压处理不添加任何化学物质，避免了食品中的化学残留；化学防腐剂使用频繁会产生抗性；超高压杀菌受环境影响小。超高压法与加热法在食品加工中的特点比较见表8－3。

表8－3　　超高压法与加热法在食品加工中的特点比较

性质	加热法	超高压法
本质不同	分子剧烈运动，破坏弱键，使蛋白质、淀粉等生物高分子物质变性，同时也破坏共价键，使色素、维生素、香味物等低分子物质发生变化	形成生物高分子立体结构的氢键，离子键等非共价键发生变化，二共价键不发生变化，即小分子物质不被破坏
蛋白质等食品成分变化	蛋白质变性，淀粉糊化	蛋白质也变性，淀粉也糊化，但与加热法不同，可以期待获得具有新物性的食品
操作过程	操作安全，灭菌效果好	操作安全，灭菌均匀，较加热法耗能低
处理过程中变化	处理过程中既有化学变化也有物理变化发生	非物理过程，因此十分有利于未来地球生态环境保护

二、超高压杀菌的基本原理

高压杀菌就是将食品物料置于高压装置中加压处理，以达到杀菌要求。高压导致微生物形态结构、生物化反应、基因机制及细胞壁膜发生多方面的变化，从而影响微生物原有的生理活动机能，甚至使原有功能破坏或发生不可逆的变化，从而使高压处理后的食品得以长期保存。

（一）超高压对微生物的影响

实验证明，高压可以引起微生物的致死作用，高压导致微生物的形态结构、生物化学反应、基因机制以及细胞壁膜的结构和功能发生多方面的变化，从而影响微生物原有的生理活动功能，甚至使原有的功能破坏或发生不可逆变化。

1. 超高压灭菌机理

超高压可以破坏细菌的细胞壁和细胞膜，抑制酶的活性和DNA等遗传物质的复制，破坏蛋白质氢键、二硫键和离子键的结合，使蛋白质四维立体结构崩溃，基本物性发生变异，产生蛋白质的压力凝固及酶的失活，最终造成微生物的死亡。由于高压处理时料温随着加压（卸压）而升高（降低），一般高压处理每增加 100 MPa 压力，温度升高2 ~ 4 ℃，故近年来也认为超高压对微生物的致死作用是压缩热和高压联合作用的结果。

2. 影响超高压杀菌效果的因素

超高压杀菌效果与处理温度、压力大小、加压时间、施压方式、微生物种类、pH、水分活度和食品组成等许多因素有关。

（1）温度的影响　温度是微生物生长代谢重要的外部条件，受压时的温度对灭菌效果有显著影响。常温以上温度范围内，高压杀菌效果随温度升高而增强。比如一定质量浓度的糖溶液在同样的压力下，杀死同等数量的细菌，温度升高杀菌效果增强，因为在一定温度下，微生物中的蛋白质和酶等成分会发生一定程度的变性。低温下高压处理也具有较常温下高压处理更好的杀菌效果，因为0℃以下，压力使细胞因冰晶析出而破裂的程度加剧，蛋白质对高压敏感性提高，更易变性，而且发现低温下菌体细胞膜的结构更易损伤。

（2）压力和时间的影响　一定范围内，压力越高灭菌效果越好。相同压力下，灭菌效果随灭菌时间的延长也有一定程度的提高。对于非芽孢类微生物，施压范围为 300 ~ 600MPa 时有可能全部致死。对于芽孢类微生物，有的可在 1000MPa 的压力下生存，对于这类微生物，施压范围在 300MPa 以下时，反而会促进芽孢发芽。

（3）施压方式　超高压杀菌方式有连续式、半连续式、间歇式。对于芽孢菌，间歇式循环加压效果好于连续加压。第一次加压会引起芽孢菌发芽，第二次加压则使这些发芽而成的营养细胞灭活。因此，对于易受芽孢菌污染的食物，用超高压多次重复短时处理，杀灭芽孢的效果比较好。

（4）微生物的种类和生长期培养条件　微生物的种类不同，其耐压性不同，超高压杀菌的效果也会不同。革兰氏阳性菌比革兰氏阴性菌对压力更具抗性。和非芽孢类的细菌相比，芽孢菌的芽孢耐压性很强，革兰氏阳性菌中的芽孢杆菌属和梭状芽孢杆菌属的芽孢最为耐压。不同生长期的微生物对超高压的反应不同。一般而言，处于对数生长期的微生物比处于静止生长期的微生物对压力反应更敏感。食品加工中菌龄大的微生物通常抗压性较强。

（5）pH 的影响　超高压杀菌受 pH 的影响很大。低 pH 和高 pH 环境，都有助于杀死微生物。一方面，压力会改变介质的 pH，逐渐缩小适宜微生物生长的 pH 范围。另一方面，在食品允许的范围内改变介质的 pH，使微生物生长环境劣化，也会加速微生物的死亡速率，缩短和降低超高压杀菌的时间及所需压力。

（6）水分活度的影响　食物中的水分活度对微生物的耐压性非常关键。对于任何干物质，即使处理压力再高都不能将其中的细菌杀死，如果在干物质中添加一定量的水分，则灭菌效果大大增强。因此，对于固体和半固体食品的超高压杀菌，考虑水分活度的大小是十分重要的。

（7）食品组成成分的影响　食品的化学成分对杀菌效果也有明显的影响，在营养丰富的环境中，微生物耐压性较强。蛋白质、碳水化合物、脂类和盐分对微生物具有保护作用。研究发现，细菌在蛋白质和盐分浓度高时，其耐压性就高，随着营养成分的丰富，耐压性有增高的趋势。一般来说，蛋白质和油脂含量高的食品杀菌效果差。食品中的氨基酸和维生素等营养物质，更增强了微生物的耐压性。如果添加脂肪酸酯、蔗糖酯或乙醇等添加剂，将提高加压杀菌的效果。

（二）超高压对食品中酶的影响

酶的化学本质是蛋白质，其生物活性产生于活性中心，活性中心是由分子的三维结构产生的。超高压作用可使维持蛋白质三级结构的盐键、疏水键以及氢键等各种次级键被破坏，导致酶蛋白三级结构崩溃，使酶活性中心的氨基酸组成发生改变或丧失活性中心，从而改变其催化活性。蛋白质的二级和三级结构的改变与体积分数的变化有关，因此会受到高压的影响，而蛋白质的一级结构不受高压作用的影响。另有研究表明，虽然酶活力损失在加压时取决于氧气的体积分数，但活性中心的氧化是压力失活的主要原因。不同条件下酶的失活情况不同，根据酶活性的损失和恢复，将酶在压力下失活模式分为 4 类：完全不可逆失活、完全可逆失活、不完全可逆失活和不完全不可逆失活。

压力对酶的作用效果表现在：在较低的压力下，酶的失活是可逆的，有时还会使某些在常压下受到抑制的酶活性增强；而在较高的压力下，酶活性显著下降，且多为不可逆失活。酶的活性一般随施加压力值的提高先上升后下降，并在此过程中存在一个最适合压力。当压力低于这个值，酶就不会失活，当压力超过这个值（在特定时间内），酶失活速度会加速，直到永久性不可逆失活。对于一些酶又存在一个最高压力，当压力高于最高压力时，也不会导致酶的失活，一般认为是由酶的一小部分不可逆失活转化为非常耐压的部分，当解除压力后耐压的部分恢复原来状态，而不可逆失活的部分保持不变。由此可见，对于特定酶的最低压力和最高压力的研究是保证超高压灭活酶的关键。

三、超高压对食品品质的影响

（一）超高压对食品营养物质的影响

传统的食品杀菌方法主要采用热处理，食品中热敏性的营养成分易被破坏，而且热加工使得褐变反应加剧，造成色泽的不愉快，食品中挥发性的风味物质也会因加热而有所损失。而采用高压技术处理食品，可以在杀菌的同时，较好地保持食品原有的色、香、味及营养成分。高压对食品中营养成分的影响主要表现在以下几方面。

1. 高压对蛋白质的影响

高压使蛋白质变性。由于压力使蛋白质原始结构伸展，导致蛋白质体积的改变。例如，如果把鸡蛋在常温的水中加压，蛋壳破裂，蛋液呈少许黏稠的状态，它和煮鸡蛋的蛋白质（热变性）一样不溶于水，这种凝固变性现象可称为蛋白质的压致凝固。无论是热凝凝固还是压致凝固，其蛋白质的消化性都很好。加压鸡蛋的颜色和未加压前一样鲜艳，仍具有生鸡蛋味，且维生素含量无损失。

2. 高压对淀粉的影响

高压可使淀粉改性。常温下加压到 400 ~ 600MPa，可使淀粉糊化而呈不透明黏稠糊状，且吸水量改变。原因是压力致使淀粉分子的长链断裂，分子结构发生改变。

3. 高压对油脂的影响

油脂类耐压程度低，常温下加压到 100 ~ 200MPa，基本上变成固体，但解除压力后固体仍能恢复原状。另外，高压处理对油脂的氧化有一定的促进作用。

4. 高压对食品中其他成分的影响

高压对食品中的风味物质、维生素、色素及各种小分子物质的天然结构几乎没有影响。

（二）超高压对食品感官的影响

食品的黏度、均匀性及结构等特性对高压较为敏感，但这些变化往往是有益的。分别对橙汁、西瓜汁、草莓酱进行热处理与高压处理后，其感官比较见表8-4。

表8-4　不同处理条件对橙汁、西瓜汁、黄瓜汁、草莓酱感官特征的影响

条件	橙汁	西瓜汁	黄瓜汁	草莓酱
高压	色、香、味都不变	色、香、味都不变	色、香、味都不变	色、香、味都不变
121℃、20min/80℃，30min	不变色，有絮状沉淀，有苦味及热臭味	不变色，有絮状沉淀和难闻红薯味	绿色褪去，有过熟味	发生轻微褐变，有热臭味

如表8-4所示，经热处理后的果蔬食用价值大为降低，而高压处理后，其风味与营养均保持较好。

四、超高压技术在食品加工中的应用

（一）超高压技术在肉类加工中的应用

目前，超高压在肉类加工中的应用研究主要集中于两个方面：一是改善肉制品嫩度；二是在保持肉制品品质的基础上延长肉制品的贮藏期。

牛肉屠宰后需要在低温下进行10天以上的成熟，采用高压技术处理牛肉，只需10min。制品与常规加工方法相比，经过高压处理后肉制品改善了嫩度、色泽和成熟度，增加了保藏性。例如，对廉价质粗的牛肉进行常温250MPa的处理，可以使肉得到一定程度的嫩化。另外，研究表明超高压处理能使火腿富有弹性、柔软，表面及切面光滑致密，色调明快，风味独特，同时，超高压处理火腿能有效降低NaCl的使用量并且不用添加防腐剂。

肉及肉制品常采用冷冻方式进行保藏，产品在解冻时营养物质和风味成分易随着肉汁的流失而损失。超高压处理因不冻冷藏，故食用时无需解冻，无汁液流失，提高了保藏肉制品品质。超高压杀菌肉制品如图8-3所示。

图8-3　超高压加工肉制品

（二）超高压技术在水果加工中的应用

超高压技术在食品工业中最成功的应用就是果蔬产品的加工，主要是用于该类产品的杀菌作业。将超高压处理（400～600MPa）与前期高温短时（90～100℃，0～1min）的钝酶处理结合，可以有效钝化内源酶和微生物，保证产品在货架期内保持最新鲜的风味与颜色。经过超高压处理的果汁可以达到商业无菌状态，处理后果汁的风味、组成成分均未发生改变，在室温下可保持数月。例如，使用超高压技术加工的葡萄柚汁没有热加工产品的苦味；桃枝和梨汁在410MPa下处理30min可以保持5年商业无菌；高压处理的未巴氏杀菌的橘汁保持了原有的风味和维生素C，并具有17个月的货架寿命。超高压杀菌果蔬产品如图8－4所示。

图8－4　超高压加工果蔬产品

（三）超高压技术在水产品加工中的应用

超高压处理可保持水产品原有的新鲜风味。例如，在600MPa下处理10min，可使水产品的酶完全失活，其结果是对虾等甲壳类水产品，外观呈红色，内部为白色，完全呈变性状态，细菌量大大减少，但仍保持原有生鲜味。日本采用400MPa高压处理鳕鱼、鲭鱼、沙丁鱼，制造凝胶鱼糜制品，高压加工的鱼糜制品的感官质量好于热加工的产品。高压加工的鱼糜凝胶可以用于结着碎鱼肉，制造虾蟹的仿制品。

超高压技术还可以应用于海产品的脱壳处理。龙虾、扇贝、牡蛎等海产品经100～300MPa的高压处理后，肌肉与外壳的连接被破坏，简单操作即可实现肉壳分离，提高了脱壳速度及可食部分的完整性，满足了消费者对高新鲜度、易加工海鲜产品的要求。超高压杀菌水产品如图8－5所示。

（四）超高压技术在乳制品加工中的应用

超高压技术可应用于初乳、三明治酱、酸奶、奶酪等乳制品的加工中。超高压处理

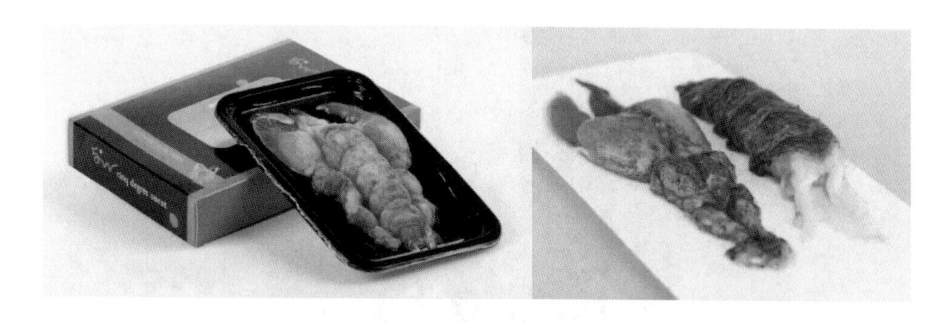

图 8－5　法国 Five Degree West 公司的超高压加工龙虾脱壳产品

可以杀灭酸奶中的霉菌、酵母菌和乳酸菌，阻止酸奶的后发酵，保质期可延长至 3 个月。超高压处理可促进奶酪的成熟，杀灭有害菌，延长货架期。超高压技术还可以应用于初乳的杀菌中，由于初乳含具有免疫活性的免疫球蛋白，传统的热杀菌很容易导致这些免疫球蛋白变性，失去保健作用，而超高压技术在杀灭微生物的同时，最大限度地保留了免疫球蛋白的活性，提高了初乳产品的功能性。超高压杀菌乳制品如图 8－6 所示。

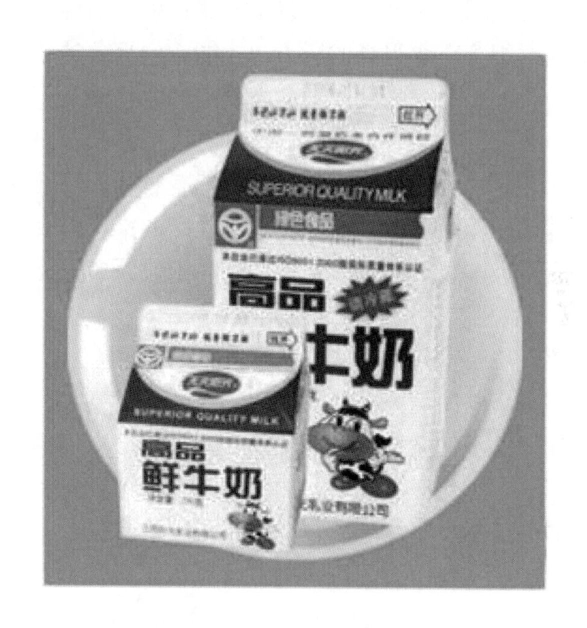

图 8－6　超高压加工乳制品

（五）超高压技术在其他食品加工中的应用

超高压技术能引起淀粉的糊化，可用于代替传统的加热预糊化操作，提高生产效率，降低能耗，减缓速食米饭在货架期内的老化。

超高压技术还可应用于低盐腌菜制品，300～400MPa 的高压处理可杀死腌菜中的酵母菌和霉菌，可在不添加防腐剂的条件下，既延长了腌菜的保存期，又保持了原有的生鲜特色。超高压杀菌果酱如图 8－7 所示。

图 8－7　超高压加工果酱

五、超高压技术面临的问题与对策

（一）超高压技术面临的问题

目前，我国超高压技术存在以下问题：由于超高压杀菌是一个非常复杂的过程，如一些产芽孢的细菌需要很高的压力，才能达到灭菌的效果；超高压技术一次性设备投资比较大，设备的密封、强度和寿命方面的产业化难度较大；超高压只对生物高分子物质立体结构中非共价键结合产生影响，有时得不到某些热加工工艺所产生的新的香味，如不能产生加热时由美拉德反应所产生的特有香味；目前我国相关的食品法规规定的是以热加工为基础的标准参数，制约了高压食品的推广；食品超高压设备的工作容器小，批处理量小，且大多属于间歇式加工；食品工业深加工程度低。

（二）超高压技术面临问题的对策

解决超高压技术问题应从以下几个方面考虑。

由于超高压杀菌是一个非常复杂的过程，针对特定的食品要选择特定的杀菌工艺。为了获得较好的杀菌效果，必须根据微生物种类、食物本身的组成、添加物、pH 和水分活度等因素，优化压力规格、加压时间、施压方式和处理温度。只有积累大量可靠的数据，才能保证超高压食品的安全，超高压杀菌技术才能实现商业化。

开展超高压杀菌压力的协同措施研究，以解决高压设备一次性投资成本高的问题。开发耐高压且价格低廉的超高压容器，实现食品超高压加工的连续化生产，提高生产效率。

开展高压对蛋白质和淀粉等高分子物质，溶胶和凝胶等胶体物质影响的研究，测定高压与食品有关的特性常数等。用高压处理取代热处理尚需进一步研究与试验，以获得法律认可的必要数据，与国际接轨更新相关食品法规。

随着超高压工业化生产技术、设备的开发，以及基础理论等研究的进一步深入，超高压食品加工技术将在食品加工业得到进一步应用，技术也将日趋成熟，成为一种通用技术。

第三节 食品超临界流体加工技术

【学习目标】

1. 认识超临界技术的发展。
2. 了解超临界流体的特性。
3. 掌握超临界流体萃取的原理、过程、特点和工艺。
4. 掌握超临界 CO_2 流体萃取在食品工业中的应用。

【基础知识】

一、超临界流体技术的发展

超临界流体（supercritical fluid，简称 SCF），其发现和研究已经有近两百年，早在1822 年，卡格尼亚德（Cagniard）将液体封于炮筒中加热，发现敲击音响有不连续性，以后他又在玻璃罐中直接观察，首次报道了物质的超临界现象。英国女王学院安德鲁（Andrew）博士对 CO_2的超临界现象进行了研究，并于 1869 年在英国皇家学术会议上发表了超临界实验装置和超临界实验现象观察的文章。1879 年，英国科学家汉内（Hannay）和霍加斯（Hogarth）发现，SCF 溶解固体物质的能力大小主要依赖压力。继汉内（Hannay）之后，又发现了许多超临界溶剂，如 N_2O、SO_2、N_2、低链烃等。

刚开始人们仅是从理论的角度对临界点的特殊现象进行了研究，并未找到 SCF 的工业应用，直到 20 世纪 70 年代，德国的左赛尔（Zosel）博士发现了 SCF 的工业开发价值，将超临界二氧化碳萃取工艺成功地应用于咖啡豆脱咖啡因的工业化生产。由于超临界 CO_2脱咖啡因工艺明显优于传统的有机溶剂萃取工艺，从此以后超临界流体萃取技术（supercritical fluid extraction，简称 SFE）作为新型分离技术受到世人瞩目。超临界流体萃取分离技术在解决许多复杂分离问题，尤其是从天然动植物中提取有价值的生物活性物质，如 β - 胡萝卜素、甘油酯、生物碱、不饱和脂肪酸等，已显示出了巨大优势。

随着超临界萃取技术的深入研究，一些中小规模的生产厂家开始建成。1978 年，联邦德国贸易股份（HAG）公司首先建成了拥有 4 台超临界 CO_2萃取槽的超临界技术生产厂家。1982 年，联邦德国建成年处理 5000t 物料的超临界技术生产厂家。进入 1985 年，超临界流体萃取技术在食品工业方面的应用逐渐发展起来，并受到世界各国的普遍关注，英国、联邦德国、日本等国家对其性质和基本理论做了深入的研究，同时建立了一些中小规模的超临界技术生产厂家。

我国在超临界流体技术方面的研究起步较晚。1985 年，原北京化工学院从瑞士进口第一台超临界流体萃取设备，并进行了一些初步的超临界萃取理论方面的探讨。此后，清华大学、原华东化工学院等单位也相继从瑞士、日本、美国等地引进超临界流体萃取设备。1996 年，我国召开了第一届全国超临界流体技术及应用研讨会，目前已经召开了十一届全国超临界流体技术研讨会，国内的专家学者发表了大量有关超临界流体基础理论研究及应用的文章。超临界流体萃取技术在食品工业中的应用、推广及国产化生产装置的研制，先后被国家科委和国家计划委列为国家级重点科技攻关项目。目前，我国超临界流体萃取技术已经开始逐步从研究阶段走向工业化。

SCF 独特的物理化学特性，使其在食品工业中有着独特的应用。超临界萃取、超临界反应、超临界色谱、超临界微粉体技术等都是当今食品加工高新技术中的热门研究领域，其中超临界萃取的工业应用最为广泛。

二、 超临界流体性质

物质有三种状态，气态、液态和固态。当物质所处的温度、压力发生变化时，这三种状态就会相互转化。但是，除了上述三种常见状态外，物质还有另外一些状态，如等离子状态、超临界状态。

如图 8 - 8 所示，纯物质在临界状态下有其固有的临界温度和临界压力，当温度大于临界温度且压力大于临界压力时，便处于超临界状态。SCF 是指处于超过物质本身的临界温度和临界压力状态时的流体。

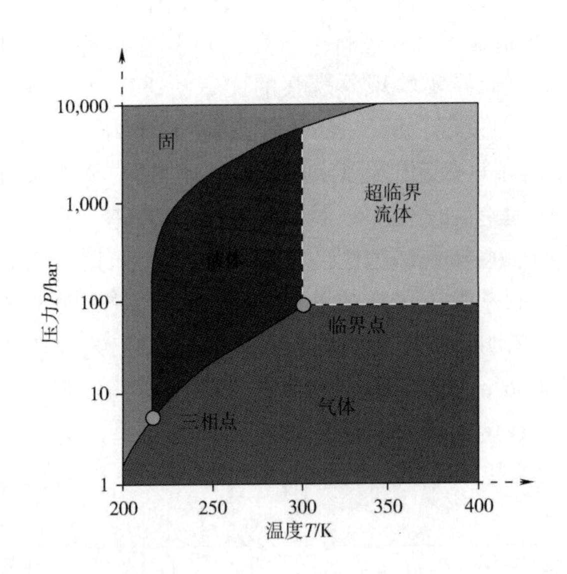

图 8 - 8 纯流体的典型压力 - 温度图

如表 8 - 5 所示，SCF 具有与气体和液体均不同的性质，其物性较特殊，其主要表现在其密度接近于液体的密度，而比气体的密度高得多；其扩散系数与气体相比小得多，但比液体又高得多；其黏度接近于气体，而比液体低得多。当流体的扩散系数高、黏度低时，扩散阻力就小，有利于传质。

表 8-5 气体、液体和超临界流体的物理性质

物质	密度/（kg/m^3）	黏度/（μPa·s）	扩散系数/（mm^2/s）
气体	1	10	1~10
超临界流体	100~1000	50~100	0.01~0.1
液体	1000	500~1000	0.001

三、超临界流体萃取技术

（一）超临界流体萃取原理

表 8-6 各种化学物质的临界压力、温度和密度

物质	分子质量/（g/mol）	临界温度/K	临界压力/kPa	临界密度/（g/cm^3）
CO_2	44.01	310.6	73.8	0.469
H_2O	18.01	647.1	217.7	0.322
CH_4	16.04	190.4	45.4	0.162
C_2H_5OH	46.07	513.9	60.6	0.276
C_3H_6O	58.08	508.1	46.4	0.278

SCF 的密度较高，其溶解能力也较强，这样 SCF 很适合用作萃取剂，而且它们在常温下一般都是气体，所以很容易用汽化的方法进行回收。所以，SCF 可从混合物中有选择性地溶解其中的某些组分，然后通过减压升温或吸附将其分离析出，这种化工分离手段称为 SFE 技术。

对于超临界萃取而言，超临界萃取溶剂的选择非常关键，它应满足下列条件：化学反应稳定，对设备无腐蚀；临界温度不太高也不太低；临界压力低，以节省动力；纯度高，溶解性好，以减少溶剂循环量；价廉，易得；无毒。

在所有研究过的超临界物质中，只有几种适于用作超临界流体萃取的溶剂：CO_2、乙烷、乙烯，以及一些含氟的碳氢化合物。如表 8-6 所示，其中最理想的溶剂是 CO_2，它几乎满足上述所有要求。它的临界压强为 7.38MPa，临界温度为 31.06℃。目前几乎所有的超临界流体萃取操作均以 CO_2 为溶剂。

CO_2 的主要特点是：易挥发，易与溶质分离；黏度低，扩散系数高，有很高的传质速率；只有相对分子质量低于 500 的化合物才易溶于 CO_2；中、低相对分子质量的卤化碳、醛、酮、酯、醇、醚易溶于 CO_2；极性有机物中只有低相对分子质量者才溶于 CO_2；脂肪酸和甘油三酯不易溶于 CO_2，但单酯化作用可增加溶解度；同系物中溶解度随相对分子质量的增加而降低；生物碱、类胡萝卜素、氨基酸、水果酸、氯仿和大多数无机盐不溶于 CO_2。

（二）超临界流体萃取过程

超临界 CO_2 流体萃取技术是利用 CO_2 在超临界状态下对溶质有很高的溶解能力，而

在非临界状态下对溶质的溶解能力又很低的这一特性，来实现对目标成分的分离。

超临界 CO_2 流体萃取的基本过程如图 8 -9 所示。将萃取原料装入萃取釜，采用超临界 CO_2 作为溶剂。CO_2 气体经热交换器冷凝成液体，用加压泵把压力提升到工艺过程所需的压力（应高于 CO_2 的临界压力），同时调节温度，使其成为超临界 CO_2 流体。CO_2 流体作为溶剂从萃取釜底部进入，与被萃取物料充分接触，选择性溶解出所需的化学成分。含溶解萃取物的高压 CO_2 流体经节流阀降压到低于 CO_2 临界压力以下，进入分离釜（又称解析釜）。由于 CO_2 溶解度急剧下降而析出溶质，自动分离成溶质和 CO_2 气体两部分。前者为过程产品，定期从分离釜底部放出，后者为循环 CO_2 气体，经热交换器冷凝成 CO_2 液体再循环使用。整个分离过程是利用 CO_2 流体在超临界状态下对有机物有特殊增加的溶解度，而低于临界状态下对有机物基本不溶解的特性，将 CO_2 流体不断在萃取釜和分离釜间循环，从而有效地将需要分离提纯的组分从原料中分离出来。

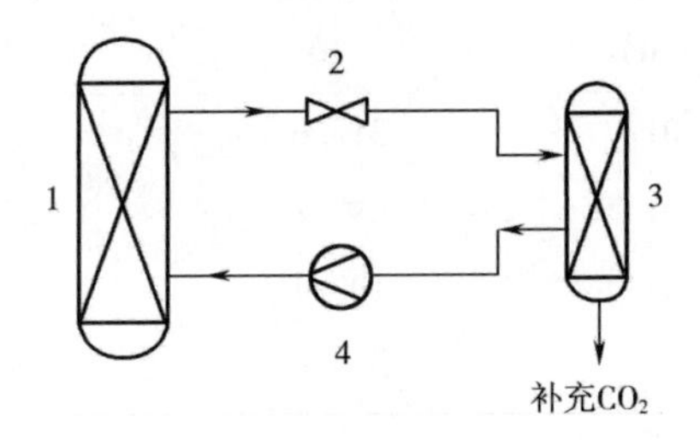

图 8 -9　超临界 CO_2 流体萃取基本过程

1—萃取釜　2—减压阀　3—分离釜　4—加压泵

（三）超临界流体萃取特点

1. 优点

目前使用较多的 CO_2 超临界流体萃取，与常规的提取方法相比，它具有以下优点：适合于热敏性及易氧化物质的分离提取，在接近室温条件和缺氧的萃取系统中，可有效防止热敏性物质和化学不稳定性成分的高温分解和氧化；提取率高，无残留，通过改变极性和控制萃取的温度和压力，能选择性提取有效成分，大大提高产品质量和利用率，提取物中无溶剂残留，便于下一步的富集精制；工艺简单，操作方便，时间短。萃取过程中只需控制温度和压力就可以达到萃取目的，萃取工艺流程简单，操作参数易控制，提取速度快，生产周期短，一般提取 10min 后便会有有效成分析出，2 ~4h 则可以完全提取分离；节省能源、成本低、安全。溶剂能与被提取物自然分离，不需回收溶剂，溶剂又能反复使用，节约了大量有机溶剂，CO_2 价廉易得、不易燃、不易爆，避免有机溶剂萃取时的危险，保证生产安全；萃取有效成分的选择性强，超临界 CO_2 的萃取能力取决于流体的密度，可以通过改变压力和温度等操作条件而改变其溶解度，从而实现选择性的萃取，SFE 技术可同时完成蒸馏和萃取 2 个过程，可分离较难分离的有机混合物，特别对于同系物的分离、精制更具优势。

2. 局限性

对相对分子质量大的物质萃取选择性差，SFE 比较适合萃取脂溶性、相对分子质量小的物质，对极性大、相对分子质量太大的物质要加入夹带剂或在很高的压力下进行，这给工业化生产带来一定的难度；超临界萃取的理论还有待提高，夹带剂的使用尚缺乏充足的理论指导，高压技术还不十分清楚，临界区内的技术数据也有限；与常规萃取设备相比，超临界萃取所需设备的投资较高，成本回收期较长；分离过程必须在高压下进行，设备及工艺技术要求高，连续化生产较为困难。

四、超临界流体萃取工艺

超临界流体萃取的基本过程分成萃取阶段和分离阶段，萃取阶段由萃取釜和加压装置组成，分离阶段由分离釜和减压装置组成。按分离方式的不同，可分为等温法、等压法、吸附法、多级分离法；按萃取过程的特殊性可分为常规萃取、夹带剂萃取、喷射萃取等。常规萃取即等温法流程，夹带剂萃取即根据需要在萃取剂中添加不同极性的夹带剂，喷射萃取主要应用于黏稠的物料，通过喷射的方式加大物料与超临界流体的接触面积，以促进传质进程。

（一）等温法流程

等温法流程即变压分离流程，被萃取物质在萃取器中被萃取后，经过减压阀后压力下降，被萃取物质在超临界流体中的溶解度降低，因而在分离器中析出。如图 8－10 所示，被萃取物质从分离器下部取出，萃取剂由压缩机压缩并返回萃取器循环使用。由于 CO_2流体在降压过程中节流膨胀使温度降低，因此在分离段需加温以使其温度与萃取段保持大致相同。该流程是在萃取段和分离段 CO_2的温度基本相同的情况下，利用其压力降低造成对溶质的溶解度下降而在分离段沉淀出来，故称该流程为等温法。等温法流程是最常见的超临界 CO_2流体萃取流程，适用于从固体物质中萃取油溶性组分、热不稳定性成分。

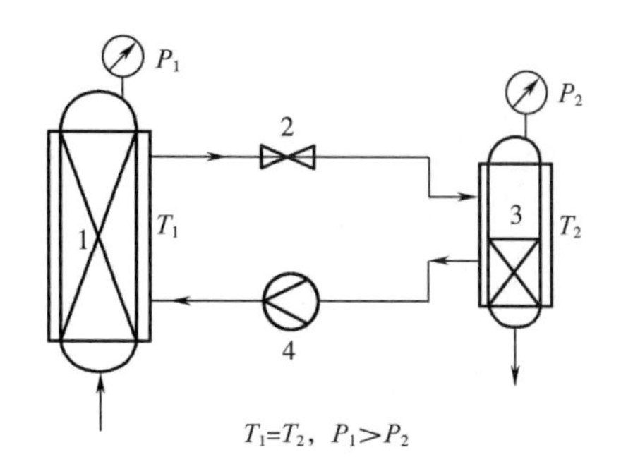

图 8－10　等温法流程

1—萃取釜　2—减压阀　3—分离釜　4—压缩机

（二）等压法流程

如图 8－11 所示，等压法流程即溶质在萃取段被 CO_2流体萃取后，通过分离段改变 CO_2的温度，使溶质在 CO_2流体中的溶解度降低而分离出来。该流程在萃取段和分离段的压力基本相同，利用温度改变造成的溶解度下降而实现物质的分离，故称该流程为等压法。该流程具有设备简单、造价低廉、操作简单、运行费用低等优点，适用于那些在

CO_2中的溶解度对温度变化较为敏感且不易热分解的物质。该流程适应性不强，实用价值小。

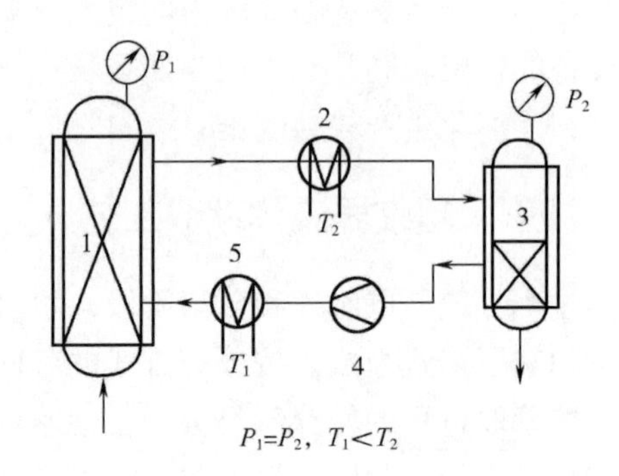

图8-11 等压法流程图

1—萃取釜 2—加热器 3—分离釜 4—压缩机 5—冷却器

（三）吸附法流程

如图8-12所示，吸附法是将萃取釜和分离釜处于大致同等的温度和压力下，利用分离釜中填充特定的吸附剂将分离目标组分选择性地除去，然后定期再生吸附剂即可达到分离目的。吸附剂可以是液体（如水、有机溶剂等），也可以是固体（如活性炭）。吸附法流程比等压法和等温法都简单，也最节能，但是该法只适合于可选择性吸附分离目标组分的体系，绝大多数天然物质的分离过程很难通过吸附来收集产品，所以吸附法只能用于少量杂质的脱除过程，而且必须选择廉价的、易于再生的吸附剂。

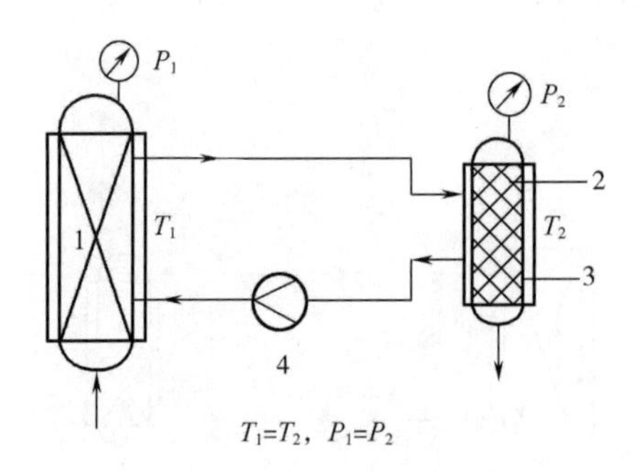

图8-12 吸附法流程图

1—萃取釜 2—吸附剂 3—分离釜 4—高压泵

（四）多级降压分离流程

在超临界萃取过程中，被萃取出来的物质绝大部分是混合成分，有时需要对其进一步分离精制以富集其中的一些成分。例如，从生姜中萃取出来的混合成分中将姜辣素和精油分离（图8-13），从植物种子中萃取出来的油脂与同时萃取出来的水、腥臭成分和游离脂肪酸分离，从辣椒中萃取出来的混合成分中将辣椒红色素和辣椒碱分离。上述这些情况均可利用多级降压分离工艺一次达到目的，而不需要在萃取完成后另外对萃取出来的混合物再次进行分离。

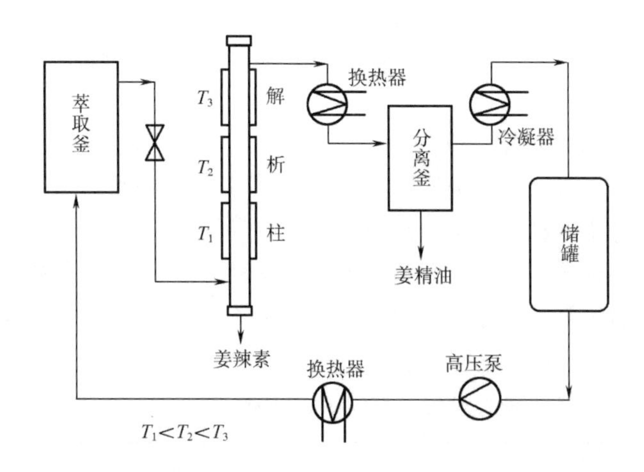

图 8-13　超临界 CO_2 流体萃取分离姜油二级分离流程

该流程是对等温法流程分离段的改进，等温法是在分离段将具有很大溶解度的高压 CO_2 流体（其中溶解了各种被萃取物质）的压力在一个分离釜中一步降到几乎没有溶解能力的、很低的压力（一般为 4～6MPa），使溶解于高压 CO_2 流体中具有不同溶解度的组分在分离段全部析出在分离釜中。而多级降压分离则是将溶解了各种被萃取物质的高压流体在流经串联着的几个分离釜中逐步降压分离，逐步地降低 CO_2 流体的溶解度，使在萃取段中处于溶解状态的各种组分在逐步降压过程中依次在不同的分离釜中分离出来。

五、超临界 CO_2 流体萃取在食品工业中的应用

在食品工业中，目前超临界流体萃取的工业应用主要集中在天然产品的加工项目上，如茶叶、咖啡豆脱咖啡因，酒花有效成分的提取，植物色素的萃取，食品脱脂，植物及动物油脂的萃取等。在保健食品应用上，一方面，超临界流体萃取可以高效提取食品中的有效成分，如超临界流体萃取能从南瓜籽油中萃取亚油酸，该物质可以有效地预防湿疹和抗过敏作用；另一方面，超临界流体萃取可以有效地剔除食品中的有害成分，如在精制高纯度大豆磷脂方面，合理控制超临界流体萃取的工艺条件有利于磷脂酰胆碱含量的提高。

（一）超临界 CO_2 萃取啤酒花

啤酒花也称葎草花或蛇麻，是雌性啤酒花成熟时在叶和枝之间生成的籽粒。啤酒花中对酿酒有作用的部分是挥发性油和软树脂中的葎草酮。挥发性油赋予啤酒特有的香气，而葎草酮是造成啤酒苦味的重要物质。早期采用啤酒花直接酿酒，存在于啤酒花中的葎草酮只能利用 25%，后来改进为二氯甲烷或甲酸等有机溶剂萃取法，可使其利用率提高到 60%～80%，但萃取物还需进一步精制。采用超临界 CO_2 萃取技术，葎草酮的萃取率可达 95% 以上，并能得到安全的、高品质的、富含啤酒花风味物质的浸膏。

采用超临界 CO_2 萃取生产啤酒花浸膏时，首先把啤酒花磨成粉末状，使之与 CO_2 流体接触面积更大，然后装入萃取器，密封后通入超临界 CO_2 流体进行萃取。达到萃取要

求后，经节流降压，萃出物随CO_2一起被送至分离釜，得到黄绿色产品。实践证明，采用超临界CO_2萃取得到的浸膏生产啤酒，其主要组分的含量、色泽、味道都与用全酒花生产的啤酒相似。

（二）超临界CO_2流体脱除咖啡因

从咖啡豆中脱除咖啡因是超临界萃取的第一个工业化项目。咖啡因是一种生物碱，富含于咖啡豆和茶叶中，具有兴奋中枢神经系统、利尿、强心解痉、松弛平滑肌等药理作用。脱除咖啡因的传统方法为溶剂萃取法，但这种方法存在产品纯度低、工艺复杂繁琐、提取率低、残留溶剂等缺点，而超临界CO_2流体对咖啡因选择性高，同时还有较大的溶解性、无毒、不燃、廉价易得等优点。

超临界CO_2法脱除咖啡因的过程大致为：先用机械法清洗鲜咖啡豆，去除灰尘和杂质，然后加蒸汽和水预泡，提高其水分含量，再将其装入萃取器中，不断往萃取器中送入CO_2而将咖啡因逐渐萃取出来。

思考题

1. 微波加热的特点有哪些？
2. 与传统解冻法相比，微波解冻有哪些优点？
3. 微波干燥有哪些方式？各适合于什么样的食品？
4. 微波烘烤的缺点是什么？如何克服？
5. 与常见的蒸汽杀菌相比，微波杀菌有何优缺点？
6. 如何看待微波技术的安全性问题？
7. 食品超高压技术与加热技术相比有哪些优点？
8. 超高压杀菌的基本原理及影响超高压杀菌效果的因素有哪些？
9. 超高压处理对食品的营养价值和感官品质有何影响？
10. 超高压技术应用面临的问题有哪些？
11. 超临界流体的特性？
12. 超临界流体萃取的原理？
13. 为何一般选择CO_2作超临界流体？
14. 等压法有何优点？适用于何种食品？

第九章 食品包装技术

随着社会经济的发展和人民生活质量的提高，营养、卫生、安全、食用方便和多层次消费已经成为现代人对食品的消费需求。食品离不开包装，包装的好坏直接影响食品的质量、档次和市场销售。

近些年来，食品工业快速发展，食品的包装材料、包装容器、包装设计、包装技术、包装机械等方面都有了长足的进步，成为食品生产、流通和销售的重要组成部分。

第一节　食品包装

【学习目标】

1. 掌握食品包装的分类。
2. 熟悉食品包装的概念。
3. 理解食品包装的功能。

【基础知识】

一、 食品包装的定义

包装是随着人类的进化、社会变革、生产的发展和科学技术的进步逐渐发展的。关于包装的定义，最初认为只是容纳物品和保护产品的器具；后又赋予便于运输和便于使用的功能；再后来增加了宣传产品和促进销售的作用；20 世纪末，在世界环境保护日益高涨的情况下，它又具备了无公害、易处理的环保性能。所以，包装不是一个一成不变的概念，它的含义是在与时俱进地不断丰富中。

根据国家标准 GB/T 4122. 1—2008《包装术语第 1 部分：基础》，包装的定义是“为在商品流通过程中保护商品，方便贮运，促进销售，按一定技术方法而采用的容器、材料及辅助物的总体名称。也指为了达到上述目的而采用容器、材料和辅助物的过程中施加一定方法的操作活动。”

食品包装是指采用合适的包装材料、容器和包装技术，把食品包裹起来，以使食品在运输和贮藏过程中保持其价值和原有的状态。

二、 食品包装的功能

（一）防护功能

利用包装可将食品与环境隔离，防止外界微生物和其他生物侵入食品。采用隔绝性能好的密封包装，配合其他杀（抑）菌保藏方法，如气调包装（MAP），通过降低包装内氧气浓度，提高二氧化碳浓度或以惰性气体代替空气成分，可限制（或抑制）包装内残存微生物的生长繁殖，延长食品的保质期。

不同食品、不同流通环境，对包装防护功能的要求是不一样的。饼干易碎、易吸潮，其包装应防潮耐压；油炸马铃薯片易氧化变质，其包装应隔氧避光；新鲜果蔬要维持其新陈代谢，其包装要具有一定的氧气、二氧化碳和水蒸气的透过率。因此，包装时首先要分析食品的特性及其在流通过程中可能发生的质变及其影响因素，选择适当的包装材料、容器及技术方法对产品进行适当的包装，保护食品在一定保质期内的质量。

（二）方便贮运与使用

合理的包装能为生产、流通、消费等环节提供多种方便功能，如便于厂家及运输部门搬运装卸，方便仓储部门堆放保管，方便超市陈列销售，方便消费者携带、取用和消费。

现代运输包装能适应车、船等运输工具的特点，充分利用空间，提高运输能力和经济效益。集合式包装的优点在于加快装卸运输速度，减轻工人劳动强度，节省运输费用，更有效地保护商品，减少破损，防止被盗，促进装卸作业机械化和标准化。

易于消费者开启的包装结构，如罐装婴儿奶粉，其全密封的金属结构具有很好的防护功能，开启后采用配套的塑料盖及计量匙，使消费者便于保存奶粉和控制婴儿的食用量。

（三）促进销售

包装是“无声推销员”。销售包装比较显著地突出商品的特征及标志，有利于宣传产品和建立生产企业的形象。精美的食品包装能在心理上征服消费者，增加其购买欲望。尤其是无人售货的超级商场日益普及，商品销售几乎全靠包装装潢的美观、大方、简要的说明等来吸引顾客。印刷精美，包装动人，可“先声夺人”，引人注目，再加上文字的宣传诱导，使顾客产生购买欲，促进产品销售。

三、 食品包装的分类

食品种类繁多，食品包装的分类方法也有多种。

（一）按包装顺序分类

1. 个体包装

指对单个食品的包装，即为保护每种食品的形态、质量，或为提高其商品价值，使用适当的材料、容器和包装技术将单个食品包裹起来的状态。包装材料直接与食品接触，对包装材料要求严格。

2. 内包装

为防止在流通过程中食品受水、湿气、光线、热以及冲击等环境条件的影响，或是将分散的个体集合成一小单元以便销售，而采用适当的包装材料、容器和包装技术把食品包裹起来的状态。

3. 外包装

在流通过程中主要起保护产品、方便运输的作用。一般是指食品或已完成内包装的包装单元装入箱、袋、桶（带盖）、罐等容器中，或将个体包装单元直接捆扎起来，加以适当的防护措施，并标明发货、易碎、防潮等标志，使其具有一定形态的包装方法。

（二）按在流通过程中的作用分类

1. 运输包装

运输包装相似于外包装，通常是将若干个个体包装按规定数量组成一个整体。如将软包装饮料组成一纸箱，或采用集装包、集装箱、托盘等集合包装形式。这种包装便于食品长途运输、装卸、暂时存放、加速商品流通效率、缩短运输时间。

2. 销售包装

以销售为主要目的，与食品一起到达消费者手中的包装，具有个体包装和内包装的基本功能。它具有保护、美化、宣传和促进销售的作用。

（三）按包装材料和容器性质分类

按包装材料的品种分类如表 9 - 1 所示。

表 9 - 1　　包装按包装材料和容器分类

包装材料	包装容器类型
纸与纸板	纸盒、纸箱、纸袋、纸罐、纸杯、纸质托盘、纸浆模塑制品等
塑料	塑料薄膜袋、中空包装容器、编织袋、周转箱、片材热成型容器、热收缩膜包装、软管、软塑料、软塑箱、钙塑箱等
金属	马口铁、无锡钢板等制成的金属罐、桶等，铝、铝箔制成的罐、软管、软包装袋等
复合材料	纸、塑料薄膜、铝箔等组合而成的复合软包装材料制成的包装袋、复合软管等
玻璃、陶瓷	瓶、罐、坛、缸等
木材	木箱、板条箱、胶合板箱、花格木箱等
其他	麻袋、布袋、草或竹制包装容器等

按包装容器的使用次数可分为：一次性包装，如纸、塑料、金属、复合材料构成的容器；复用性包装，如可直接清洗、消毒、灭菌再使用的玻璃瓶。有些包装材料或容器使用后，可以再生，经一系列加工制成新的包装材料，如纸收回制浆，铝和玻璃再熔炼，某些塑料再塑化等回收处理，则称为可再生材料。

（四）按包装功能和方法分类

按包装功能的不同可分为防水包装、防潮包装、防振包装、防霉包装、防尘包装、防辐射包装、隔热包装、防盗包装、防燃包装、保鲜包装、速冻包装、防蛀包装等多种形式。

按包装方法不同可分为真空包装、充气包装、气调包装、脱氧包装、软罐头包装、无菌包装、热成型包装、热收缩包装等。

（五）按包装食品的状态和性质分类

按食品的状态可分为液体包装和固体包装。如饮料、酒、食用油、酱油等液体食品包装，可用小口的瓶（塑料或玻璃）、罐、桶或袋等包装。固体食品包装种类很多，有粉状、颗粒状、块状等，一般采用袋、盒及广口的瓶、罐、桶等包装。

（六）按销售对象分类

可分为内销包装、出口包装和特殊包装。内销包装是指产品在国内流通、周转。出口包装的装潢设计、产品的标签要适合进口国的民族、生活习惯、风土人情以及其食品法规要求。特殊包装是为适合特殊适用人群而专门设计的食品包装，如军用食品、太空用食品包装等。

从人类祖先狩猎开始，一片树叶、一块兽皮揭开包装产业的序幕，中间历经石器时代、铁器、铜器、布匹……到今日的纸张、塑胶、金属等，构成复杂而广泛的复合包装材料，其各个阶段都代表该时期的历史文化及生活背景。

第二节　食品包装材料

【学习目标】

1. 掌握不同包装材料的特点。
2. 熟悉常见的食品包装材料。

【基础知识】

食品包装材料是指用于包装食品的一切材料，包括纸、塑料、金属、玻璃、陶瓷、木材及各种复合材料以及用它们所制成的各种包装容器及辅助品。由于食品易生长繁殖微生物，具有氧化变质、脱水干燥、吸潮、褪色等质变倾向，因此食品包装材料应具有以下性质。

（1）对被包装的食品具有保护性，具有合适的阻隔性、稳定性，具有足够的机械强度，能保护食品免受外界环境条件对其造成的危害，如防湿、防水、隔气、避光、耐油、耐腐蚀、耐热、抗冲击、抗穿刺等。

（2）具有合适的加工特性，便于形成不同形状需要的容器，便于密封，便于机械化操作，便于印刷，适于机械化、自动化生产与操作。

（3）卫生安全无毒，与食品成分不起反应，不因老化而产生毒性，不含有毒有害的添加物。

（4）质量要轻，便于携带运输，开启食用方便，有利于废包装的回收以减少环境污染，价格低廉。

一、 纸质包装材料及容器

造纸所用的原料主要是植物纤维，有木材、稻草、竹子、芦苇、棉麻等。将各种植物纤维原料通过硫酸盐制浆法或亚硫酸盐制浆法制成纸浆，并添加填料、黏结剂、树脂、染料等助剂，经吸滤、加热烘干成纸。

纸质包装材料包括各种纸张、纸板、瓦楞纸板和加工纸类，可制成袋、盒、罐、箱等容器。纸质包装材料占整个包装材料的40%以上，有的国家达到50%。纸质包装材料之所以在包装领域独占鳌头，是因为其具有一系列的优点：原料丰富，来源广泛，易大批量生产，价格低廉；质量轻，容易折叠、装载和捆扎，贮运方便；加工性能好，印刷性能优良，具有一定机械强度，适于机械化、自动化生产；卫生、无毒，不污染内容物；可回收利用，有利于环境保护。

（一）纸和纸板

纸包装材料常分为纸和纸板两类。纸和纸板的分类，常依定量或厚度来划分。定量在225g/m^{2}以下或厚度在0.1mm以下称为纸，定量在225g/m^{2}以上或厚度在0.1mm以上的称为纸板。

1. 纸

常用的食品包装用纸有牛皮纸、羊皮纸和防潮纸等。牛皮纸是用未漂硫酸盐木浆生产的高级包装用纸，具有一定的抗水性，主要用于外包装用纸。羊皮纸又称植物羊皮纸或硫酸纸，抗油性能较好。防潮纸又称涂蜡纸，具有良好的抗油脂性和热封性。

2. 纸板

常用的食品包装用纸板有白纸板、黄纸板、箱纸板、瓦楞纸板等。纸板通常用较低级原料制成芯层，用漂白木浆制成面层，防止灰褐色芯层透到面层上，并为纸板提供表面强度和可印刷性。所有结构层用热熔型或水合型黏合剂胶合在一起。

（二）纸容器

纸容器是以纸或纸板等原料制成的纸袋、纸盒（杯）、纸箱、纸筒等容器。按纸容器的用途分为两大类：一类用于销售包装（如纸盒、纸罐、纸杯等）；另一类用于运输包装（如纸箱等）。

1. 纸袋

纸袋是用纸（可以多层）或纸复合材料加工而成的容器。纸袋的皮重很轻，因此纸袋包装的货运价格最便宜。按照纸袋的形式，常用的有自开袋（直拉袋）、矩形衣袋、扁平袋、信封袋、书包袋（皮包式袋等）。纸袋的封口有缝制、黏合、绳子捆扎、金属条开关扣式等，袋的侧边多用胶粘方法，也有采用缝合方式（适于重包装）。

2. 纸盒

纸盒也叫纸板盒，是一种半硬性包装容器。作为食品包装容器的纸盒材料一般采用实芯纸板，如白纸板。为了保证食品卫生，防止包装材料带来的污染，与食品接触面往往采用挂面、涂层和加衬里。用于冷冻食品的包装则采用增加厚度加工成耐水性纸盒。

普通纸盒尚未达到密封性包装要求，但其轻便，便于印刷、装饰、造型，使其在商品陈列包装中备受重视。尤其是在礼品包装中显示出其优越性，对纸盒存在的缺陷，也可通过改进纸质材料或结构设计来解决。

3. 瓦楞纸箱

瓦楞纸箱是由瓦楞纸板折合而成，是纸板箱容器中用量最大的品种。由于其价廉，良好的保护和防震作用，大量用于商品的运输包装。瓦楞纸箱装填物品后的封箱方法有黏合剂法和黏胶带封条。较重的包装纸箱需用各种捆扎带捆紧，减少运输过程破坏。

二、玻　璃

玻璃是包装材料中最古老的品种之一，玻璃器皿很早就用于化妆品、油和酒的容器。19 世纪发明了自动机械吹瓶机，使玻璃工业获得迅速发展，玻璃瓶、罐广泛应用于食品包装。

（一）玻璃容器的特点

玻璃的化学稳定性高（热碱溶液除外），有良好的阻隔性，不透水、不透气、气味成分和微生物均无法穿透；性质不活泼，不与食品发生反应或有成分转移到食品中；密封时适于各种热加工工序，可透过微波，便于包装操作（清洗、灌装、封口、贴标等）；质地透明，可使包装内容物一目了然，有利于增加消费者购买该产品的信心；可被加工成棕色等颜色，避免光线照射引起食品变质；玻璃的硬度和耐压强度高，竖向强度高，适于堆叠；玻璃容器可回收循环利用，有利于降低成本。

（二）玻璃容器的发展

1. 玻璃瓶的轻量化

在保证使用强度的前提下，通过降低瓶壁厚度、减轻质量而制得的瓶称为轻量瓶。瓶罐轻量化可降低运输费用、节约能源（瓶壁薄、传热快）、提高生产率。

轻量瓶的原辅材料质量必须特别稳定，玻璃的化学稳定性、热性能及机械强度等必须满足要求。轻量瓶的造型设计更需要避免应力过于集中的部位。轻量瓶多用于非回收的食品包装。

2. 玻璃瓶的强度强化

（1）设计强度高的合适瓶型　瓶身接触面积大的瓶型，强度高，碰撞时应力分散，不易破碎。如果酱等罐头瓶一般设计为圆筒形瓶身，这种结构不但美观大方，而且不易破碎。

（2）物理强化（钢化）玻璃瓶　由制瓶机脱模后，立即送入钢化炉内均匀加热至软化温度，然后转入钢化室，将玻璃工艺酒瓶快速冷却，使表面获得均匀分布的压应力，以达到提高玻璃工艺酒瓶强度的目的。

（3）化学强化（离子交换法）　通过离子交换反应，用半径较大的 K^+ 置换表层玻璃中的 Na^+，从而在玻璃表面形成高强度的压缩层，产生均匀的压应力，以增强其强度，可使质量比原来的玻璃瓶减轻 50% ~60%。

（4）表面涂层强化玻璃　表面的微粒纹对强度有很大影响，在玻璃刚出模尚未进退火炉之前，把气态或液态的金属化合物（四氯化锡、四氯化钛、二氯化二甲基锡或其他有机锡）喷涂到炽热的瓶子表面，使之在表面形成一层氧化锡或氧化钛的箔膜（厚度几十至几百埃），可防止瓶罐的划伤并增大表面的润滑性，减少摩擦，增加瓶罐的强度。

（三）玻璃容器的类型及封口

玻璃容器根据瓶口大小划分为“广口”和“窄口”瓶。“广口瓶”多用于罐头食品、腌制食品、粉状、颗粒状食品等包装，“窄口瓶”多用于饮料、酱类及调味料等流体食品的包装。

玻璃瓶的瓶口种类较多，不同代号的瓶口都有其标准瓶口尺寸，各种瓶口都设计有适合密封的盖子。瓶口上、垫圈或衬垫接触的部分为密封面。密封面可以是瓶口的顶部、瓶口的侧边或是顶部和侧边结合在一起，其密封程度决定封口的密封性。

1. 广口瓶封口

玻璃容器包装的低酸性食品多采用真空型瓶盖密封，用金属盖密封后可耐热杀菌。目前广泛采用的真空封盖有3种类型：卷封盖、爪式旋开盖和套压旋开盖。

（1）卷封盖　利用滚轮封口机，通过辊轮的推压将盖边及胶圈紧压在罐口上，见图9－1。特点是密封性能良好，可用于高压杀菌，但开启困难，需用专用工具才能开启。

（2）爪式旋开盖　爪式旋开盖是由钢质壳体制成，随盖的直径大小有3～6盖爪。盖内浇注有塑料溶胶垫圈，它不需要工具就能打开，而且能形成良好的密封性能，被称为“方便”或“实用”盖，见图9－2。爪式旋开盖封盖时，顶隙用蒸汽喷冲，利用旋盖机将盖子在瓶口上旋转或拧紧时盖爪坐落或紧咬在瓶口螺纹线下。盖上的垫圈易受封盖机压头的热量而软化，有利于密封。爪盖和真空使瓶盖固定在瓶口上。

（3）套压旋开盖　该种盖封口的接触面积大、牢固、紧密，能抗震动及温差变化，消费者易开启，同时盖中心设计了安全装置——真空辨认钮，见图9－3。套压旋开盖是由无盖爪（或突缘）的钢质壳体构成，垫圈为模压的塑料溶胶从盖面外周边直到卷曲边都形成密封面。套压旋开盖的垫圈在封盖前适当加热，封盖时在压力作用下，玻璃螺纹线就会在垫圈侧边上形成压痕，以便拧开时容易将盖子转出。盖子凭借真空并依赖于盖子冷却时垫圈上螺纹压痕的阻力而固定在瓶口上。

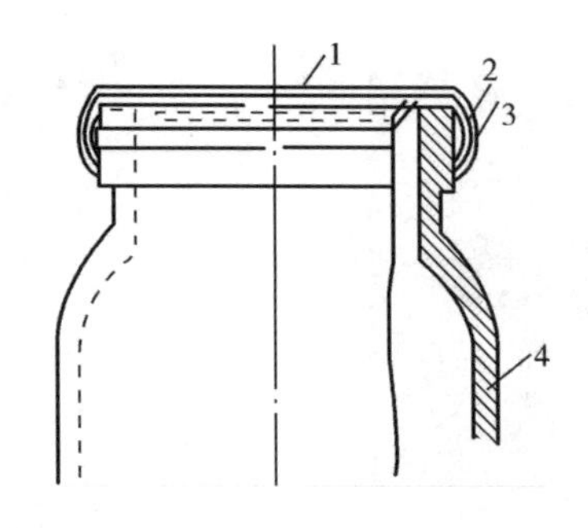

图9－1　卷封式玻璃罐

1—罐盖　2—罐口边突缘　3—胶圈　4—玻璃罐身

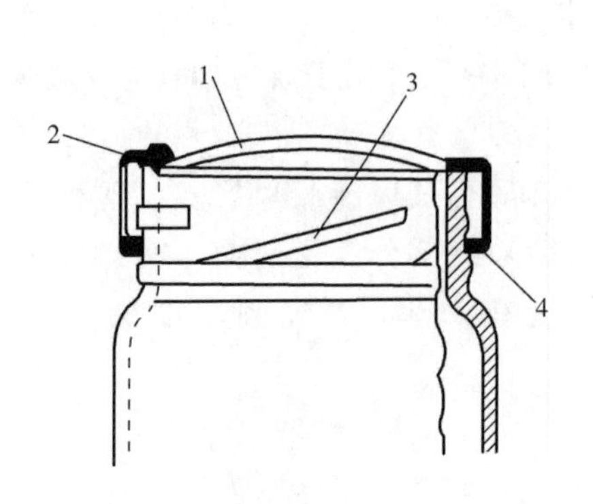

图 9－2　爪式开盖玻璃罐

1—罐盖　2—胶圈　3—罐口突环　4—盖爪

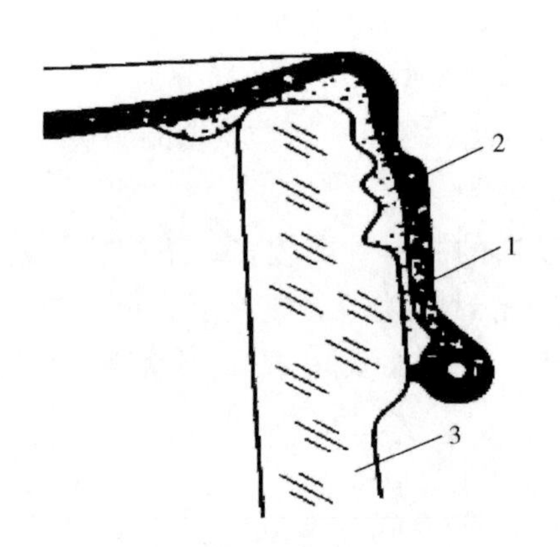

图 9－3　套压旋开盖玻璃罐

1—罐盖　2—垫片　3—玻璃罐身

2. 窄口瓶封口

玻璃容器包装酒类及其他液体类食品多采用“窄口瓶”，其密封物有盖、塞、封口套和封口标等，采用的封口材料有金属、塑料、软木等，常见的封口形式有以下几种。

（1）皇冠盖　皇冠盖又称压盖、撬开盖或牙口盖，用于冠形瓶的封口。由于封盖容易，密封性强，开盖迅速而广泛用于液态食品瓶封口，见图 9－4。盖材料常用马口铁冲压呈圆形冠状，边缘有 21 个折痕，经滴塑或加垫片，其密封性能主要决定于密封垫片的性质、马口铁皮厚度及封盖操作。由于有瓶口或瓶口侧面双重密封，封口紧密，可用于高压杀菌及耐压性封口目的，但因马口铁容易生锈而影响外观。

（2）螺旋盖　螺旋盖用于螺纹口瓶封口，依据螺纹特征有深螺纹、浅螺纹和间断螺纹等，见图 9－5。由于材料不同，要使熔化的玻璃压出清晰的牙形角比较困难，故妨碍螺纹瓶口的应用范围，需使用特定的旋盖来配合不同的瓶口。采用某些软性材料制成的螺旋盖，会出现滑牙现象，在贮存或搬运中失去锁紧力，因此螺旋盖的密封性取决于盖子的内衬垫料的弹性、容器封口面平稳度、盖材料的力学性能等因素，一般不能用于杀菌目的的封口。

图 9－4　皇冠盖

图 9－5　螺旋盖

（3）扭断盖　扭断盖又称防盗盖，也用于螺口瓶（如酒瓶）的封口，一般采用铝材料，见图9-6。将铝箔冲压成套状（无螺纹）瓶盖，用压头向下将盖内衬垫压在容器口上，与此同时，轧辊压向盖子四周，将薄的金属沿容器螺纹压入其螺槽内，铝盖上有压线连结点。压线有一道、两道或多道，即多孔安全箍环。在压线未扭断时表示原封，启封时反扭封套压使压线断裂，故称扭断盖。

图9-6　扭断盖

（4）蘑菇式盖　外形似蘑菇状，由塑料塞头加盖组成盖塑一体，或用套卡或盖扣紧盖塞，塑料盖塞上有螺纹或轮纹，以增强密封性，见图9-7。若在塞封基础上加封口套，有利于密封和增强防盗性。

图9-7　蘑菇式盖

三、陶　瓷

陶瓷是利用自然界的黏土（陶土）等材料，经加工成形、干燥、装饰、施釉、烧制而成的器物。自从人类懂得生产陶瓷容器（瓶、坛、缸等）开始，陶瓷就被用于贮藏粮食，作为水、酒类、腌菜等食品的包装容器。

陶瓷的许多性质类似于玻璃，其制成的容器有一定的机械强度，隔绝性及化学稳定性好，热稳定性高，甚至可以用来直接加热，原材料资源丰富，废弃物不污染环境，价格适中。用陶瓷容器包装的食品常给消费者以纯净、天然、传统的感觉。但陶瓷导热性差、抗冲击强度低、笨重、易破碎、不透明、难以密封，使其在食品包装应用上受到限制。陶瓷主要用于酱菜、腌渍蔬菜、酒类等食品的包装。

陶瓷容器的卫生安全性，主要指上釉陶瓷表面釉层中重金属元素铅或镉的溶出。研究表明：釉料，特别是各种色釉中所含的有害重金属，会溶入到所包装的食品中去，对人体健康造成危害，因此许多国家对上釉瓷器的金属溶出物都有严格的限制。

四、金 属

金属作为食品包装材料历史悠久，铁和铝是两种主要的金属包装材料，主要有镀锡薄钢板（马口铁）、镀铬薄钢板（无锡钢板）、铝和铝箔等。金属包装容器主要有两大类，一类是以铁、铝或铜等为基材的金属板，片加工成型的桶、罐、管等，如饮料罐、啤酒罐、茶叶罐、金属桶、喷雾罐等；另一类是以金属箔制作而成的复合材料容器，如纸铝复合、铝塑复合、真空镀铝等容器。

金属包装材料具有优良的阻隔性能，可以对空气成分、水分、光等完全阻隔，对内容物有良好的保护性能。强度高，可适应流通过程中的各种机械振动和冲击。易加工成型，有利于制罐及包装过程的高速、机械化操作和自动控制。表面装饰性好、有光泽，可以印刷色彩鲜艳的图文以吸引消费者，促进销售。具有固有的防盗防改动功能，可以回炉再生循环使用，既回收资源，节约能源，又可减少环境污染。但是金属包装材料化学稳定性较差，耐酸、耐碱能力较弱，特别易受酸性食品的腐蚀，需要通过内涂层来保护。此外，金属价格较高、制作成本大、质量较大、运输费用高。

（一）常用金属包装材料

1. 镀锡薄钢板

镀锡薄钢板，也称马口铁，是两面镀有纯薄锡层的低碳薄钢板。根据镀锡工艺不同，分为热浸镀锡板和电镀锡板。热浸镀锡板镀锡层较厚，耗锡量较多，而且不够均匀。电镀锡板锡层较薄，且均匀，分为等厚镀锡板和差厚镀锡板。

镀锡薄钢板中心层为钢基层。从中心向外，依次为钢基层、锡铁合金层、锡层、氧化膜层和油膜层。由于锡化学性质稳定，一般食品可直接用镀锡板罐包装。但锡的保护作用是有限的，腐蚀性较大的食品如番茄酱，含硫量较多的虾蟹等水产类，含硝酸盐、亚硝酸盐等的食品都会对马口铁罐产生腐蚀作用。

2. 镀铬薄钢板

镀铬薄钢板是在低碳薄钢板上镀上一层薄的金属铬，也称无锡钢板、镀铬板。镀铬钢板的结构由中心向表面顺序为钢基层、金属铬层、水合氧化铬层和油膜。

镀铬板的铬层较薄，厚度仅5nm，故价格较低，但其抗腐蚀性能比镀锡板差，常需经内、外涂料后使用。镀铬板对有机涂料的附着力特别优良，适宜于制罐的三片罐底盖和二片拉伸罐。镀铬板不能用锡焊，但可以熔接或使用尼龙黏合剂黏接。镀铬板制作的容器可用于一般食品、软饮料和啤酒包装。

3. 铝质包装材料

铝质包装材料主要指铝合金薄板和铝箔。纯铝的强度和硬度较低，在使用上受到一定限制，往往需在铝中加入适量的硅、铜、镁、锰等元素，制成二元或三元合金，以增强其强度和硬度。其特点为轻便、美观、耐腐蚀性好，用于蔬菜、肉类、水产罐头，不会产生黑色硫斑，经涂料后可广泛应用于果汁、碳酸饮料、啤酒等食品包装。铝板隔绝性能好，导热率高，对光、辐射热反射率高，具有良好的可加工性，适于各种冷热加工成型，其延展性优于镀锡板和镀铬板，易滚轧为铝箔和深冲成二片罐，常用作易拉罐和各种易拉盖的材料。废旧铝容器的回收容易。

4. 镀锌薄钢板

镀锌薄钢板也称白铁皮，锌比铁活泼，易形成一层很薄的致密的氧化膜，阻止空气和湿气的侵蚀，具有一定耐腐蚀性。镀锌薄钢板多用于制作桶状容器。为了增强其稳定性，常在容器内、外涂上各种性能的涂料，适用于一般干食品的包装（但不能用于酸性食品的包装），且多数用于外包装。

（二）金属容器的结构和特点

金属容器按其结构常分为三片罐和二片罐，按罐型可以分为圆罐、方罐、椭圆形罐和马蹄形罐等，一般把除圆罐以外的空罐称为异型罐。食品常用金属罐的种类与应用见表9－2。

1. 三片罐

三片罐是由罐身、盖、底三部分构成。其形状除圆形罐外，也有梯形罐、方形罐等。三片罐的罐身有接缝，接缝的密封方法有锡焊法、熔焊法、黏接法。罐筒体与盖、底则采用二重卷边法密封，底、盖周边内涂有胶圈，以保证接合部位的密封性。

（1）锡焊罐　锡焊罐是用熔锡将罐身接缝（踏平后）焊接而制成的食品罐，也称为传统罐（典型罐），锡焊罐主要制罐材料是镀锡板。锡焊罐生产效率高，成本低，长期以来一直是食品罐的主要包装形式。但由于锡焊料含有重金属铅，容易污染食品，越来越多国家限制或禁止使用。

表9－2　食品常用金属罐的种类与应用

种类	品种	特点与应用
马口铁罐	三片焊锡罐	需内涂料，用于热加工食品包装（如鱼肉、家禽、蔬菜等）
	二片冲拔罐	用于非热加工食品包装（如干粉、酱类、食油等）
	二片深冲罐	用于饮料包装（主要是两片罐）
镀铬薄板罐	三片熔接罐 三片黏接罐 二片深冲罐	需内涂料，主要应用于热加工食品包装
铝罐	三片黏接罐 二片冲拔罐	主要应用于啤酒和饮料包装

（2）熔焊罐　熔焊罐又称电阻焊接罐。1970年瑞士的苏德罗尼克（Soudronic）公司研制出来的用铜线作电极的电阻焊接技术，也称铜丝熔焊法，只要经四个工序：垛片→解除罐身板内应力→搭接成圆→焊接，即可将罐身板制成圆形罐身。此方法与锡焊罐相比具有许多优点，已成为接缝罐的主要制作方法。电阻焊接罐优点包括：焊缝是由镀锡板本身熔焊在一起，不使用任何焊料，食品不受铅、锡污染；焊缝重叠宽度窄，一般为0.4mm，可节省镀锡板；焊缝厚度小，约为单层镀锡板厚度的1.2倍；焊缝薄而光滑，封口质量好；焊缝强度高；节省能源，简化设备；生产效率高。

2. 二片罐

二片罐是指罐底罐身（筒体）为一体的部分与罐盖构成的金属罐，有圆形、椭圆形、方形等形状罐。依据罐体的成型方法有深冲罐和冲拔罐。

（1）冲拔罐（DI罐）　冲拔罐是用深冲初成形，再用一系列拉伸操作来增大罐身高度和减少壁厚而制成的金属罐。冲拔罐最初用于韧性好的铝材，后来也用于镀锡板。冲拔罐的罐壁较薄（约0.1mm），耐压力与真空性能较差，多数用于啤酒、碳酸饮料等含气饮料的包装。为了扩大罐的应用，采用镀锡板制成的罐，常在罐身压出凹凸波形加强圈，或采用缩短罐高度来维持罐的刚性，这类罐用于某些蔬菜罐头、宠物罐头的包装。

（2）深冲罐（DRD罐）　深冲罐是指用连续的深冲操作（如二次或二次以上）使罐内径尺寸变得越来越小的成型过程，故也叫深冲－再深冲法。由此法制成的二片罐称为DRD罐。深冲罐终产品的底、壁厚和原材料薄板的厚度差异较小，因此其材料成本比冲拔罐高。但此法对薄板材料品种要求不严格，可用镀锡板、镀铬板和铝合板制罐。DRD技术可用于加工收缩径罐，使容器具有足够的强度，易承受制罐等机械操作。

二片罐的生产线投资比较大，相当于三片罐生产线的8倍，且二片罐加工设备在罐尺寸的互换性上仍比不上三片罐。但二片罐的最大优点是省去了侧缝，消除了镀锡板锡焊罐中铅对内容物的污染，且由于没有侧缝和底部接缝，减少了渗漏的可能性，因此其发展仍受到重视。

易拉盖的使用提高了罐头食品食用的方便性，使罐装的饮料、食品在市场的销售大增，但也带来了环境保护问题。易拉盖拉环（耳）多用硬质铝材制成，硬且边缘锐利，常刺破轮胎，伤害人、畜。为此，许多易拉罐盖已采用压下盖，开罐时拉环（耳）仍保留在空罐上，方便废罐回收，减少对环境的危害。

（三）金属罐的密封

金属罐二重卷边通常由封口机完成。封口机主要包括压头、托盘、头道滚轮和二道滚轮四部分组成，如图9－8所示。头道滚轮和二道滚轮结构不一样，如图9－9所示，分别完成头道卷封和二道卷封。封口由头道卷封（使罐盖卷曲边和罐身翻边相互钩合，如图9－10所示）和二道卷封（将罐盖身钩紧压在一起，并将盖钩皱纹压平，使密封胶很好地分布在卷边内）组合的二次卷边操作来完成，因此也称为二重卷边。二重卷封操作时罐身翻边和罐盖卷曲边相互钩合形成牢固的机械结构。二重卷封由三层罐盖厚度和二层罐身厚度构成，而在二重卷边叠层内充填适量密封胶，以保证密封性。

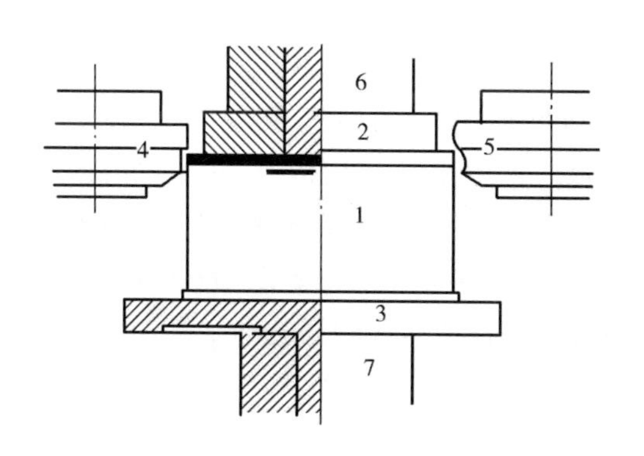

图9-8　封口时罐头与四部件的相对位置

1—罐头　2—压头　3—托底盘
4—头道滚轮　5—二道滚轮
6—压头主轴　7—转动轴

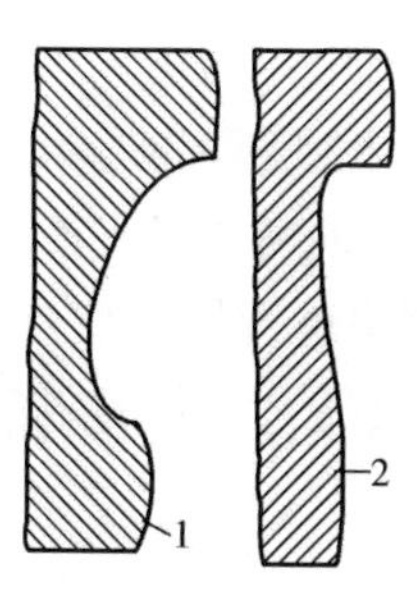

图9-9　滚轮转压槽结构曲边

1—头道滚轮　2—二道滚轮

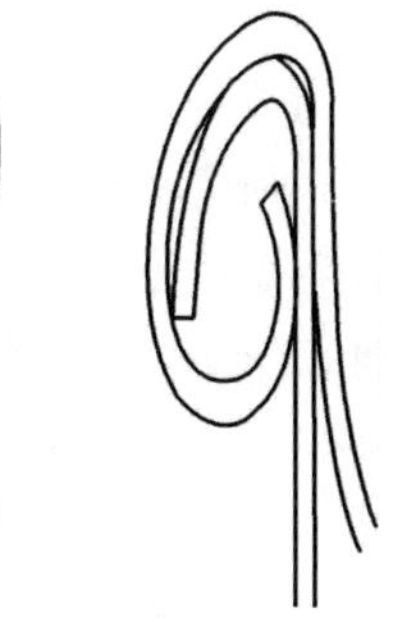

图9-10　头道卷边的结构

五、塑　　料

塑料是一种以高分子合成树脂为主要成分，添加稳定剂、着色剂、润滑剂及增塑剂等组分，在一定条件（如温度、压力等）下塑制成具有一定形状且常温下能保持形状不变的材料。塑料及其复合包装材料因原材料来源丰富、成本低廉的性能，此外还有如防潮、隔氧、保香、避光等功效，成为近40年来世界上发展最快、用量巨大的包装材料。

塑料按其性质可分为热塑性塑料和热固性塑料。热塑性塑料在特定温度范围内能反复受热软化流动和冷却硬化成型，有利于废旧塑料的再生利用，常用的品种有聚乙烯、聚丙烯、聚氯乙烯、聚乙烯醇、聚偏二氯乙烯等。热固性塑料再次受热，只能分解，不能软化，不能反复塑制成型。这类塑料耐热性好，刚硬但较脆，常用的有氨基塑料、酚醛塑料。

（一）常用的塑料种类

1. 聚乙烯（PE）

聚乙烯是由乙烯聚合而成的高分子化合物，具有良好的化学稳定性，常温下与一般酸碱不起作用，耐油性稍差；阻水阻湿性好，但阻气和阻有机蒸汽性能差；耐低温性好，柔韧性好，其薄膜在-40℃仍能保持柔软性；加工成型方便，热封性能好，卫生安全性高。耐高温性能差，不能用于高温杀菌食品的包装，光泽透明度不高，印刷性能差。

因聚合方法不同，食品包装上常用的品种主要有低密度聚乙烯、高密度聚乙烯和线型低密度聚乙烯等。密度越高，结晶度越高，水蒸气及油脂的渗透率就降低，所以高密度聚乙烯具有较高的耐油脂性能，广泛用于盛装牛奶、果酱等制品，但其保香性差，不宜久放果汁饮料。低密度聚乙烯透明，柔韧性好，可挤压为薄膜，吹塑成各类瓶，或作为纸、铝及纤维素薄膜的涂层，应用最普遍。

2. 聚丙烯（PP）

聚丙烯是无色、无味、无毒、可燃的带白色蜡状颗粒材料，PP 膜是一种光学特性好、抗张强度和耐穿刺强度高的透明光亮薄膜。它对水分、气体、气味成分的透过性中等，且不受温度变化的影响，阻气能力比 PE 强，具有良好的耐热性能，但易于氧化劣化。PP 可制成热收缩膜进行热收缩包装，广泛用于小口瓶、广口瓶、脆硬性包装、饼干裹包薄膜、连袋煮沸食品包装袋的制造，还可制成各种形式的捆扎绳、带，在食品包装上使用。

3. 聚氯乙烯（PVC）

PVC 树脂耐高、低温性差，阻湿性比 PE 差。化学稳定性优良，可塑性强，透明度高，易着色印刷，耐磨、阻燃以及对电绝缘。PVC 树脂本身无毒，但其中的残留单体氯乙烯有麻醉和致畸致癌作用。PVC 可用于啤酒瓶盖和饮料瓶盖的滴塑内衬，吹塑 PVC 瓶用于调味品、油料及饮料等包装以代替玻璃瓶，PVC 薄膜有较低的水气透过性和较高的二氧化碳透过性，可用于气调保鲜包装。

4. 聚偏二氯乙烯（PVDC）

聚偏二氯乙烯是由偏二氯乙烯聚合而成的高分子化合物，对气体、水蒸气有很强的阻隔性，耐高、低温性良好，化学稳定性好，具有较好黏接性、透明性、保香性，但热封性较差，成型加工困难，价格较高。但优越的阻隔性使其仍广泛用作聚烯烃类包装材料的高隔绝性涂料或制成复合薄膜，以延长食品的保质期。用 PVDC 涂布的塑料薄膜特别适合对氧敏感及长期保存的食品、医药品的包装材料。

普通 PVDC 薄膜可耐热水加热，而不影响其隔绝性，但其热收缩率较高，在 100℃时收缩率达 25% ~30%。这种特性使 PVDC 薄膜大量应用于香肠、火腿包装以代替天然肠衣；高收缩型 PVDC 膜热收缩率达 45% ~50%，一般不用于加热杀菌，而用于真空包装材料或作为外包装材料用。

5. 聚酯（PET）

聚酯是指链节间由酯基（—COO—）相连的高分子化合物，用于食品包装的聚酯类为对苯二甲酸与二元醇缩聚而成的聚对苯二甲酸二乙酯。PET 无色透明，具有良好的电绝缘性能和抗张强度。PET 薄膜对光透过率仅次于玻璃纸，对气体阻隔性类似 PVDC，且具有良好的保香性，耐高低温性较好，热收缩率较低，印刷性能较好，卫生安全性好。废旧 PET 瓶易回收，不污染环境。主要缺点是对热敏感，撕裂强度低，难以黏接，因此常将 PET 制成复合膜。

虽然 PET 树脂价格较高，但用 PET 吹塑的中空容器（瓶），因其表面高度光泽，透明度高，机械强度高，不易破碎，质量轻，而大量用于制作饮料包装瓶。

6. 聚碳酸酯（PC）

聚碳酸酯是指分子链中含有碳酸酯（—ORO—CO—）的一类高分子化合物，有很好的透明性和机械性能，尤其是低温抗冲击性能。印刷性较好，便于与纸、铝材料加工复合材料。由于 PC 价高，妨碍它在包装材料中的应用，但在要求高坚韧度和高软化温度（133℃）的情况下，它是一种理想材料。

（二）塑料薄膜

塑料薄膜是厚度小于0.25mm的柔性料片，是由单一品种热塑性塑料制成的薄膜，约占塑料包装材料的40%以上。薄膜由于加工成本低，适于各种不同要求的包装，如LDPE膜利用其透气性好的特性可用于新鲜果蔬的保鲜包装；HDPE膜耐高、低温性好，可用于蒸煮包装；聚丙烯膜耐热性好，用来制作蒸煮袋；PVC膜可制成收缩膜用于果蔬的收缩包装。

有一些塑料薄膜，经过特殊加工处理，使膜的某一性能加以强化而适于专门的包装目的，如热收缩膜、弹性膜、保鲜膜等。

热收缩膜是指具有较大热收缩特性的薄膜。热收缩膜主要用于收缩包装。用于制造收缩膜的树脂有PVC、PP、PE、PET和PS等。收缩膜广泛用于单元商品外包装、多种（个）商品的组合包装和托盘包装，也可将商标、标签等印刷在收缩膜上，用于硬容器的外表面收缩包装。

能够边拉边进行包装的薄膜叫弹性薄膜。弹性薄膜主要由具有黏附性的PVC等树脂为主要原料，适当加入增塑剂、稳定剂等各种添加剂制成。弹性膜本身具有黏附性，不必特别使用黏胶或黏合剂封口；弹性膜常具有适宜的透湿氧性，防雾性较好且透明，因此多用于保鲜包装（也称为保鲜膜）。

塑料包装材料引起的环境污染使人们研究用于食品包装的可食薄膜和可降解生物薄膜。制造可食薄膜的材料有多糖类可食性包装膜，蛋白质类可食性包装膜，微生物共聚酯可食性包装膜，多糖、蛋白质、脂肪酸复合型可食性包装膜。多糖类可食性包装膜又分为淀粉可食性包装膜、改性纤维素可食性包装膜、动植物胶可食性包装膜、壳聚糖可食性包装膜。蛋白质类可食性包装膜包括大豆分离蛋白膜、小麦面筋蛋白可食性包装膜、玉米醇溶蛋白可食性包装膜、乳清蛋白可食性包装膜，以乳清蛋白为原料，甘油、山梨醇等为增塑剂制成的乳清蛋白EPF具有透水、透氧率低、强度高的特点。

（三）复合软包装材料

复合软包装材料是指两层或两层以上不同材料通过一定技术组合而成的“结构化”多层材料，所用复合基材有塑料薄膜、铝箔、纸等。

复合软包装材料的综合性能好，具有高强度、高阻隔性、耐高低温、包装操作适应性好、卫生安全等优点，能够满足食品包装对材料的全方位要求。

1. 复合软包装材料的要求

内层材料要求无毒、无味、耐油，化学稳定性好，具有热封性和黏合性，常用的有PE、CPP等热塑性塑料；外层材料要求光学性能好，印刷性好，具有较高的强度和刚性，常用的外层材料有PET、PA、铝箔及纸类等；若要求复合材料具有高阻隔性，可设置中间层，常用的是高阻隔性的铝箔和PVDC等。

2. 常用复合软包装材料及其性能

常用复合软包装材料及其性能见表9-3。

表9－3 常用复合软包装材料及其性能

构成	特性										主要用途
	阻湿性	阻气性	耐油性	耐水性	耐煮沸	耐低温性	透明性	防紫外线	成型性	热封性	
PT/PE	*	*	○	×	×	×	*	×	×	*	方便面、米制糕点
OPP/PE	*	○	○	*	*	*	*	×	○	*	方便面、糕点、干制品、冷冻食品
OPP/CPP	*	○	*	*	○	○	*	×	○	*	糕点（米制、豆制、油糕点）
PT/CPP	*	*	*	×	×	×	*	×	×	*	糕点
OPP/PT/PE	*	*	○	*	*	*	*	×	×	*	豆酱、腌菜、果子酱
OPP/PVDC/PE	*	*	*	*	*	*	*	△	×	*	火腿、红肠、鱼糕
PET/PE	*	*	*	*	*	*	*	△	○	*	蒸煮食品、冷冻食品、年糕、固体饮料
PET/PVDC/PE	*	*	*	*	*	*	*	△	×	*	豆酱、鱼糕、冷冻食品、肉类、奶酪
PC/PE	*	×	○	*	*	*	*	△	○	*	切片火腿、固体饮料
铝箔/PE	*	*	*	*	○	○	×	*	×	*	糕点
PT/铝箔/PE	*	*	*	×	×	△	×	*	×	*	糕点、茶叶、方便食品
PT/纸/PVDC	*	*	*	×	×	○	×	*	×	*	干制品、茶叶
PT/铝箔/纸/PE	*	*	○	×	×	△	×	*	×	*	茶叶、汤粉、固体饮料、奶粉

六、木　　材

木质容器传统上曾用于果蔬、茶叶、葡萄酒等食品的运输，它们的机械保护性能好，堆垛性好，竖直挤压强度与质量比高，常用于运输包装，较少直接用于食品的个体包装，仅少量木刻小容器作为装饰品、工艺品用于某些食品包装。

木材具有一定的强度和刚度，变形小。选用包装木材时，要兼顾其轻便性、强度及握钉力。不同木材含有不同成分的挥发油，具有特殊气味，如杉木有精油气味，阔叶树具有檀香等香味。用它们做食品包装材料，要注意防止其气味污染食品，如柏木、樟木和松木不宜作茶叶、蜂蜜和糖果的包装。而一些葡萄酒仍采用木制容器，因为用栎木容器装葡萄酒，因其含有单宁反而会增加酒的美味，白兰地酒就需在老橡木桶中酿造、陈化、贮存，才能获得优良的酒质。

七、 食品包装辅助材料

（一）缓冲材料

缓冲材料具有吸收冲击能，在较长时间内缓慢释放而达到缓冲的目的。缓冲材料适于运输包装作衬垫用。按材料来源可分为普通缓冲材料和合成缓冲材料。普通缓冲材料有瓦楞纸板、纸丝（碎纸）、纸浆模制衬垫、木丝、动植物纤维、海绵、橡胶及金属弹簧等。合成缓冲材料有泡沫塑料、气泡塑料薄膜等。

（二）密封垫料

密封垫料影响整个包装的安全性以及内容物的密封性。硬质容器的密封都离不开密封垫料。玻璃瓶盖的密封垫料为塑料溶胶、泡沫塑料和橡胶圈（垫）；金属罐底、盖使用的为氨水胶及溶剂胶。

（三）捆扎材料

产品经包装后，常需用带子或绳子捆扎，以加强包装的保护作用，便于运输与贮存。捆扎包装是包装过程的最后操作，它可以是单件包装捆扎，如木箱、木盒、纸箱等；也可以数件合并捆扎为一单元。捆扎材料分为金属捆扎材料和非金属捆扎材料。

1. 金属捆扎材料

金属捆扎材料主要有钢带、圆铁丝及扁铁钉。钢带也称打包铁皮，用于捆扎较重的木箱、纸板箱等。钢带的优点是捆扎紧，但操作劳动强度大，钢带易生锈，易割破箱边。扁铁钉用于纸箱箱板之间的固紧。

2. 非金属捆扎材料

非金属捆扎材料有纸腰带、塑料带及各种胶带。它们具有较好的弹性，易配合包装外形，但其耐气候性不如金属材料稳定，长度易伸长，延伸率较大，易老化。

我国生产塑料捆扎带的原料有 PVC、PE、PP 等，其中 PP 塑料用量最大，约占捆扎带使用原料的 90%。塑料带可依需要加工成不同的颜色。国产塑料带分为手工用（代号 S）和机械包装用（代号 J）。

胶带通常是由底带和胶黏剂两种基本材料构成。根据胶带的底带材料特征有纸质、布质和塑料膜胶带。纸质胶带的底带常用牛皮纸，多用于低、中强度的需要，适用于瓦楞纸箱或纤维纸箱的封合。布质胶带拉伸强度较高，大多数底带为棉质，也有用其他纤维制成。布质胶带成本较高，较少用于食品包装。塑料膜质胶带的底带通常由纤维膜、醋酸酯、乙烯基类、泡沫乙烯基或聚氨酯类所组成。纤维素膜胶带适于中等强度，透明性较好；醋酸酯膜胶带具有中等强度和不透湿性的特点；乙烯基类膜胶带具有较高的强度、耐磨、抗湿等性能，可用于罐头纸箱封口；聚酯膜胶带柔韧，有良好的抗化学性，但价格较高。

第三节 食品的包装技术

【学习目标】

1. 掌握食品包装技术的用途。
2. 熟悉包装材料选择。

【基础知识】

一、 食品的防氧包装

受氧气影响品质变化较大的食品，需选择隔绝氧性能较好的包装材料作为容器，如玻璃瓶、金属容器、纸/塑料/铝复合罐等，并采用真空包装、充气包装或脱氧包装，形成低氧状态，以延长或保证食品品质。

（一）真空包装

一般来说，在食品中生长的霉菌和需氧细菌，如果在无氧状态下就不能繁殖，同时许多需要氧气参与的化学变质反应也就受到抑制。真空包装就是通过迅速降低包装内氧的浓度，以降低食品变质速度，同时抑制有害生物（好氧生物）的生长繁殖，延长食品的保质期。真空包装的产品如需再加热杀菌，还利于热量的传递，避免气体膨胀使包装袋破裂或发生胀罐。

真空（或低压）的形成有两种方式：一是靠热灌装或加热排气后密封；二是采用抽气密封，即真空状态下封口。前者需结合热处理过程，常用于罐头及可热杀菌饮料食品的包装。后者可以在常温（或低温）下操作，有利于更好保护食品的色、香、味，真空度较易控制。

有一些产品不适合柔软材料真空包装，如易碎品、有锐角的物品、柔软或在真空条件下易结块的粉状食品。柔软材料真空包装的外观往往不理想，特别是易受流通环境中的各种不利条件的影响，可能使外观有较大的缺陷。

食品真空包装技术应注意以下几点。

（1）彻底排气　尤其对生鲜肉及不定形加工食品进行真空包装时，必须充分排气，以免发生胀袋。但实际上是不能做到完全真空的。

（2）封口或结扎　包装食品排气之后，应进行热封或铝线结扎。热封时，如果包装材料内壁黏附油或蛋白质，则容易产生因密封欠佳而引起进气现象，故应注意。用铝线结扎时，容易发生划破包装材料或铝线断裂现象，故必须结合包装的大小，适当的调节铝线的长短。

肉制品、水产加工品或各种腌渍菜等真空包装后，大部分需要再加热，这种再加热食品如果加热温度过高或加热时间过长时，容易发生汁液分离现象，应当充分加以注意。生鲜鱼肉等蛋白质类的加工食品，经真空包装后，一般都应在低温下流通、销售，尤其冷却牛肉或冷却鱼等，需在 $-2\sim0$℃下流通、销售，才能抑制低温细菌的繁殖。

（二）充气包装

充气包装是采用惰性气体，如 CO_2、N_2 或它们的混合物置换包装单元内部的空气，因而也可以把充气包装称作“气体置换包装”。充气包装可以避免食品氧化变质，抑制微生物生长、繁殖，CO_2 对抑制霉菌生长繁殖是非常有效的，故有人称它为“防霉包装”，常用于谷物、谷物制品及果蔬的包装，但它不适合用于有特殊芳香气味的制品。

充气包装食品有节约经费、减少能耗等优点。食品经充气包装后，在运送、贮藏、销售过程中不再需要冷藏，因此不需消耗冷藏的能源。

气体置换有两种方式：一种是一次性置换气体密封包装，也称 MAP 法。工业上常用氮气置换包装空间内的气体，然后密封；另一种是非密封性（或半密封性）充气包装，常称 CAP 包装，用于果蔬、粮食等有生理活性食品材料的大容量贮藏包装。

充气包装技术应注意以下几点：食品充气包装效果如何，关键在于能否使空气与惰性气体彻底置换。一般要置换 99% ~99.5% 的惰性气体。用真空排气较难，一般均采用快速充气法，可达到 100% 的置换。针对不同食品应采用不同的气体组成，一般为了保全食品的色、香、味及防止油脂氧化，多充入 N_2；为了防止食品发霉或细菌的生长，则使用 CO_2；肉制品、鱼糕、鱼卷、蛋糕等应充入 CO_2、N_2的混合气体；生鲜牛肉的销售包装，可使用 O_2、CO_2的混合气体。充气包装所使用的包装材料必须是 O_2、CO_2、N_2等气体难以透过的材质，一般采用以铝箔、PVDC 等作阻隔层的复合包装材料。

（三）脱氧包装

采用充气和真空包装，并不能完全去掉包装中的微量氧气，而采用脱氧包装是去掉微量氧气的包装方法，这种包装适用于某些对氧气特别敏感的产品。在食品包装袋内封入脱氧剂（也叫吸氧剂），可以在食品生产工艺中不必加入防霉和抗氧化等化学添加剂，从而使食品安全、卫生，有益于人的健康。

1. 脱氧剂的条件

在常温下容易与氧反应形成氧化物的物质均可用作脱氧剂。但是用于食品包装的脱氧剂必须满足以下几个条件：安全，万一误入口内，不会对人体产生不良影响；脱氧速度要适当，太快易产生发热等不良副作用，太慢则使食品霉变或氧化而变质；不能发生副反应而产生有害的气体、臭味等；性能要稳定，不能在保存过程中失效，一般要有 6 ~12 个月的有效期；易加工成片状，价格要便宜。

2. 常用脱氧剂及其脱氧原理

脱氧剂种类繁多，基本可以分为有机和无机两大类，目前常用的有：

（1）连二亚硫酸钠　利用连二亚硫酸钠（$Na_2S_2O_4$）在催化剂（活性碳、水）的作用下与氧气反应生成硫酸钠，以除掉包装中的微量氧气。由于该反应产生 SO_2气体，因此必须加入氢氧化钙，生成硫酸钙除去。由于连二亚硫酸钠、氢氧化钙、活性炭成本低，因而这一方法得到广泛应用。日本发明一种脱氧包装袋，是将上述脱氧材料放在复合包装的夹层中间。这种多层复合的脱氧包装袋包装食品后，首先在真空包装机上排除袋内绝大部分氧气，并立即封口，微量的氧气便通过上述的脱氧剂将它除掉。

（2）特制铁粉　特制铁粉由特殊处理的铸铁粉、结晶碳酸钠、金属卤化物和填充剂混合组成。在绝对无 CO_2 的情况下，铁在金属卤化物、活性炭的催化下生成 $Fe_2O_3 \cdot 3H_2O$，消耗包装容器内残留氧气。在有 CO_2存在的情况下，铁在金属卤化物、活性炭的催化下首先生成碳酸氢亚铁，再分解生成 $Fe(OH)_2$和 CO_2，$Fe(OH)_2$再氧化成 $Fe_2O_3 \cdot 3H_2O$。碳酸氢亚铁的分解较慢，受环境中的 CO_2浓度控制，脱氧剂的脱氧速度受其限制。

（3）葡萄糖氧化酶　葡萄糖在葡萄糖氧化酶催化下与氧气生成葡萄糖酸，从而消除氧气。

3. 使用脱氧剂注意事项

使用脱氧剂时应注意以下几点。

(1) 脱氧剂的启封与使用时间　现代食品工业使用的脱氧剂，均用阻气性良好的包装材料包装，故必须在使用之前启封，启封后不得长时间放置。

(2) 包装材料的选择　采用脱氧剂的食品包装与真空包装一样，必须使用阻气性良好的包装材料。

(3) 脱氧速度与温度　脱氧剂的反应速度根据温度的不同有较大差异。铁系的比连二亚硫酸盐缓慢，铁系脱氧剂除氧速度分别有2h、12h、24h三种。在-5℃的低温下其除氧能力要下降，即使再恢复常温时，其活性也难复原。另外，在-15℃时则丧失脱氧能力，故需要注意这一点。

(4) 适用范围　脱氧包装对大多数食品都是适用的，但对于生鲜食品来说，由于其组织或细胞活着而且进行呼吸，所以难以做到彻底除氧。因此脱氧剂不能当作保鲜剂使用，但对甜玉米及生鲜肉类等进行试验的结果令人满意，不过尚需做进一步的探索。

二、食品的防湿包装

食品的防湿包装包括两方面：一是防止包装内食品从环境中吸收水分（蒸汽）；二是防止包装内的食品水分丧失。前者多用于加工食品，后者多指新鲜食品或原料。食品贮藏的理想湿度条件与环境湿度相差越大，则对包装的阻湿性要求越高。

(一) 防湿包装材料选择

从阻湿性来说，金属、玻璃材料是最优良的包装材料。塑料薄膜虽然组成均一，没有物理性的孔隙，但空气中的水蒸气会以水分子的形式溶入塑料薄膜中，进而在该材料中扩散，故塑料薄膜具有透湿性。这种透湿性的程度，在塑料中也因种类、加工方法和厚度等的不同而有很大差异。PVDC、PVC、PP、PET等具有较好的隔湿效果。

选择隔湿性包装材料，既要考虑材料的透湿度或透湿系数，也要考虑材料的密封性和经济性，根据包装食品的保藏要求、保质期合理选择。如20μm厚度的PE薄膜，对于干燥了的面包具有几天的防湿作用，仍是适当的防湿材料；但对于真空冻结的新鲜果蔬要想保存几个月，则其透湿性偏大，是不可取的防湿材料。

(二) 吸湿剂的使用

吸湿剂有两种形式：一种是吸湿剂和食品在同一初级包装内共存，称并列式包装；另一种是食品在初级包装内，吸湿剂在初级包装外、二级包装内，称直列式包装。防湿包装中吸湿剂不能与食品直接接触，以免污染食品。

常用吸湿剂有氯化钙、硅胶等。氯化钙装在纸袋内，有较强吸湿作用，但在高温下易从纸袋渗出而污染食品。硅胶使用比较普遍，它有人工合成与天然产品两种。在硅胶中，添加钴之后变成蓝色，这种蓝色吸湿剂具有吸水后逐渐变色的特征（由蓝变粉红）。因此，可根据颜色变化了解其吸湿状况，该吸湿剂尚可通过干热（121℃）再生。

吸湿剂种类不同，在不同湿度环境下其吸湿效率及吸湿量不同，且吸湿剂只是一种辅助防湿方法，使用有一定限制。对于水分含量多的食品，使用吸湿剂就显得无意义。不过，像紫菜或酥脆饼干等食品，只要吸收很少的水分就会引起变化的食品，在采用阻湿包装的条件下，配合使用吸湿剂效果更好。

适合高吸湿性食品的包装材料有金属罐、玻璃瓶、复合铝塑纸罐、铝箔袋及铝塑复合袋，并采用真空或充气包装。食品包装大多数是多级包装，如塑料袋装食品外面还有纸盒、塑料收缩膜、大纸盒或纸板箱等，实际防湿效果是多级防湿包装的综合反映，但作为食品的防湿包装设计应以初级包装为主。如果初级包装的防湿性尚不能达到要求，再通过加强二级及二级以上包装的防湿措施，来获得最佳的防湿目的。

吸湿剂使用应注意以下几点。

（1）必须在包装材料透湿度小并密封性好的包装容器中才能使用吸湿剂。

（2）为节约吸湿剂及保证吸湿效果，应尽量缩小包装预留空间。

（3）吸湿剂一般不宜直接放在容器内，应将颗粒状吸湿剂包封在透气性良好的纱布袋或其他透气性薄膜小袋中，再放入包装容器内，也可将吸湿剂制成片状置于容器中。

（4）吸湿剂放入包装之前应是未吸湿的或被干燥过的。

（5）包封吸湿剂的小袋应标明不能食用，用于食品包装的吸湿剂必须无毒，无不良气味。

三、食品的无菌包装

无菌包装是将食品、包装容器分别杀菌后，在无菌环境下完成充填、密封，使产品能长期保存的一种包装方法。无菌包装适合于自动化连续生产，有利于提高生产效率，但无菌包装设备一次性投资较高，运转维修技术要求也高。

（一）无菌包装的特点和要求

无菌包装的食品一般为液态或半液态流动性食品，多采用高温短时或超高温瞬时杀菌方式。因此，无菌包装制品的风味、组织和色泽的变化，营养成分的损失和蛋白质的热变性都比较少。无菌包装过程包装容器与食品分别采用不同的杀菌方法，食品与容器不易发生化学反应，使容器中的化学成分向食品渗透减少。

在容器、设备和操作方面，无菌包装制品所消耗的能量比普通罐头制品要少。无菌包装法不用考虑一般罐头在杀菌釜中所要承受的压力，因此对容器的强度要求低，材料可以薄，并可用于纸板、塑料、铝等材料制成的容器。无菌装罐不需要普通罐头杀菌所用的大型杀菌装置，可节省一般罐头在杀菌釜中为达到规定的罐头中心温度而消耗的大量热能。

由于纸容器成本低、质量轻、没有金属溶出现象，因而用纸容器包装的 LL（Long Life 长命）无菌包装得到迅速发展。纸容器作为一次性容器，避免了因回收空容器而带来的洗涤、排水和破损等问题，其废弃处理比较简单，不存在公害问题。

LL 无菌包装的牛乳和果汁保存期长，常温下可达 28～90d，最长 180d，这就降低了流通成本，并可运输到偏远地区，扩大产品消费市场。对消费者来说，不用冰箱就能贮藏，可随意选择和集中购买自己需要的产品。无菌纸容器包装已扩大到蔬菜汁、肉汤、清凉饮料、咖啡饮料、豆浆和酒类，无菌包装法的应用范围将进一步扩大。

完善的无菌包装系统需具备以下基本条件：有可用于杀菌的设备；无菌的产品；无菌包装材料（容器），尤其与食品接触的包装面应该无菌；需有将无菌食品与包装容器集合到无菌灌装和封口区的设施及条件；设备应能在无污染条件下完成密封操作。

（二）无菌包装采用的杀菌技术

1. 被包装食品的杀菌

（1）均质化低黏度食品的连续 UHT 杀菌工艺　均质化低黏度食品，如牛乳、植物蛋白奶、果汁等饮料，易泵送，容易在热交换过程中获得最佳热量传递，因此可以在很短的时间内瞬间把食品加热到 130 ~ 138℃，保温 2 ~ 8s，然后在很短的时间内冷却到 20℃，完成杀菌与冷却过程，这就是典型的 UHT 杀菌工艺。

（2）含固体颗粒的液态食品 UHT 杀菌工艺　含固体颗粒的液态食品在热杀菌过程中，热量的传递速率比均质化低黏度食品慢得多，由于液体中有颗粒存在，颗粒与液体之间的热平衡需一定时间，颗粒愈大，达到热平衡的时间愈长。增加液体与颗粒之间的相对运动速度虽然可以提高热平衡（传递）速率，但若颗粒表面所受剪切力过大，又使固体颗粒受到伤害，且有颗粒会在加热过程中引起黏度增加（如大米粥等），因此这类食品的 UHT 杀菌工艺需考虑液体中颗粒的性质（大小、比例及可能发生的变化等）、生产率等因素来选择热交换设备和杀菌工艺条件；也可采用液相与固相分离，分别杀菌后再混合的工艺。液相物质采用连续 UHT 杀菌工艺，固相物质采用蒸汽直接杀菌工艺。

热交换器的选择直接影响到含固体颗粒的液体食品 UHT 杀菌工艺的安全性、经济性和食品质量。一般来说，随着固体颗粒大小的增加，可以依次选用片式热交换器、管式热交换器、间歇式搅拌锅、连续刮板热交换器等。

（3）蒸汽喷射灭菌　高黏性食品（如番茄酱）和固体食品的杀菌采用蒸汽喷射直接加热到杀菌温度，结合搅拌式换热器或刮板式换热器方式，可以提高传热速率，缩短升温及降温时间，防止物料结垢。使用蒸汽喷射物料在搅拌下加热的连续杀菌和冷却方法，在设备投资、生产效率及连续化生产等方面一直是无菌包装过程中的难题。对于外观形状有一定要求的固体食品的杀菌，目前尚未有较成功的方法。

2. 包装材料或容器的杀菌

（1）无菌包装材料（容器）的选用原则　无菌包装材料要有优良的物理性质，能耐冲击、耐振动、耐压力；可有效地保护内容物，能遮光、防水、隔氧、隔潮；具有加工适应性，能加热封口、易印刷、富于折叠性；安全无毒，不残留黏结剂。无菌包装可采用各种包装材料，如塑料、纸、金属等，包装容器的形状大小可多样化，可采用硬性或柔软性的包装材料。

（2）包装材料（容器）的杀菌方法　包装材料（容器）的杀菌工艺可在有效的时间内杀死细菌孢子，使包装材料（容器）表面达到杀菌要求；并容易从包装材料或容器表面将残留杀菌剂去除，且对消费者的健康不会带来不利影响；杀菌过程便于安全操作。目前用于包装材料或容器的杀菌方法有物理方法和化学方法。

物理杀菌方法包括热杀菌工艺（主要采用各种热介质进行杀菌，如饱和蒸汽、过热蒸汽、热空气、热空气与蒸汽混合气）和辐照杀菌工艺（如用紫外线和离子射线等具有一定能量的电磁射线）。化学杀菌方法包括使用过氧化氢、过氧乙酸等化学杀菌剂。各种杀菌方法都有一定的杀菌要求及应用范围。

热杀菌方法的优点是在包装材料上不会存在影响人体健康的残留物，符合安全卫生的要求，对操作人员也无毒害，杀菌效率高，是最重要的包装材料（容器）的杀菌方法，但要达到一定的杀菌效率，常要求较高的温度（尤其是在干热状态下）和维持一定的杀菌时间。较长时间的高温接触和升降温对包装材料有破坏作用，如玻璃瓶的冷热冲击破裂、塑料及复合塑料的高温软化等。目前已发展一种“表面高温杀菌”法，即利用高温蒸气对包装容器内表面进行喷射热杀菌，并用冷却介质冷却包装材料外表面，可防止材料过热。采用热杀菌与化学药物协同作用的方法，对于降低杀菌温度，提高化学杀菌力，也是有效的方法。

利用颗粒塑料在吹塑机内挤压熔融的温度及维持一定时间，也可达到一定的杀菌效果。塑料在挤塑机内的实际温度、停留时间，以及原塑料颗粒中的微生物、吹塑过程中无菌空气的无菌程度等，都会影响吹塑瓶表面的微生物残留量。

辐射杀菌工艺不会在包装材料表面残留物质，对环境危害小，但尚未广泛使用。远红外辐射虽属电磁波范畴，但其杀菌作用靠温度，实际上仍属于热杀菌工艺。紫外线可用于薄膜的表面杀菌，对细菌孢子的杀菌力较弱。采用紫外线灭菌的容器常用于灌装预包装污染量较低的食品。在辐射之前用过氧化氢喷雾在塑料杯内表面后再辐照，或用无菌空气吹干净表面，可改善紫外线的杀菌效果。

γ 射线或电子束可用于包装材料或容器的灭菌，尤其是^{60}Co 的 γ 射线已用于塑料袋的杀菌。剂量的控制对于杀菌的效果影响很大，剂量愈高，杀菌效果愈好，但过高的剂量会引起包装材料（尤其是塑料材料）的性质发生变化。

化学灭菌法常用化学灭菌剂，主要有过氧化物（如过氧化氢、臭氧等）、卤素类（如次氯酸盐、氯气、碘仿等）、乙酸等杀菌剂。用于食品包装材料（容器）的化学杀菌剂需有一定的杀菌率，其残留物不会造成食品卫生问题。过氧化氢溶液已广泛用于复合纸包装的无菌包装系统中对材料的灭菌，其杀菌效果取决于浓度和温度，80℃、30% ~33% 的过氧化氢具有高效的杀菌力。为了增加过氧化氢的杀菌效力，应保证过氧化氢液能均匀地分布在包装材料表面的每一部分或结合其他灭菌方法，如乙酸、UV、表面活性剂等。

3. 机器及周围环境的无菌化

在从食品杀菌到无菌充填、密封的连续作业线上，要防止食品受到来自系统外部的微生物污染，非常重要的是要保持接管处、阀门、热交换器（特别是冷却部分）、均质机、泵等的密封性和保持系统内部的正压状态。输送线路要尽可能简单。对有可能产生微生物污染的部分，要求采用蒸汽密封。

在操作结束后，利用0.5% ~2% 的 NaOH 热溶液循环洗涤，稀 HCl 中和，然后用蒸汽杀菌。在下一次使用前，对泵及管路要再次用蒸汽杀菌。特殊的阀门等要预先拆下，放入碱液内洗涤。

环境无菌化需做好除菌和杀菌两项工作。将进入工作室的空气经过滤装置或电气集尘装置除尘，可防止细菌及其他污物进入工作室。杀菌则是针对工作室中所有内容而言，常用加热法、熏药法或喷药法。

四、热收缩包装、拉伸裹包、贴体包装

这三种包装的共同特点是通过缩短包装材料的长度（有时还缩短宽度），以程度不同的收缩力裹包并固定食品，可以将多个大小不一的集合包装件作为一个整体包装在一个托

盘上，可以抑制各集合包装件在运输过程中滑动，可以节约包装材料，可以保护食品或内包装不受雨水、喷淋水、灰尘或其他污物的污染，都是透明包装，易于验明数量。

（一）热收缩包装

热收缩包装是用热收缩塑料裹包产品，然后加热至一定的温度，使薄膜自行收缩紧贴裹住产品的一种包装方法。热收缩薄膜是在塑料原料制成薄膜的过程中，预先进行加热拉伸，经冷却而制成薄膜，对它重新加热时，由于塑料材料中的应力作用而发生收缩。目前使用较多的收缩薄膜材料有 PVC、PE、PP、PET、PVDC、PS 等。热收缩薄膜需在一定加热温度条件下才发生收缩，收缩率随温度的升高而增加。

（二）拉伸裹包

热收缩包装自 20 世纪 60 年代开始应用于食品包装领域。它必须通过加热才能使薄膜收缩裹住产品，因此能耗较大。而拉伸裹包是将拉伸薄膜在常温下进行拉伸，利用塑料薄膜拉伸应力所产生的弹性变形把食品或食品包装件（往往是多件）裹紧。由于不需要加热，因而拉伸裹包工艺所需的能耗和材料消耗都很少，而且还能避免热收缩包装时薄膜可能在设备中熔化的现象，特别适用于热敏性食品，所以拉伸裹包技术在食品包装领域发展极快。

常用材料有 PVC、EVA、PE、PET 等，薄膜厚度不低于 12μm，通常在 17～35μm。

（三）贴体包装

贴体包装是将食品放在用纸板或塑料薄膜（片）制成的底板上，上面覆盖加热软化的透明塑料薄膜（片），通过底板抽真空，使薄膜（片）紧密地包贴食品，其四周热封在底板上的一种包装方法。

贴体包装几乎都是直接接触食品的一次包装。它可减少食品品质的下降，如减少肉类的汁液流失或香肠片的脂肪流失，以及防止冻藏生鸡的鸡皮上出现“冻斑”等。与热收缩包装相比，贴体包装更能显示食品的形状。

贴体薄膜相当于食品的第二“表层”，不仅应有很高的透明度，而且还应有很好的氧气、水蒸气和气味物质阻隔性能。薄膜厚度越小，食品形状越不规则（如有锐利的棱角），对贴体薄膜机械强度的要求就越高。常用的贴体薄膜材料有 EVA、PVDC、PVC、PET 等。

思考题

1. 食品包装的定义是什么？
2. 简述食品包装的功能。
3. 常见的纸质包装材料有哪些？
4. 常见的金属包装材料有哪些？用途是什么？
5. 常见的塑料包装材料的种类及优缺点是什么？
6. 使用脱氧剂有哪些注意事项？
7. 使用吸湿剂有哪些注意事项？
8. 名词解释：热收缩包装、拉伸裹包、贴体包装。

参考文献

［1］曾庆孝主编. 食品加工与保藏原理［M］. 北京：化学工业出版社，2015.

［2］谢晶主编. 食品冷冻冷藏原理与技术［M］. 北京：中国农业出版社，2014.

［3］冯志哲主编. 食品冷藏学［M］. 北京：中国轻工业出版社，2006.

［4］赵晋府主编. 食品技术原理［M］. 北京：中国轻工业出版社，2008.

［5］郑永华主编. 食品贮藏保鲜［M］. 北京：中国计量出版社，2006.

［6］赵丽芹主编. 园艺产品贮藏加工学［M］. 北京：中国轻工业出版社，2006.

［7］刘兴华，陈维信主编. 果品蔬菜贮藏运销学［M］. 北京：中国农业出版社，2008.

［8］刘北林主编. 食品保鲜与冷藏链［M］. 北京：化学工业出版社，2004.

［9］曾名湧主编. 食品保藏原理与技术［M］. 北京：化学工业出版社，2007.

［10］夏文水等译. 食品加工原理［M］. 北京：中国轻工业出版社，2001.

［11］张慜，郇延军，陶谦译. 冷藏和冻藏工程技术［M］. 北京：中国轻工业出版社，2000.

［12］邓云，杨宏顺，李红梅，等编著. 冷冻食品质量控制与品质优化［M］. 北京：化学工业出版社，2008.

［13］李云飞编著. 食品冷链技术与货架期预测研究［M］. 上海：上海交通大学出版社，2014.

［14］赵征，张民主编. 食品技术原理（第二版）［M］. 北京：中国轻工业出版社，2014.

［15］施明智，萧思玉，蔡敏郎. 食品加工学［M］. 台湾：五南图书出版股份有限公司，2013.

［16］戴华，彭涛. 国内外重大食品安全事件应急处理与案例分析. 北京：中国质检出版社，2015.

［17］况祝兵，胡波. 舌尖上的安全. 北京：北京出版集团公司，2013.

［18］刘杰，郝涤非等. 安全食品选购指导手册. 苏州：苏州大学出版社，2015.

［19］汪之和. 水产品加工与利用. 北京：化学工业出版社，2003.

［20］郝涤非. 水产品加工技术. 北京：中国农业科技出版社，2008.

［21］卢晓黎，杨瑞. 食品保藏原理. 北京：化学工业出版社，2014.

［22］彭珊珊，钟瑞敏，李琳. 食品添加剂. 北京：中国轻工业出版社，2011.

［23］郝涤非. 食品生物化学. 大连：大连理工大学出版社，2014.

［24］廖威. 食品生产技术概论. 北京：化学工业出版社，2008.

［25］余龙江. 发酵工程原理与技术. 北京：高等教育出版社，2016.

［26］赵蕾. 食品发酵工艺学. 科学出版社，2017.

［27］李斌，于国萍. 食品酶工程. 中国农业大学出版社，2010.

［28］郝涤非. 食品生物化学. 大连理工大学出版社，2014.

[29] 焦云鹏. 酶制剂生产与应用. 中国轻工业出版社，2015.
[30] 高愿军. 食品包装. 北京：化学工业出版社，2004.
[31] 王志伟. 食品包装技术. 北京：化学工业出版社，2008.
[32] 李代明. 食品包装学. 北京：中国计量出版社，2008.
[33] 董金狮. 食品包装安全360问. 北京：中国环境科学出版社，2010.
[34] 张琳. 食品包装. 北京：印刷工业出版社，2010.
[35] 章建浩. 食品包装技术. 北京：中国轻工业出版社，2010.